SAID BENSAADA
D. FELIACHI
B. BENSAADA

GÉOMÉTRIE DESCRIPTIVE, COURS ET EXERCICES AVEC CORRIGES

SAID BENSAADA
D. FELIACHI
B. BENSAADA

GÉOMÉTRIE DESCRIPTIVE, COURS ET EXERCICES AVEC CORRIGES

Géométrie descriptive avec toutes les représentations spatiales

Éditions universitaires européennes

Mentions légales/ Imprint (applicable pour l'Allemagne seulement/ only for Germany)
Information bibliographique publiée par la Deutsche Nationalbibliothek: La Deutsche Nationalbibliothek inscrit cette publication à la Deutsche Nationalbibliografie; des données bibliographiques détaillées sont disponibles sur internet à l'adresse http://dnb.d-nb.de.
Toutes marques et noms de produits mentionnés dans ce livre demeurent sous la protection des marques, des marques déposées et des brevets, et sont des marques ou des marques déposées de leurs détenteurs respectifs. L'utilisation des marques, noms de produits, noms communs, noms commerciaux, descriptions de produits, etc, même sans qu'ils soient mentionnés de façon particulière dans ce livre ne signifie en aucune façon que ces noms peuvent être utilisés sans restriction à l'égard de la législation pour la protection des marques et des marques déposées et pourraient donc être utilisés par quiconque.

Photo de la couverture: www.ingimage.com

Editeur: Éditions universitaires européennes est une marque déposée de
Südwestdeutscher Verlag für Hochschulschriften GmbH & Co. KG
Dudweiler Landstr. 99, 66123 Sarrebruck, Allemagne
Téléphone +49 681 37 20 271-1, Fax +49 681 37 20 271-0
Email: info@editions-ue.com

Produit en Allemagne:
Schaltungsdienst Lange o.H.G., Berlin
Books on Demand GmbH, Norderstedt
Reha GmbH, Saarbrücken
Amazon Distribution GmbH, Leipzig
ISBN: 978-613-1-56183-2

Imprint (only for USA, GB)
Bibliographic information published by the Deutsche Nationalbibliothek: The Deutsche Nationalbibliothek lists this publication in the Deutsche Nationalbibliografie; detailed bibliographic data are available in the Internet at http://dnb.d-nb.de.
Any brand names and product names mentioned in this book are subject to trademark, brand or patent protection and are trademarks or registered trademarks of their respective holders. The use of brand names, product names, common names, trade names, product descriptions etc. even without a particular marking in this works is in no way to be construed to mean that such names may be regarded as unrestricted in respect of trademark and brand protection legislation and could thus be used by anyone.

Cover image: www.ingimage.com

Publisher: Éditions universitaires européennes is an imprint of the publishing house
Südwestdeutscher Verlag für Hochschulschriften GmbH & Co. KG
Dudweiler Landstr. 99, 66123 Saarbrücken, Germany
Phone +49 681 37 20 271-1, Fax +49 681 37 20 271-0
Email: info@editions-ue.com

Printed in the U.S.A.
Printed in the U.K. by (see last page)
ISBN: 978-613-1-56183-2

S.BENSAADA
D.FELLIACHI

GEOMETRIE DESCRIPTIVE COURS ET EXERCICES AVEC SOLUTIONS

PREFACE.

De nos jours, pour réaliser toute idée technologique, le cours au dessin technique est inévitable. C'est grâce à lui que concepteur exprime ses besoins et ordonne son savoir aux fférentes étapes de la réalisation d'équipements, à partir de conception jusqu'à la fabrication, et guide l'utilisateur au urs du montage et démontage d'assemblages, leur fonctionnement et même leur entretien.

L'expression rigoureuse du dessin technique a été beaucoup facilitée par l'utilisation des règles de la normalisation et surtout grâce aux bases fondamentales de la géométrie scriptive. Cette dernière présente un outil primordial qui rmet d'étudier, d'analyser et de faciliter l'exécution d'un semble de points de l'espace, donc tridimentionnel, sur une gure plane dite épure.

L'imagination demeure la première faculté exigée du dessinateur, alors que la géométrie descriptive simplifie amplement les tâches de tous ceux qui pratiquent le dessin technique.

Ces notions fondamentales vont servir de base pour tous les étudiants de technologie, futurs concepteurs, et un rappel ou aide mémoire pour les dessinateurs projeteurs dans l'industrie.

Nous rencontrons ci-après des applications concrètes de la théorie de la géométrie descriptive pour une familliarisation avec les techniques essentielles de projections orthogonales.

Il est tenu compte de l'aspect pédagogique du fait que tous les exercices peuvent être exécutés sur le pôlycope même par l'étudiant. On peut avoir recours aux corrigés d'exercices dans la dernière partie pour évaluer son travail.

SOMMAIRE

Première partie

COURS

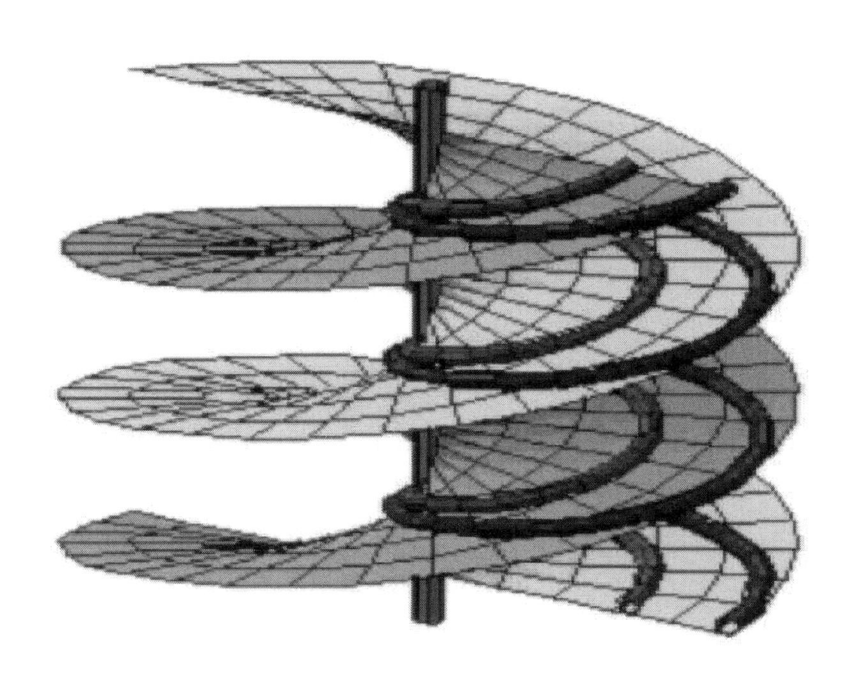

1. INTRODUCTION.

La géométrie descriptive est une branche des mathématiques appliquées à caractère graphique sur laquelle se base le dessin technique. C'est la partie de la géométrie qui résoud les problèmes de la géométrie dans l'espace au moyen de projections sur des plans.

Elle permet de:

- connaître au moyen d'un dessin plan dit épure, la forme et les dimensions exactes d'une figure de l'espace qu'elle soit plane ou volumique.
- résoudre par des tracés plans des problèmes relatifs à cette figure de l'espace (position, vraie grandeur...).

2. LA PROJECTION ORTHOGONALE.

La géométrie étudie les différentes méthodes de représentations des objets dans l'espace telles que:

- la projection orthogonale.
- la projection axonométrique.
- la projection perspective.

Parmis ces méthodes, la plus utilisée en dessin technique est la projection orthogonale.

2.1. DEFINITION.

Etant donné un point M de l'espace distant d'un plan (P) de projection, on appelle projection orthogonale (m) du point M sur le plan (P), le point d'intersection de la droite issue du point M et perpendiculaire au plan (P). (Fig.1).

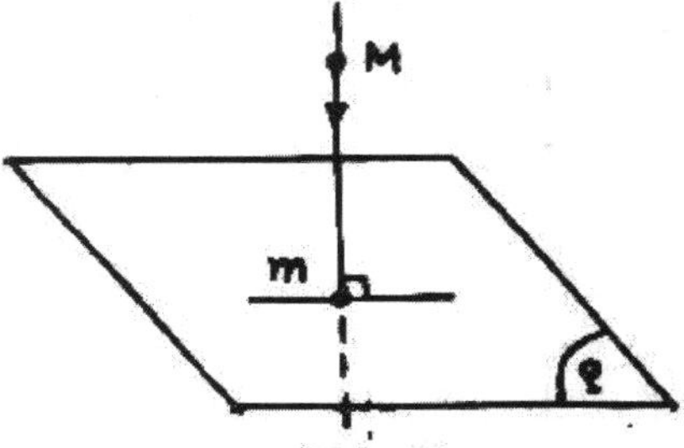

(Fig.1)

La droite Mm est perpendiculaire au plan (P), on l'appelle ligne projetante du point M.

2.2. PLANS DE PROJECTION.

Pour définir un point de l'espace, une seule projection sur un seul plan est insuffisante. Alors on utilise généralement deux ou trois plans de projection perpendiculaires entre eux.

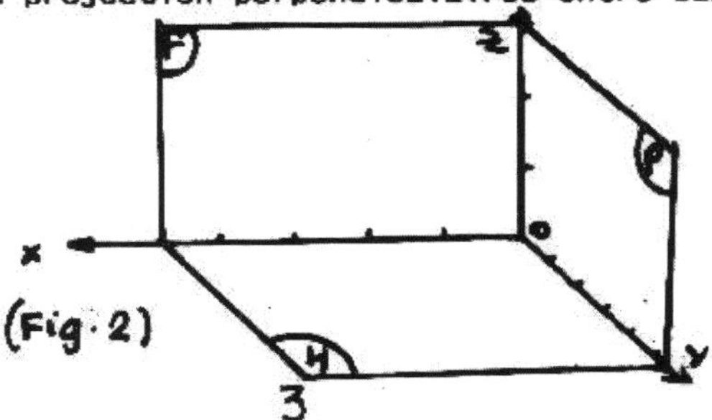

(Fig. 2)

Soit le système de coordonnées à trois dimensions (X,Y,Z) qui détermine trois plans perpendiculaies entre eux, les plans (F), (H) et (P) selon (Fig.2).

Appelons ces trois plans comme suit:

-(F):plan frontal où l'ensemble des points de ce plan ont la valeur Y nulle.

-(H):plan horizontal où l'ensemble de ses points ont une valeur Z nulle.

-(P):plan de profil où l'ensemble de ses points ont la valeur X nulle.

OX est perpendiculaire à OY qui est perpendiculaire à OZ.
(F) est perpendiculaire à (H) qui est perpendiculaire à (P).

Le système de projection à deux plans (Fig.3) se compose des deux plans frontal (F) et horizontal (H).Le plan de profil (P) est un plan auxiliaire.

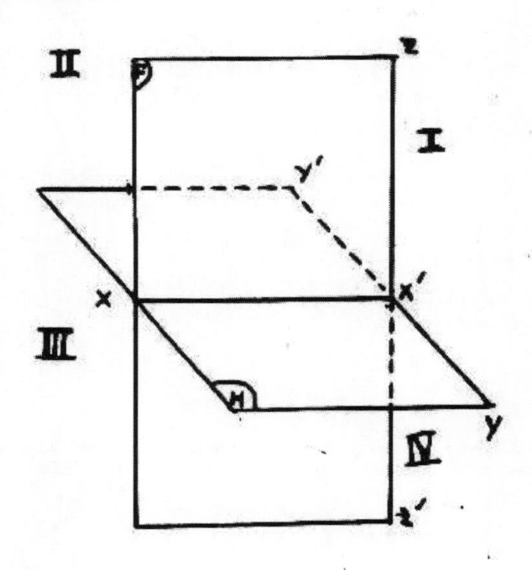

(Fig.3)

La ligne d'intersection des deux plans (F) et (H) qui est l'axe OX s'appelle ligne de terre (LT).

Comme un plan est illimité,les deux plans (F) et (H) divisent l'espace en quatre secteurs appelé chacun dièdre ou angle dièdre droit.

Par définition le numéro du dièdre dépend de la valeur des coordonnées Y et Z.

1- Premier dièdre : Y est positif et Z positif.
2- Deuxième dièdre. Y négatif et Z positif.
3- Troisième dièdre. Y négatif et Z négatif.
4- Quatrième dièdre. Y positif et Z négatif.

Pour définir la position d'un point dans l'espace par rapport au repère formé par le système des plans de projection, il suffit de donner ses coordonnées par rapport aux trois axes. En géométrie descriptive, ces valeurs sont appelées comme suit:

X : abscisse.
Y : éloignement.
Z : cote.

Indépendamment de la valeur de l'abscisse X, les signes de l'éloignement et de la cote d'un point, caractérisent le dièdre dans lequel se trouve le point comme l'indique le tableau ci dessous:

No.DIEDRE	1	2	3	4
ELOIGNEMENT	+	-	-	+
COTE	+	+	-	-

Soit un point M dans l'espace et appartenant au premier dièdre, de coordonnées M(Mx,My,Mz). Pour étudier ce point, nous allons d'abord représenter ses projections en perspective (Fig.4).

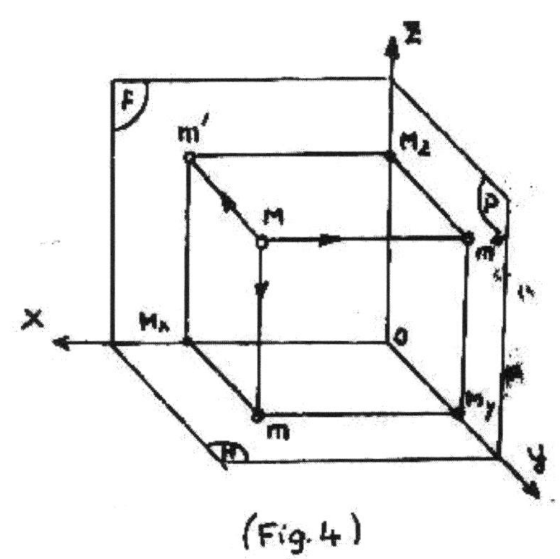

(Fig. 4)

m'- projection frontale du point M.m'(Mx,Mz).

m - projection horizontale du point M.m(Mx,My).

m"- projection de profil du point M.m"(My,Mz).

Les droites Mm, Mm' et Mm'' sont les projetantes du point M sur les plans (H), (F) et (P) respectivement.

Puisque les axes OX,OY et OZ sont perpendiculaires entre eux,on remarque les égalités des segments suivants:

$$Mm' = m"Mz = OMy = mMx$$
$$Mm = m'Mx = m"My = OMz$$
$$Mm" = m'Mz = OMx = mMy$$

Cette représentation du point M avec ses projections (Fig.4) est une représentation en perspective qui montre "en relief" les différents plans et le point dans l'espace,or l'objet de la géométrie descriptive est une représentation plane de toutes les projections de ce point.

2.3.CONVENTION FONDAMENTALE-EPURE DU POINT.

La géométrie descriptive se propose de représenter les objets dans l'espace sur un plan.

Pour cela, après avoir fait les projections on tourne le plan horizontal autour de l'axe OX dans le sens indiqué selon la flèche (Fig.5) jusqu'à ce que ce dernier soit confondu avec le plan frontal.

La représentation plane suivant la (Fig.6) dite épure du point M ou plans développés.A noter que sur cette épure, il ne sera déterminé que les projections du point M et non pas le point lui même.

Les projections du point M appartenant aux plans de projection seront rabattues de la même façon que les plans.

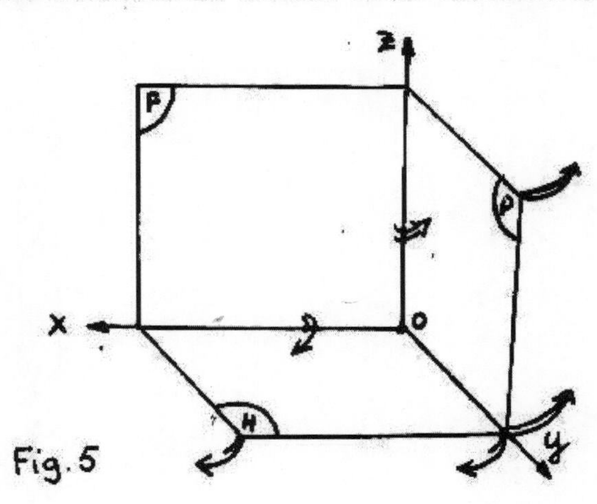

Fig.5

OX. :sens de rotation du plan horizontal (H) autour de l'axe

:sens de rotation du plan de profil (P) autour de l'axe OZ.

A noter qu'après rotation des plans, l'axe Y sera confondu avec l' axe Z de la façon suivante:

+Y avec -Z

-Y avec +Z

En respectant cette convention, représentons l'épure du point M appartenant au premier dièdre (Fig.6).

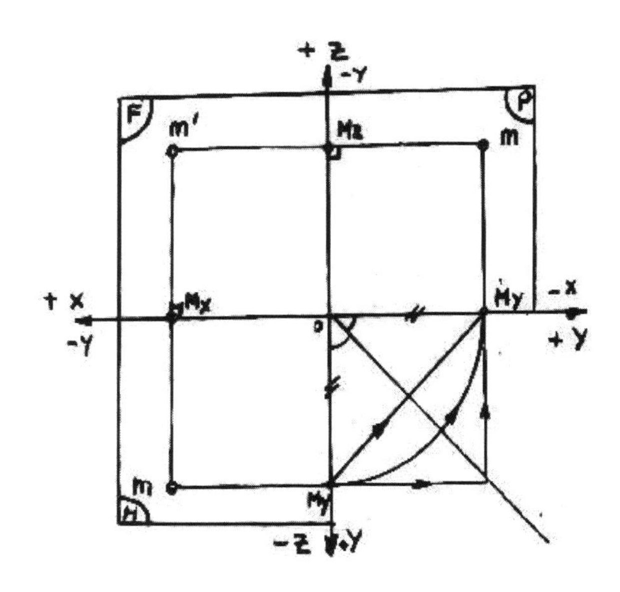

(Fig.6)

Les lignes reliant les différentes projections sont appelees lignes de rappel tel que mm';m'm" et mm', elles sont perpendiculaires aux axes.mm' xx', m'm" zz'.

Si nous avons deux projections connues sur une épure, la détermination de la troisième est toujours possible par les lignes de rappel.

Comme nous avons vu qu'à partir d'une représentation perspective d'un point, nous avons tracé son épure, le sens inverse est aussi vrai.

EXEMPLES.

— 1.Soit un point A dont les coordonnées A(Ax,Ay,Az)

Abscisse: Ax= +40
Eloignement: Ay= -20
Côte: Az= +30

C'est un point qui appartient au deuxième dièdre. Tracer l'épure de ce point.(Fig.7).

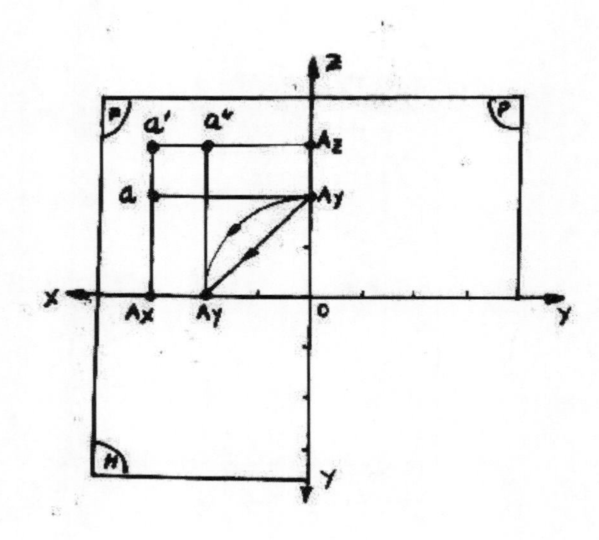

(Fig.7)

On remarque [illegible] qu'une fois les trois projections étai[illegible] faites et après rotation [illegible] plans, il s'avère dans ce cas que l'éloignement du point A étant négatif; il en resulte que la projection horizontale a soit représentée sur le plan (H) qui est confondu avec le plan (F).

2.Tracer l'épure d'un point B(+40, -20, -30).(Fig.8).

L'éloignement et la côte de ce point sont négatifs donc le point B appartient au troisième dièdre.

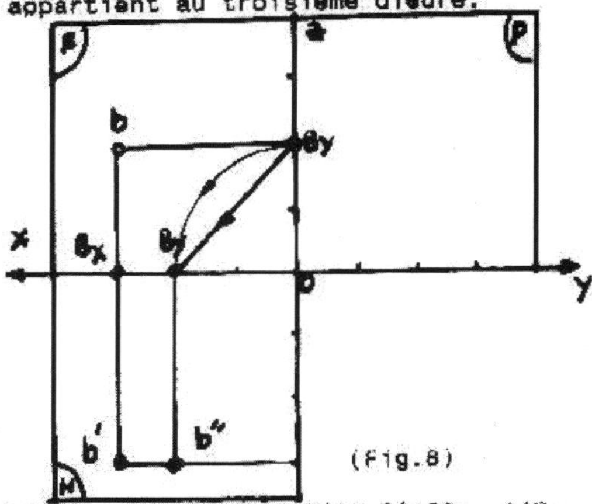

(Fig.8)

3.Tracer l'épure du point C(+20, +40, -30) appartenant au quatrième dièdre. (Fig.9).

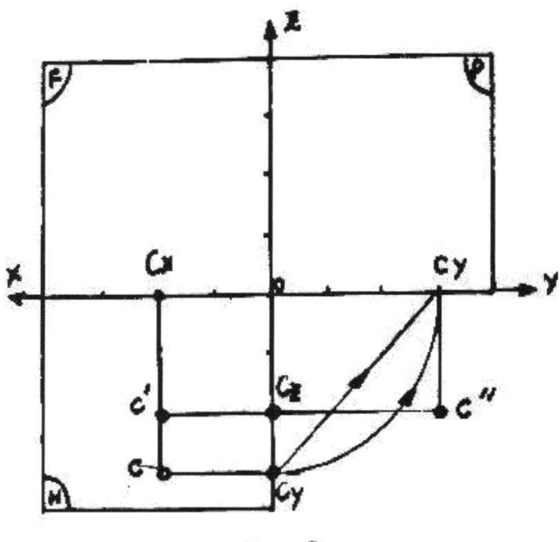

Fig. 9

3. EPURE DE LA DRO.TE.

Dans l'espace une droite est définie par deux points distncts.

Soit une droite et deux points A et B appartenant à cette droite.Pour déterminer les projections de cette droite,il suffit de déterminer les projections de ses deux points A et B.L'épure de cette droite est donnée sur la (Fig.10).

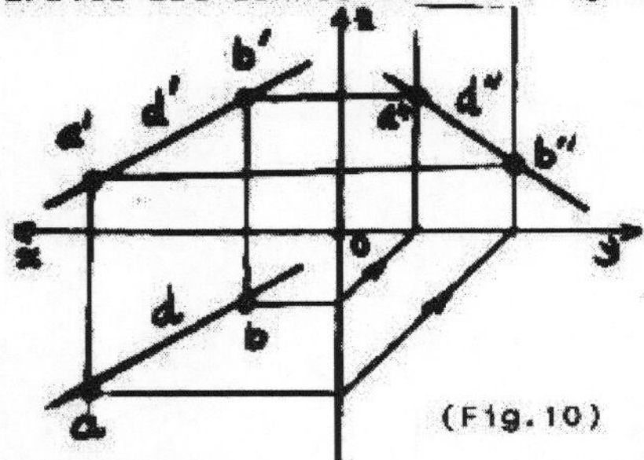

(Fig.10)

APPARTENANCE D'UN POINT A UNE DROITE.

Il en résulte que si un point appartient à une droite dans l'espace,les projections de ce point vont appartenir aux projections de même nom de la droite.

Le problème fondamental relatif à une droite consiste à rechercher les autres projections d'un point,appartenant à cette droite,connaissant une seule de ses projections.A partir de cette projection connue du point, on trace les lignes de rappel sur lesquels doivent se trouver les autres projections.Les intersections des lignes de rappel avec les projections de la droite déterminent les autres projections du point.

Si $M \in D$ $m \in d$ et $m' \in d'$

3.1.DROITES REMARQUABLES.

La droite peut avoir plusieurs positions par rapport aux plans de projection.E'le est dite particulière ou remarquable si elle est parallèle ou perpendiculaire à un des plans de projection si non elle est parti .lière.

3.1.1.Droite verticale.

Définition.

On appelle droite verticale toute droite perpendiculaire au plan horizontal de projection.Elle est donc parallèle au plan frontal et celui de profil.

Propriété.

Sa projection sur le plan horizontal est un point (Fig.11) tandis que sur les deux autres plans elle se projette en vraie grandeur (VG) puisqu'elle y est parallèle.

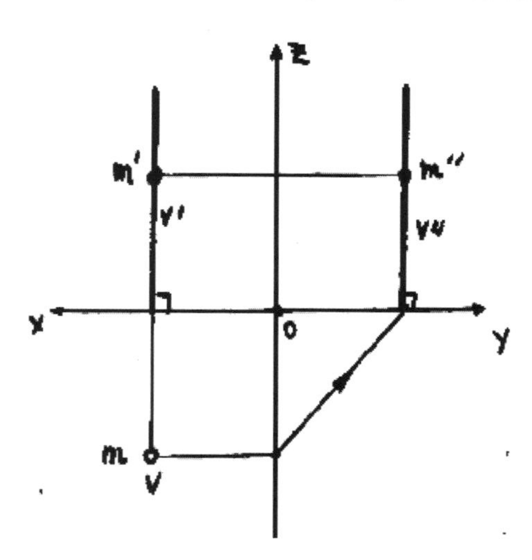

(Fig.11)

M est un point appartenant à la droite verticale (V).Connaissant m',on peut déterminer m" et inversement.

3.1.2.Droite de bout.

Définition.

On appelle droite de bout toute droite perpendiculaire au plan frontal de projection.

Propriété.

Sa projection sur le plan frontal est un point. Elle est donc parallèle au plan horizontal et celui de profil où elle se projette en vraie grandeur.

Sur la (Fig.12) M est un point appartenant à la droite de bout B.

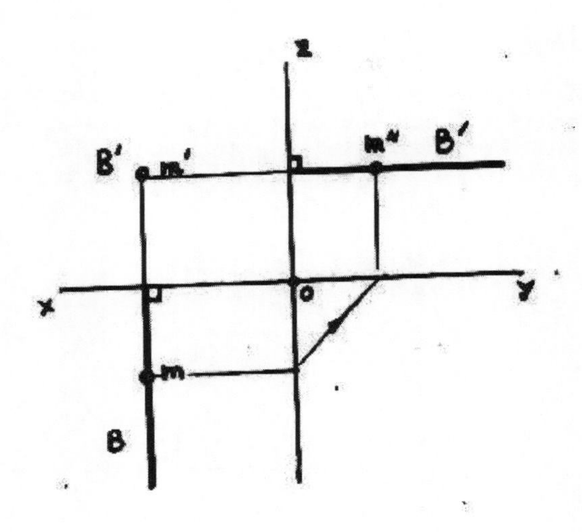

(Fig.12)

3.1.3.Droite horizontale.

Définition.

On appelle horizontale toute droite parallèle au plan horizontal de projection.(Fig.13).

Propriété.

Une horizontale se projette en vraie grandeur sur le plan horizontal de projection.h'//OX et h"//OX.Sa projection frontale est parallèle à la ligne de terre. Elle forme un angle α avec le plan frontal et un angle avec le plan de profil:β.

M est un point qui appartient à l'horizontale (H).

Fig.13

3.1.4. Droite frontale.

Définition.

On appelle frontale toute droite parallèle au plan frontal de projection. (Fig.14).

Propriété.

Sa projection horizontale est parallèle à la lignede terre. Elle se projette en vraie grandeur sur le plan frontal et forme un angle avec le plan horizontal et un angle avec le plan de profil. f//OX et f"//OZ.

M est un point qui appartient à la frontale F.

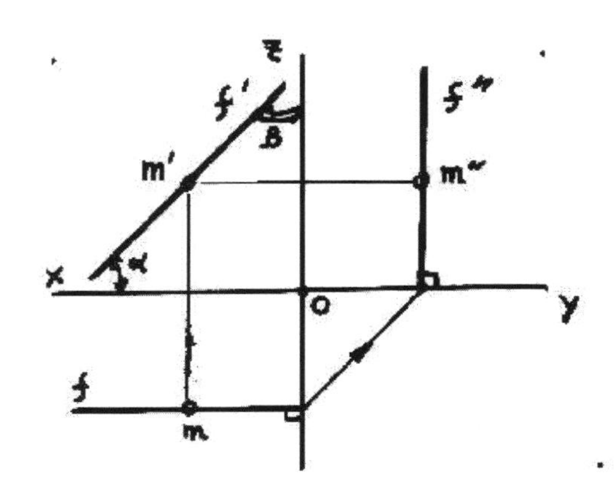

(Fig.14)

3.1.5. Droite de profil.

Définition.

On appelle droite de profil toute droite parallèle au plan de profil ou perpendiculaire à la ligne de terre (OX).

Propriété.

Ses projections horizontale et frontale sont perpendiculaires à la ligne de terre. Elle se projette en vraie grandeur sur le plan de profil et forme un angle avec le plan horizontal et un angle avec le plan frontal. (Fig.15). p'//OZ et p'//OZ.

M est un point qui appartient à la droite de profil (P).

Pour que le point M soit sur la droite de profil AB, il faut que la troisième projection de M (m") se trouve sur a"b".

$$\text{ou } \frac{m'a'}{m'b'} = \frac{ma}{mb}$$

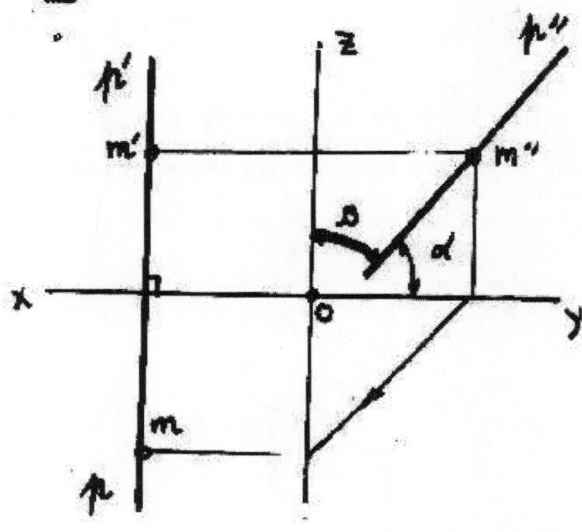

(Fig.15)

3.1.6.Droite fronto-horizontale.

Définition.

C'est une droite parallèle à la ligne de terre (OX). donc perpendiculaire au plan de profil.

Propriété.

Les projections horizontale et frontale sont parallèles à la ligne de terre.Ellese projette en vraie grandeur sur les plans F et H.(Fig.16)

M est un point qui appartient à la droite fronto-horizontale

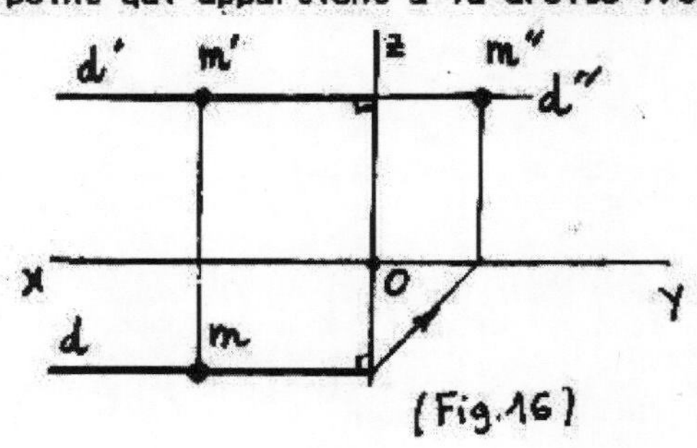

(Fig.16)

3.2.DROITES CONCOURANTES.

Condition:

Pour que deux droites soient concourantes,il faut et il suffit qu'elles possèdent un point commun. les projections de même nom de ces deux droites se coupent sur une même ligne de rappel.

Considérons deux droites D et concourantes au point M. (Fig.17).Le point M est l'intersection des deux droites,ce qui entraine que:

m et m' sont respectivement les intersections des projections horizontale et frontale des deux droites.

Si les points m et m' ne sont pas sur la même ligne de rappel mm',les deux droites D et ne seront pas concourantes.

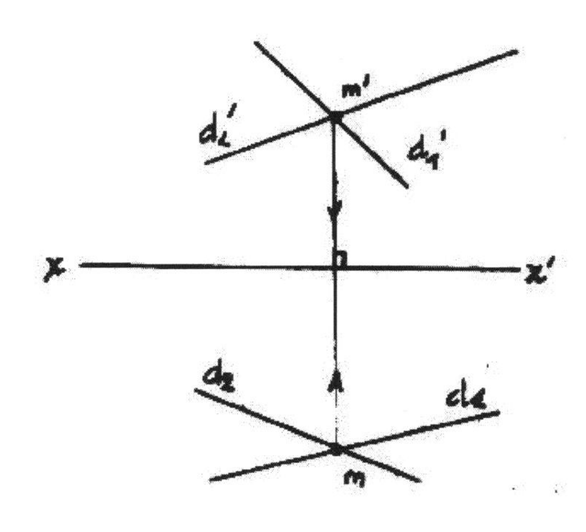

(Fig.17)

3.3.DROITES PARALLELES.

Condition.

Pour que deux droites soient parallèles,il faut et il suffit qu'elles ne possèdent pas de points communs. Les projections de mêmes noms soient parallèles.

Considérons deux droites parallèles DfetD2,représentons leur épure (Fig18).

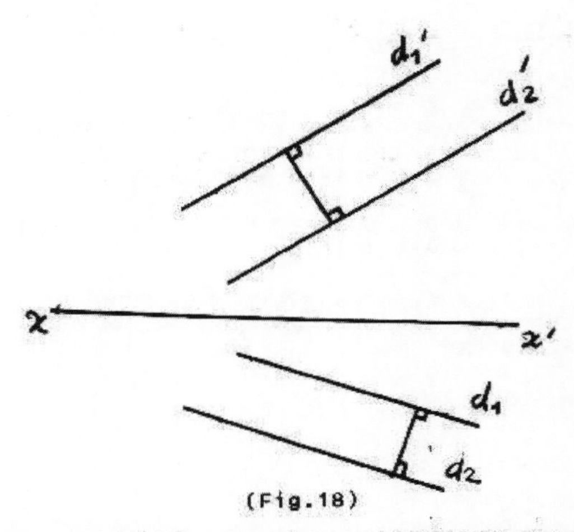

(Fig.18)

Puisque les deux droites sont parallèles,ce qui entraine que les projections frontales,horizontales ou de profil sont aussi parallèles.

3.4.TRACES DE LA DROITE.

Définition.

On appelle traces d'une droite,les points d'intersection de cette droite avec les plans de projection.

Représentons une droite avec ses traces dans la perspective (Fig.19) et sur l'épure (Fig.20).

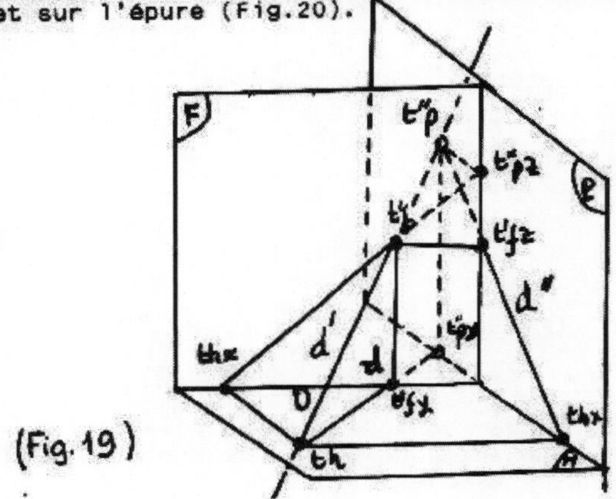

(Fig.19)

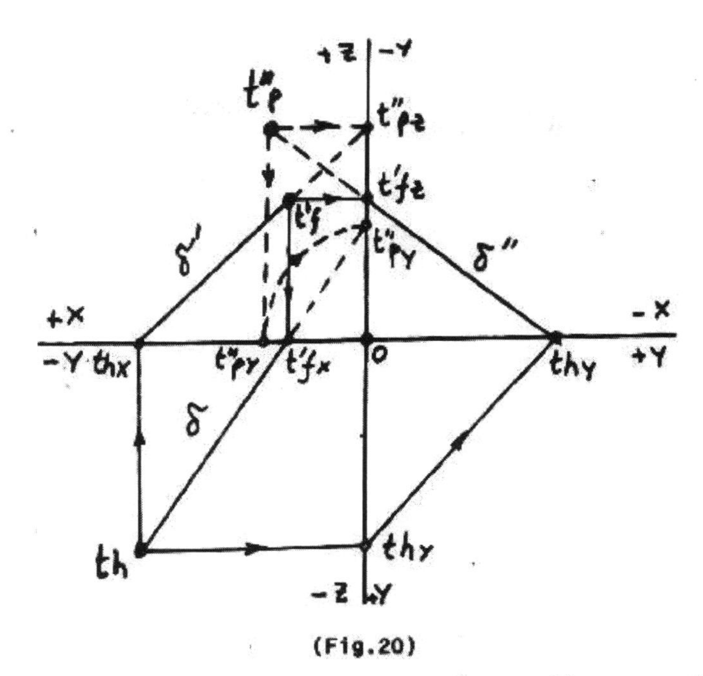

(Fig.20)

La trace frontale Tf de la droite Δ est l'intersection de cette droite avec le plan frontal.C'est le point de la droite d'éloignement nul.

La trace horizontale Th est le point de la droite de cote nulle.

La trace de profil Tp est le point de la droite d'abecisse nulle.

Si la droite est particulière elle ne peut avoir qu'une seule trace par rapport à tous les plans de projection. Par exemple une droite verticale possède uniquement une trace horizontale,elle n'a pas de trace frontale ni de trace de profil.

Tf - t'f : projection frontale de la trace frontale
tf : projection frontale de la trace frontale
Th - th : projection horizontale de la trace horizontale
t'h : projection frontale de la trace horizontale

3.5. RECHERCHE DES TRACES D'UNE DROITE.

A partir des projections d'une droite, on peut rechercher ses traces.

Soit une droite D déterminée par ses deux projections d et d'(Fig.21), nous allons voir comment on peut déterminer les traces de cette droite.

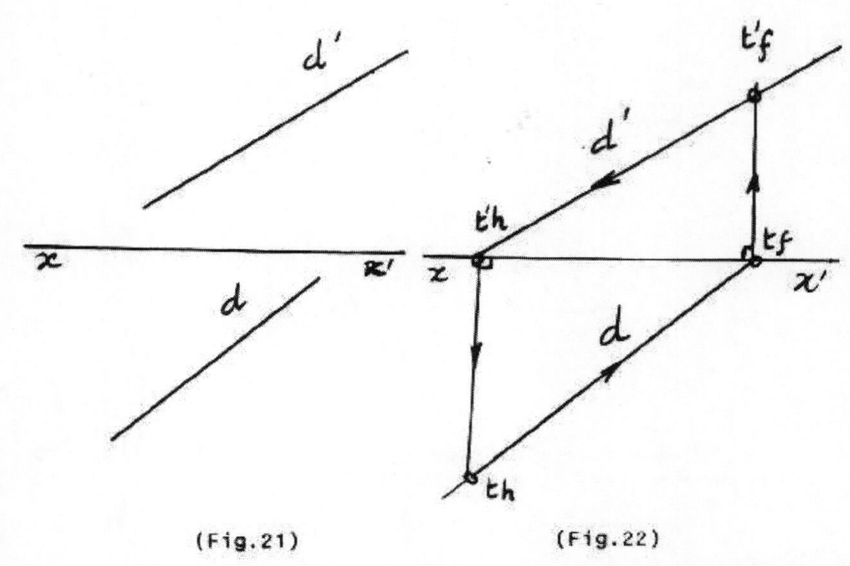

(Fig.21) (Fig.22)

Pour déterminer les projections de la trace frontale tf et t'f, on prolonge la projection d jusqu'à son intersection avec la ligne de terre xx'au point tf. La ligne de rappel nous donne t'f appartenant à d'.

De la même façon, on détermine th et t'h, les projections dela trace horizontale par le prolongement de d'.(Fig.21 et 22).

3.6.RECHERCHE DES PROJECTIONS D'UNE DROITE.

Comme les traces de la droite sont des points appartenant à cette même droite et dans l'espace et sur ses projections,donc on peut déterminer les projections de la droite à partir de ses traces en les projetant sur les plans de projection.

Soient t'f et t"p les traces frontale et de profil d'un droite D comme représentée sur la (Fig.23).Tracer les trois projections d,d' et d" de la droite D et déterminer la troisième trace th.

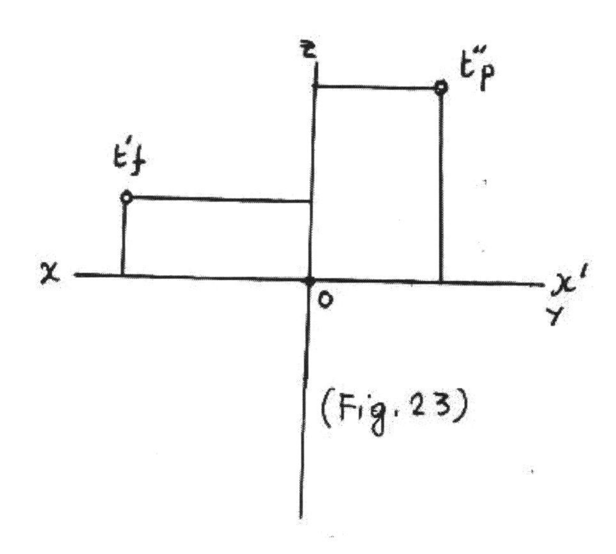

(Fig.23)

Les points t'f et t"p sont deux points de la droite D.Pour déterminer chacune de ses projections,il suffit de déterminer les deux projections de ces deux points sur chacun des plans de projection,voir (Fig.24).

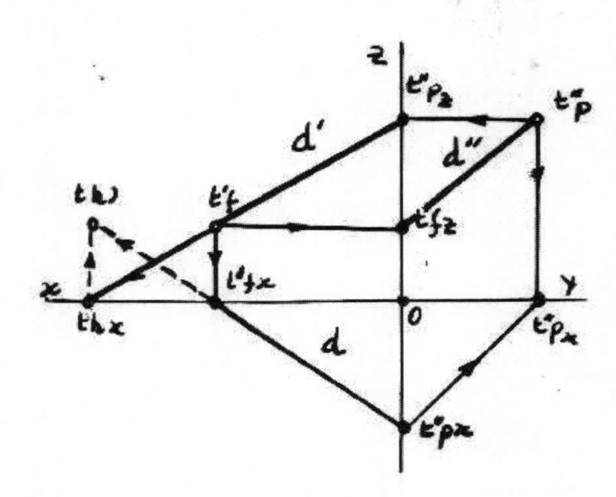

(Fig.24)

Déterminons la projection frontale d'.Pour cela,considérons la projection de t'f sur le plan frontal qui est confondue avec t'f lui même puisque c'est un point d'éloignement nul et appartenant au plan frontal.t'f est donc un point appartenant à la projection frontale d' de la droite.Projetons t"p sur le plan frontal.Comme t"p est un point d'ordonnée nulle,appartenant au plan de profil,sa projection suit la ligne de rappel perpendicu--laire à l'axe OZ et sera sur l'axe OZ.La projection de t"p sur le plan frontal est donc le point t"z.Alors c'est un deuxième point appartenant à la projection d'.Par les deux points obtenus t'f et t"z on trace la première projection frontale de la droite d'.

Pour déterminer d",de la même manière,on projette t'f et t"p sur le plan de profil.t"p sera confondu avec sa projection et t'f se projette en t'z sur le plan de profil.

Pour déterminer d,on projette les points t'f et t"p sur le plan horizontal.t'f se projette au point tf et t"p se projette au point tp.

Quant à la détermination de la trace horizontale th de la droite D,on considère la projection d' et l'on cherche le point de cote nulle qui est le point thy.On prolonge la projection d jusqu'à son intersection avec la ligne de rappel issue du point thy,on obtient une trace cachée th qui appartient au deuxième dièdre (Fig.24).La droite D coupe donc le plan horizontal sur la partie H.

4. EPURE DU PLAN.

Un plan est défini par :

a- deux droites concourantes.
b- deux droites parallèles.
c- trois points non alignés.
d- une droite et un point non situé sur cette droite.
e- ses traces.

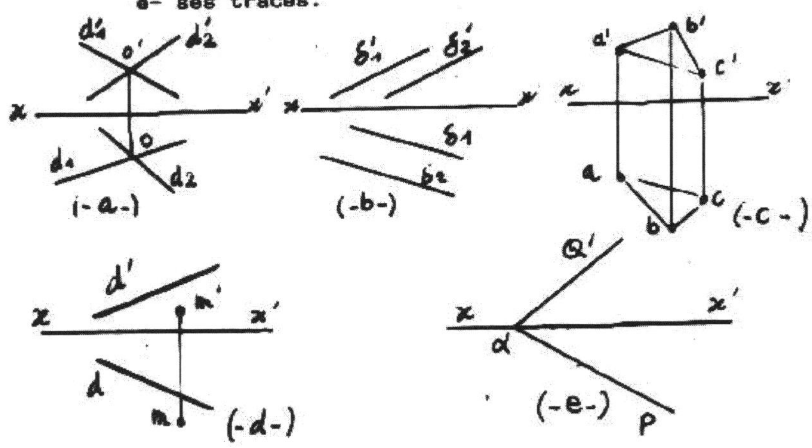

Appartenance.

Appartenance d'un point et d'une droite à un plan quelconque.

Le problème fondamental relatif au plan consiste en la détermination d'un point appartenant à ce plan connaissant une de ses projections.

Supposons un plan déterminé par deux droites concourantes D1 et D2 (Fig.25). Soit un point M dont on connait sa projection horizontale m. Si ce point appartient au plan, déterminons sa projection frontale m'.

Les droites du plan qui passent par le point M ont des projections horizontales qui passent par m. Traçons une de ces droites qui coupe par exemple d au point a et au point b. Ensuite traçons les projections a' et b' sachant que le point A appartienne à la droite D et le point B à la droite .Comme les points A et B appartiennent au plan donné,donc la droite AB appartient aussi au même plan.Cette droite passe par le point M donc sachant la projection m,on détermine m' qui appartiendra à la projection frontale a'b' de la droite.

Le raisonnement est identique si l'on connait la projection m' et l'on cherche m.(Fig.25).

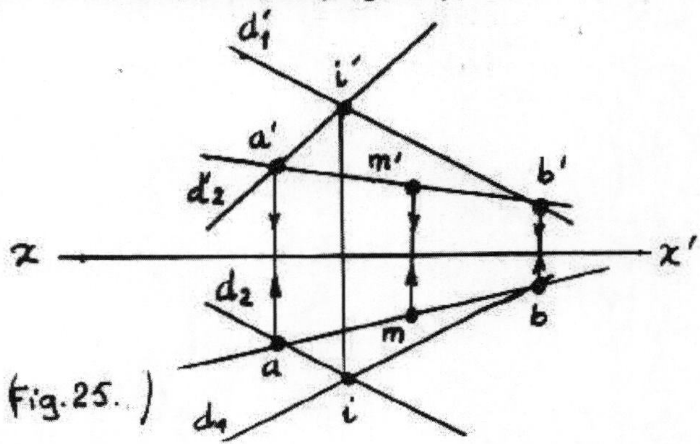

Fig.25.

4.1.TRACES DU PLAN.

En géométrie descriptive, on représente souvent un plan par ses traces.

Les traces d'un plan sont les droites d'intersection de ce plan avec les plans de projection.

Représentons un plan quelconque qui coupe les plans (H), (F) et (P) selon les traces P, Q' et R" respectivement en perspective (Fig.26) et en plans développés (Fig.27).

- P : la trace horizontale du plan,c'est l'intersection du plan avec le plan horizontal.Elle représente l'ensemble des points du plan de côte nulle.
- Q' : la trace frontale ou lieu géométrique des points du plan d'éloignement nul.
- R" : la trace de profil ou lieu géométrique des points du plan d'abscisse nulle.

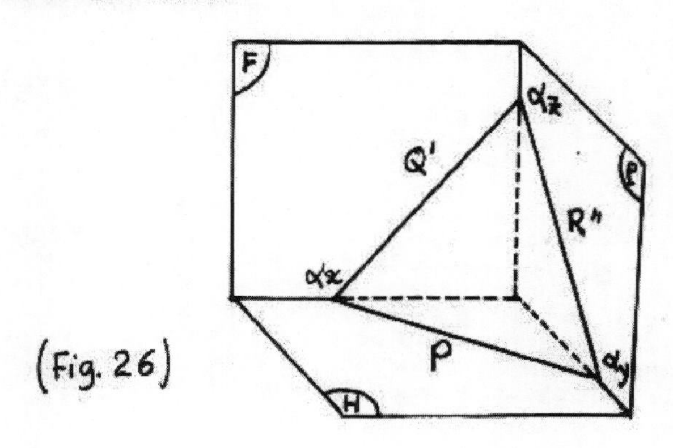

(Fig. 26)

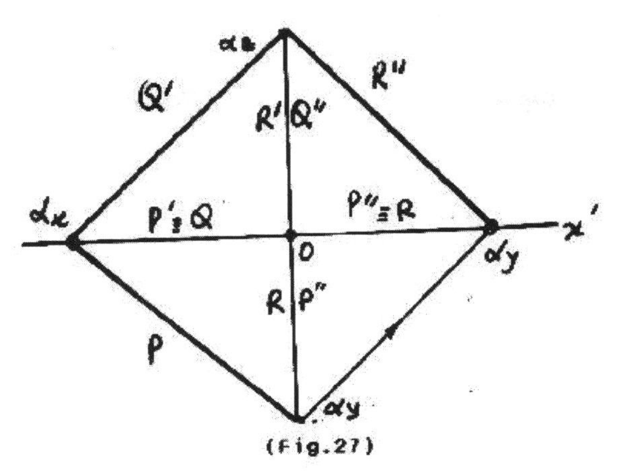

(Fig.27)

Les projections des traces sont confondues avec les axes du fait qu'il s'agit de droites appartenant aux plans de projection.

représente l'intersection du plan avec les axes.

y = P ∩ R''.
x = P ∩ Q'.
z = Q' ∩ R''.

Le problème relatif aux traces du plan consiste à déterminer un point du plan sachant une de ses projections.

Soit un plan déterminé par ses traces (P, Q') et un point M, appartenant à ce plan, dont on connaît sa projection m. Déterminer la deuxième projection m' de ce point.(Fig.28).

Passons par le point M une droite D appartenant au plan (P, Q').Sa projection horizontale doit passer par la projection horizontale m du point M.

Si une droite appartient à un plan les traces de cette droite doivent appartenir aux traces du plan.Ainsi on peut définir la trace d'un plan comme l'ensemble des traces des droites de ce plan.

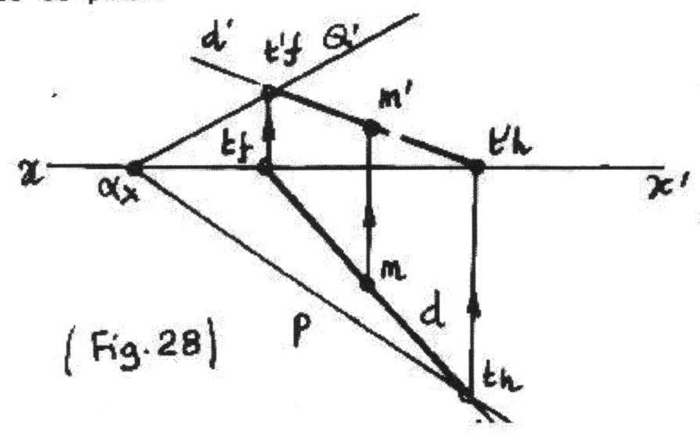

(Fig.28)

4.2.DROITES REMARQUABLES D'UN PLAN.

Définition.

Les droites remarquables d'un plan sont les droites de ce plan parallèles ou perpendiculaires aux plans de projection.

4.2.1.Horizontales d'un plan.

Définition.

On appelle horizontales d'un plan les droites du plan qui sont parallèles au plan horizontal de projection.

Propriétés.

Les horizontales d'un plan sont parallèles entre elles et en particulier à l'horizontale de cote nulle qui est la trace horizontale P du plan. Une horizontale se projette toujours suivant une ligne parallèle à la ligne de terre sur le plan frontal.L'exemple de construction d'une horizontale d'un plan est donné sur les figures (Fig.30) et (Fig.31).

4.2.2.Frontales d'un plan.

Définition.

Ceux sont les droites du plan parallèles au plan frontal de projection.

Propriétés.

Leurs projections horizontales sont des droites parallèles à la ligne de terre.Elles sont toutes parallèles entre elles et en particulier à la trace frontale Q' du plan. (Fig.30) et (Fig.31).

Les droites de profil d'un plan ont les mêmes propriétés que les horizontales ou frontales d'un plan.(Fig.31).

Traçons une horizontale H et une frontale F d'un plan dans le cas où le plan est déterminé par deux droites concourantes sur la (Fig.30) .

h' // OX // f.

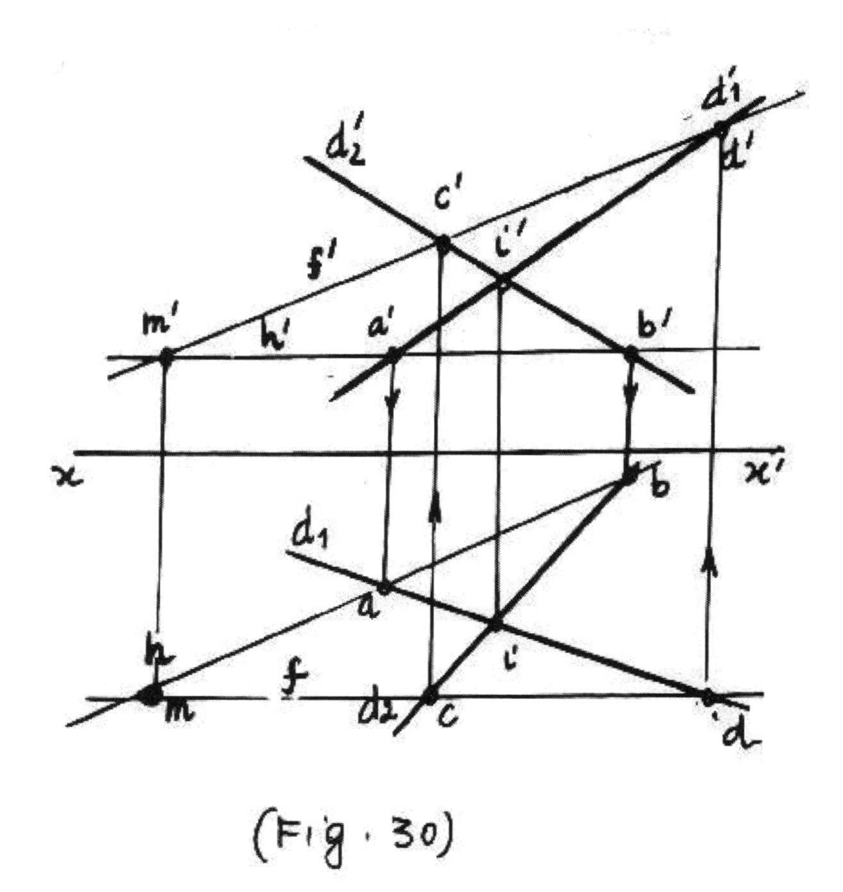

(Fig. 30)

Représentons sur la (Fig.31) une horizontale H, une frontale F et une droite de profil P d' un plan déterminé par ses traces (P,Q',R").

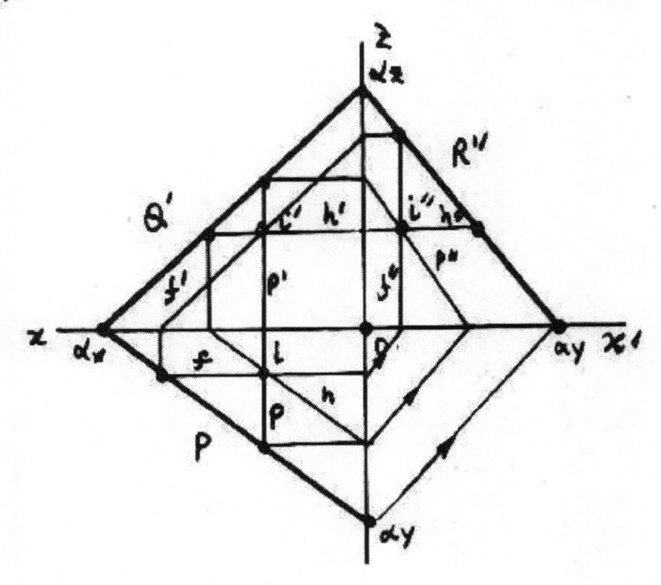

(Fig.31)

Remarques:

D'après ce qui précède, le problème fondamental du plan qui consiste en la recherche des projections d'un point appartenant au plan connaissant une de ses projections, est facilitée par l'utilisation des droites remarquables d'un plan.

On fait passer par ce point une droite principale du plan. Les projections du point vont appartenir dans ce cas aux projections de la droite remarquable. L'exemple est donné pour le point I sur la (Fig.31).

A partir de deux droites données dont l'une ou les deux sont particulières, on peut reconstituer les traces du plan formé par ces droites.

Soit une horizontale H et une frontale F se coupant au point I et déterminant un plan (P,Q'), déterminer les traces de ce plan sur la (Fig.32).

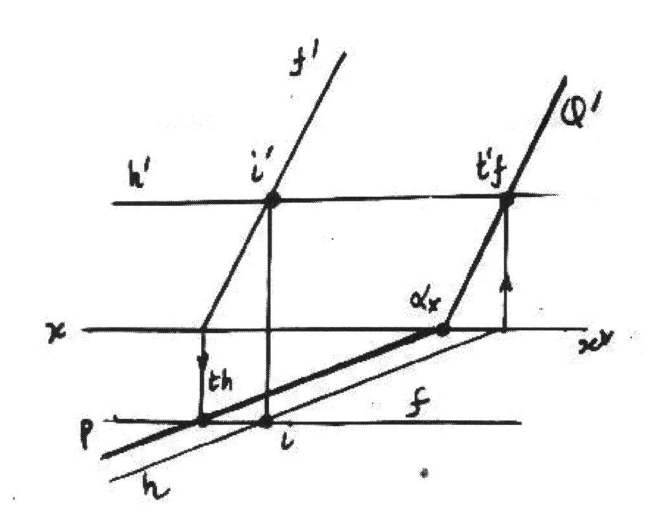

(Fig.32)

Dans ce cas il s'agit de trouver les traces des deux droites H et F.Or chacune possède une seule trace (Fig.54).En utilisant les propriétés des droites remarquables,on sait que la trace frontale du plan Q' doit passer par la trace frontale t'f de l'horizontale H et doit être parallèle à la projection frontale f' de la frontale F.Connaissant un point et une direction,on trace la droite Q'. Pour déterminer P, cette trace doit passer par th et aussi parallèle à la projection horizontale h de l'horizontale H.

4.2.3.Lignes de plus grande pente d'un plan.

Définition.

Ceux sont les droites de ce plan qui forment le plus grand angle possible avec le plan horizontal de projection.

Ces droites sont perpendiculaires aux horizontales du plan, Il est à remarquer que la connaissance d'une ligne de plus grande pente d'un plan suffit à la détermination de ce plan car elle permet de construire autant d'horizontales que l'on désire.

Les droites qui jouent le même rôle relativement au plan frontal et celui de profil n'ont pas reçu de nom particulier,elles ont les mêmes propriétés.

Soit un plan déterminé par une horizontale H et une droite D suivant la (Fig.33).Tracer la ligne de plus grande pente L du plan passant par le point M du plan dont on connait sa projection horizontale m.

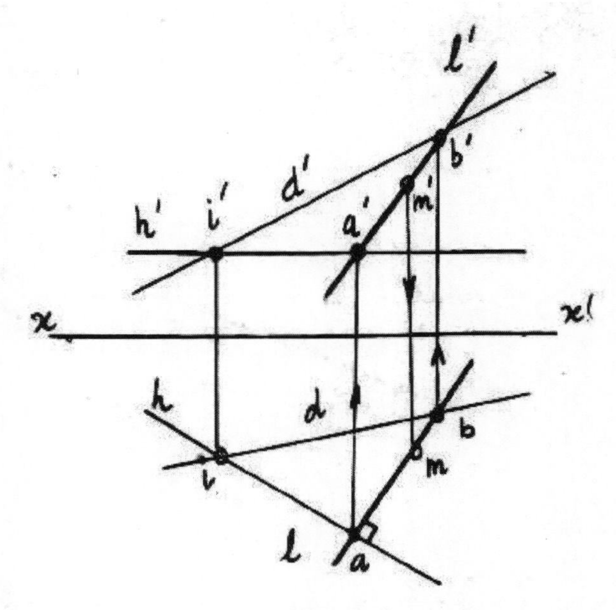

(Fig.33).

Comme la ligne de pente L est perpendiculaire à toutes les horizontales du plan formé par H et D, elle est perpendiculaire entre autre à l'horizontale H. A partir du point m on trace la perpendiculaire à h qui coupe h au point a et d au point b. La droite ab est la projection horizontale l de la ligne de pente L. Ensuite trouvons a' et b' qui constituent la projection l'.

4.3. PLANS REMARQUABLES.

Définition.

Un plan peut avoir des positions particulières ou remarquables par rapport aux plans de projection. On dit qu'un plan est remarquable s'il est parallèle ou perpendiculaire à un des plans de projection.

Représentons par leurs traces les différents cas particuliers des positions d'un plan par rapport au système de projection et considérons à chaque fois les projections d'un point M appartenant à ce plan en perspective et en épure.

4.3.1.Plan horizontal.

Définition.

C'est un plan parallèle au plan horizontal de projection.Il est donc perpendiculaire et au plan frontal et au plan de profil.

Propriété.

Toute figure géométrique appartenant à un plan horizontal se projette en vraie grandeur sur le plan horizontal.Sur la (Fig.34) est représenté un plan horizontal.

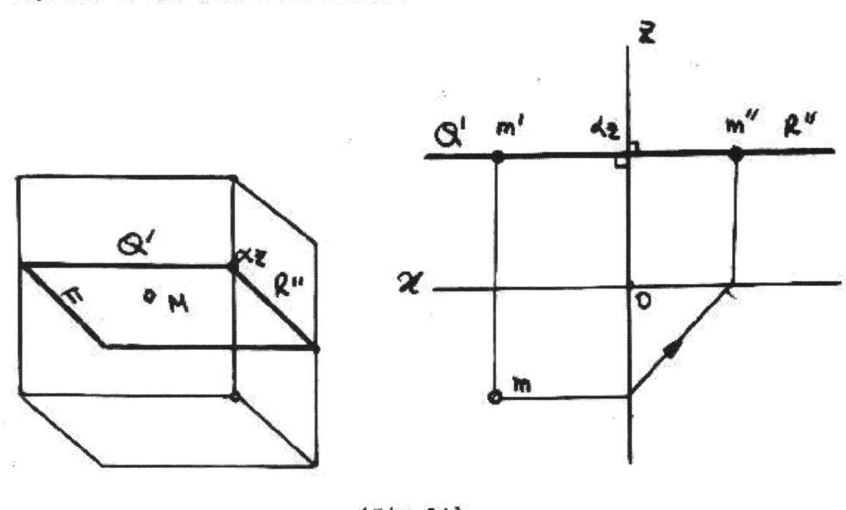

(Fig.34)

4.3.2.Plan vertical.

Définition.

C'est un plan qui est perpendiculaire au plan horizontal de projection.Il forme un angle avec le plan frontal et un angle avec le plan de profil (Fig;35).

Propriété.

La projection horizontale de toute figure appartenant à ce plan est confondue avec sa trace horizontale.

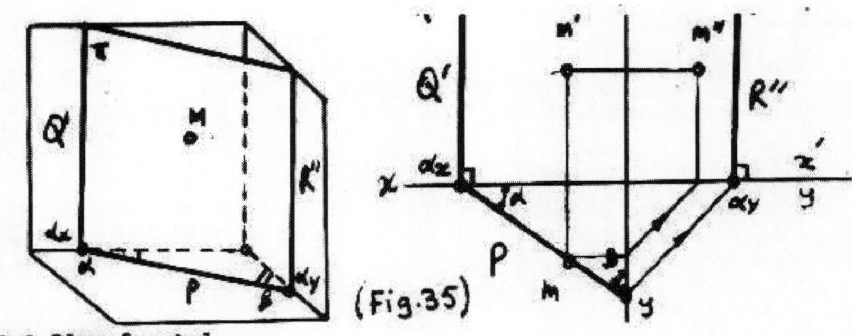

4.3.3.Plan frontal.

Définition.

C'est un plan parallèle au plan frontal de projection,il est perpendiculaire aux plans horizontal et celui de profil.

Propriété.

Toute figure appartenant à ce plan se projette en vraie grandeur sur le plan frontal.Ce plan ne possède pas de trace frontale.la (Fig.36) donne un exemple de plan frontal.

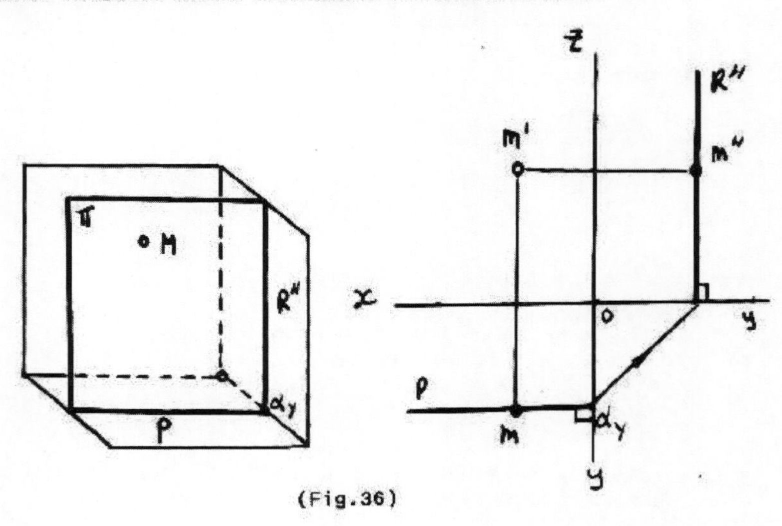

(Fig.36)

4.3.4. Plan de bout.

Définition.

Tout plan de bout est perpendiculaire au plan frontal. Il forme un angle α avec le plan horizontal et un angle β avec le plan de profil (Fig.37).

Propriété.

La projection frontale de toute figure contenue dans ce plan est cofondue avec sa trace frontale.

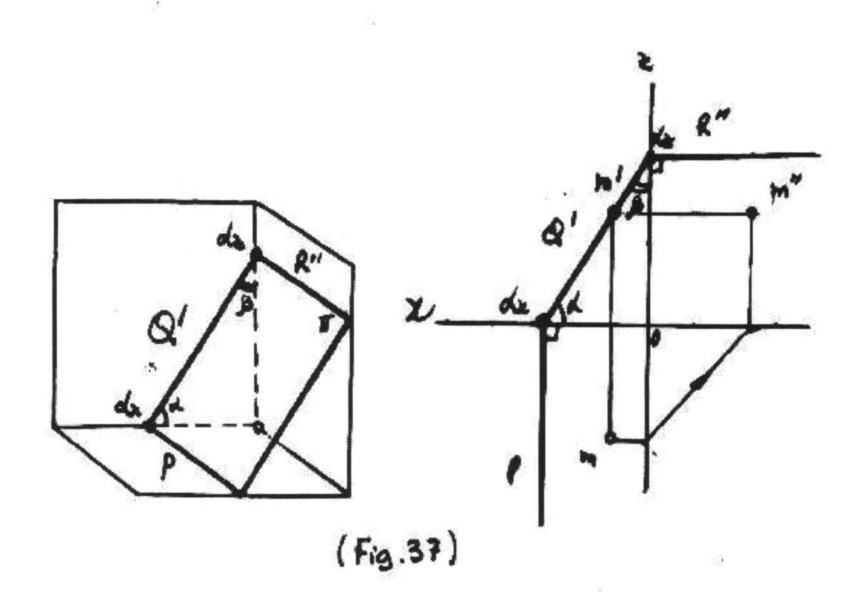

(Fig.37)

4.3.5. Plan de profil.

Définition.

C'est un plan parallèle au plan de profil (Fig.38).

Propriété.

Toute figure contenue dans ce plan, ses projections horizontale et frontale sont confondues avec les traces de même noms du plan.

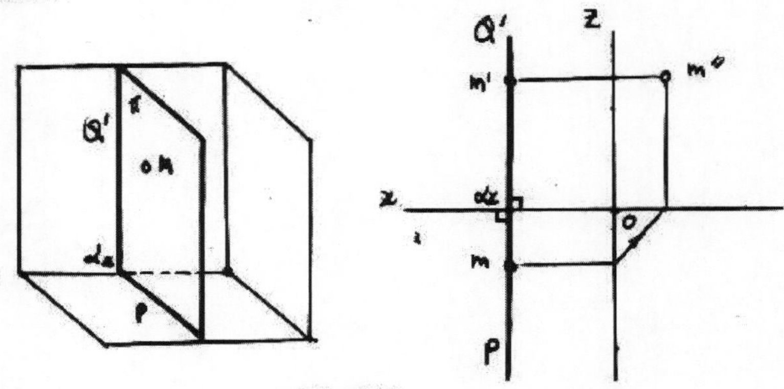

(Fig.38)

4.3.6. Plan parallèle à la ligne de terre.

Définition.

C'est un plan parallèle à la ligne de terre ou perpendiculaire au plan de profil.Ce plan forme un angle avec le plan frontal et un angle avec le plan horizontal (Fig.39).

Propriété.

La projection de profil de toute figure contenue dans ce plan est cofondue avec la trace de profil de ce dernier.

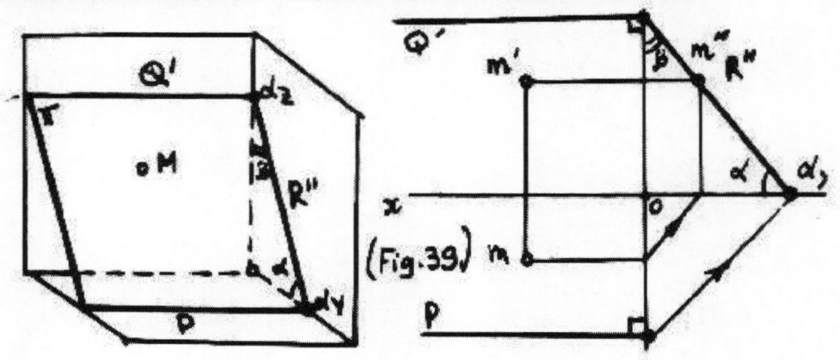

(Fig.39)

4.4.POSITIONS RELATIVES D'UNE DROITE AVEC UN PLAN. (PARALLELISME ET ORTHOGONALITE).

4.4.1.Parallélisme.

- Pour qu'une droite ayant un point hors d'un plan soit parallèle à ce plan,il faut et il suffit qu'elle soit parallèle à une droite de ce plan.

- Pour que deux plans soient parallèles,il faut et il suffit que deux droites concourantes de l'un soient parallèles à celles de l'autre.

- Si deux plans sont parallèles,tout plan qui coupe l'un coupera l'autre,et les droites d'intersection sont parallèles entre elles.

Nous donnons ici quelques exemples d'utilisation de ces propriétés.

1.Soit un plan défini par ses traces (P,Q').Construire une droite D parallèle à ce plan et passant par un point M donné et connaissant la projection horizontale d de cette droite sur la (Fig.40).

Supposons que la droite ab confondue avec d appartient au plan (P,Q').Pour que la droite D soit parallèle au plan,il faut et il suffit qu'elle soit parallèle à une droite du plan qui est la droite AB.Si ab est confondu avec d,sur le plan frontal,il faut que d' soit parallèle à a'b' et passant par m'.

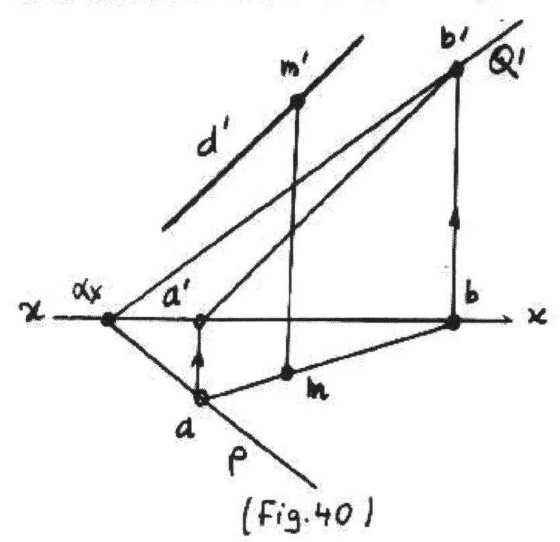

(Fig.40)

2.Un plan est défini par ses traces (P1,Q1'). Construire le plan (P2,Q2') passant par un point M donné (Fig.41) et qui soit parallèle au plan donné.

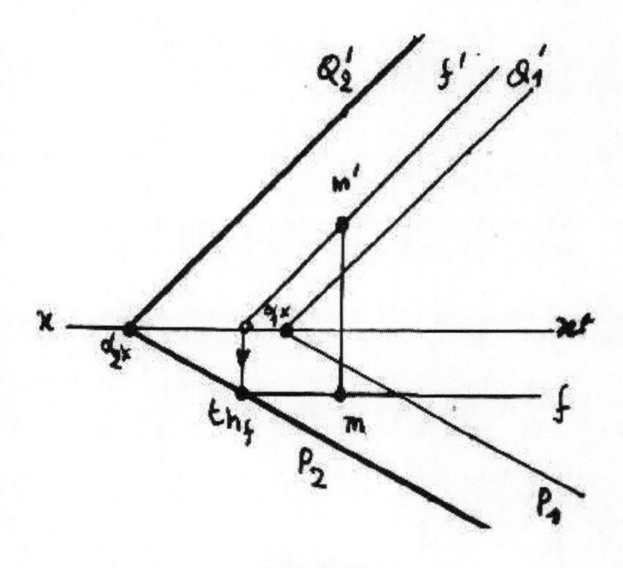

(Fig.41)

Les frontales du plan cherché sont parallèles aux frontales du plan donné et parallèles entre autre à la trace Q1'. De même que pour les horizontales du plan cherché sont parallèles donc à P1.

Menons une frontale F passant par le point M, donc cette frontale appartient au plan (P2,Q2'). Sa projection f' est parallèle à Q'1. Ensuite on détermine la trace horizontale th_f de cette frontale. La trace P2 du plan cherché doit passer par le point th_f et parallèle à P1. Pour déterminer Q2', il suffit de tracer une droite passant par q_{2x} et parallèle à f' ou à Q'1.

4.4.2.Orthogonalité.

- Pour qu'une droite soit perpendiculaire à un plan,il faut et il suffit qu'elle soit orthogonale soit à deux droites situées dans ce plan ou soit à deux droites parallèles à ce plan et qui ne soient pas parallèles entre elles.

Donc pour qu'une droite et un plan soient perpendiculaires, il faut et il suffit que :

- la projection horizontale de la droite soit perpendiculaire à la projection horizontale d'une horizontale du plan.
- la projection frontale de la droite soit perpendiculaire à la projection frontale d'une frontale du plan.

Ces conditions ne sont pas suffisantes dans le seul cas où les traces du plan sont parallèles entre elles.

Pour que deux plans soient perpendiculaires il faut et il suffit que l'un contienne une droite perpendiculaire à l'autre.

Pour qu'un angle droit se projette orthogonalement sur un plan suivant un angle droit,il faut et il suffit qu'il ait au moins un coté parallèle au plan de projection,l'autre coté n'étant pas perpendiculaire à ce plan.

Donnons sur la (Fig.42) un exemple d'application.Un plan est défini par deux droites concourantes : une horizontale H et une droite D.Construire la perpendiculaire L à ce plan passant par le point M donné.

Pour que la droite L soit perpendiculaire au plan défini par H et D,il faut que :

- l soit perpendiculaire à une horizontale du plan qui est la droite H,d'où sur le plan frontal l doit être perpendiculaire à h.
- l' soit perpendiculaire à une projection frontale d'une frontale du plan.Traçons la frontale AB ou F et dans ce cas l' doit être perpendiculaire à f'.

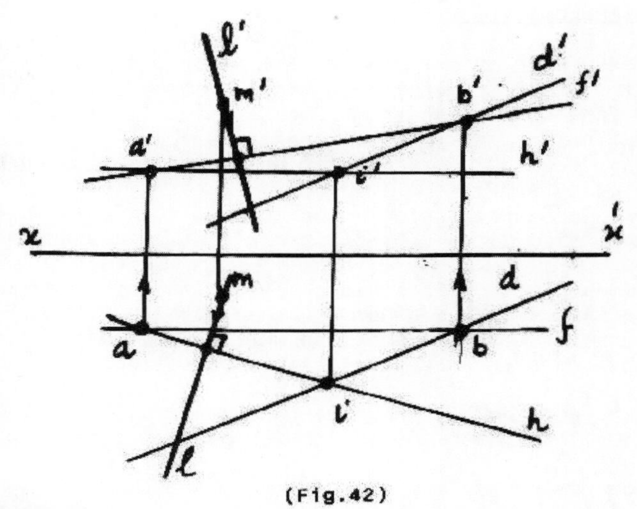

(Fig.42)

Remarques:

Considérons le même cas que ci dessus avec un plan déterminé par ses deux traces (P,Q') sur la (Fig.43).

Pour que L soit perpendiculaire au plan il faut que l et l' soient perpendiculaires à P et Q' respectivement.

Le point H appartient à la fois au plan puisqu'il appartient à la droite AB du plan et à la droite L.Il est donc le point commun au plan et à la droite L,donc c'est le pied de la perpendiculaire issue du point M sur le plan.MH est la distance du point M au plan.

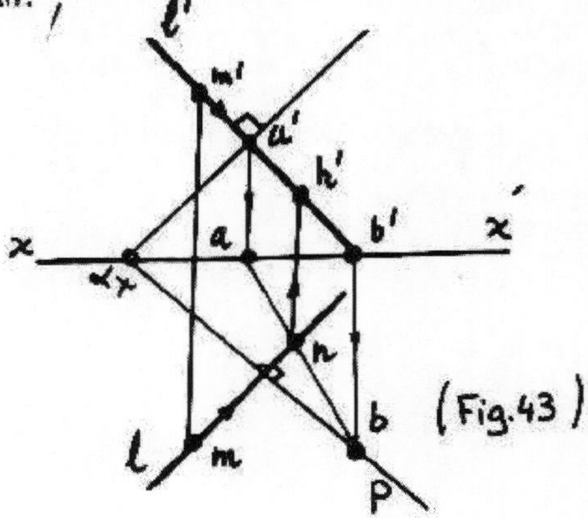

(Fig.43)

4.5. INTERSECTION D'UNE DROITE ET D'UN PLAN.

Rechercher le point d'intersection d'une droite avec un plan revient à déterminer les projections du point commun entre la droite et le plan.

Soit un plan vertical (P,Q') et une droite D selon la (Fig.44).

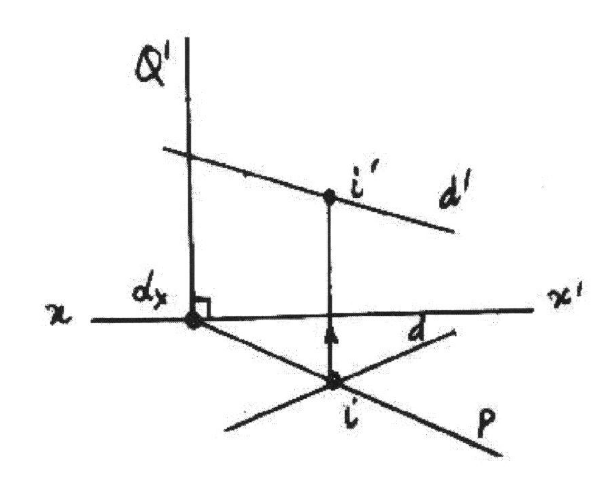

(Fig.44)

Le point d'intersection I se trouve sur la projection horizontale sur la droite d et sur la trace P du plan : $i = d \cap P$
Ensuite l'on déduit i' qui doit se trouver sur d'.

Considérons le cas où le plan est quelconque. On fait passer par la droite un plan auxiliaire et l'on cherche la droite d'intersection de ce plan et du plan donné, on obtient ainsi une droite auxiliaire qui rencontre la droite donnée au point cherché.

Soit un plan déterminé par deux droites concourantes D et .
Déterminer le point d'intersection de ce plan avec la droite L sur la (Fig.45).

Choisissons comme plan auxiliaire le plan vertical (Pa,Qa') qui va contenir la droite L, donc la projection l doit être confondue avec la trace Pa. Ce plan va couper le plan donné suivant la droite auxiliaire AB dont sa projection horizontale est confondue avec l ou Pa.

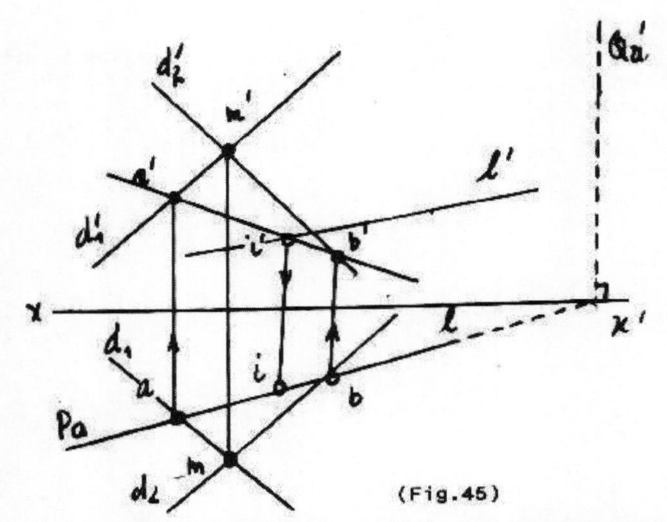

(Fig.45)

Les projections a'b' et l' se coupent en un point i' qui appartient à la fois au plan et à la droite L,c'est justement le point cherché.Avec la ligne de rappel on détermine le point i.

Le résultat est le même si l'on fait passer un plan de bout auxiliaire par la droite L.

Considérons le cas où un plan étant déterminé par ses traces (P,Q') et une droite L.Déterminer leur intersection sur la (Fig.46).

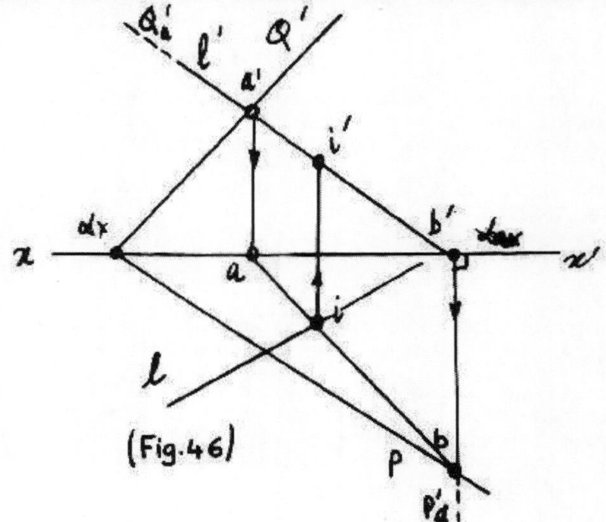

(Fig.46)

Le plan de bout auxiliaire (Pa,Qa') passant par la droite L, d'où l' est confondu avec Qa',coupe le plan (P,Q') suivant la droite AB dont sa projection frontale a'b' est confondue avec l' ou Qa'.Le point cherché est l'intersection de la droite L avec la droite auxiliaire AB : i = l n ab et i' est déterminé avec la ligne de rappel.

Le raisonnement est analogue si l'on choisit comme plan auxiliaire un plan de bout passant par la droite L où. l sera confondu avec Pa.

4.6.INTERSECTION DE DEUX PLANS.

Définition.

L'intersection de deux plans est une droite qui représente le lieu géométrique des points communs aux deux plans.On détermine deux points de cette droite en appliquant l'une des deux méthodes suivantes :

4.6.1.Premier cas.

On cherche le point d'intersection d'une droite de l'un des plans avec l'autre plan,c'est le premier point d'intersection.On répète cette opération avec une deuxième droite,ce qui donne un second point.

Soient deux plans déterminés par deux droites concourantes D1, Δ 1 et D2,Δ 2.Déterminer la droite d'intersection de ces deux plans sur la (Fig.47).

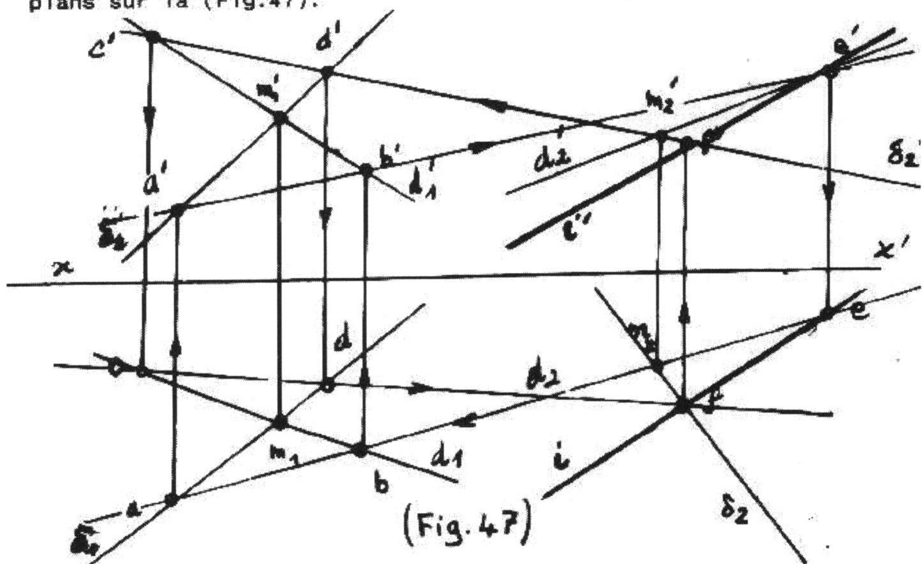

(Fig.47)

Pour déterminer deux points de la ligne d'intersection des deux plans, les points E et F, nous allons déterminer d'abord l'intersection de la droite D2 du deuxième plan avec le premier, ce qui donne le point E. (Se référer à la partie de l'intersection d'une droite et d'un plan (Fig.45).)

Le point E est l'intersection du premier plan avec la droite D2 en choisissant comme plan auxiliaire un plan vertical contenant la droite D2. Ce qui donne la droite auxiliaire AB.

On opère de la même façon pour obtenir le point F, en déterminant l'intersection par exemple de 2 avec le premier plan. Le point F est l'intersection du premier plan avec la droite 2 en choisissant comme plan auxiliaire un plan de bout contenant la droite 2, ce qui donne la droite auxiliaire CD.

4.6.2. Deuxième cas.

On coupe les deux plans donnés par des plans auxiliaires que l'on peut choisir perpendiculaires à un plan de projection. Généralement on utilise un plan vertical ou de bout. On obtient ainsi deux droites dont le point d'intersection appartient à l'intersection cherchée. En répétant cette opération on obtient un second point de cette intersection.

Soient deux plans définis par leurs traces (P1,Q1') et (P2,Q2'). Déterminer leur ligne d'intersection sur la (Fig.48).

Dans ce cas le plan horizontal de projection coupe ces deux plans suivant leurs traces horizontales P1 et P2 qui se rencontrent au point a. L'intersection du plan frontal avec ces deux plans fournit un deuxième point de leur droite commune le point b'. Connaissant a et b' on détermine a' et b. L'intersection cherchée des deux plans est la droite AB.

On remarque bien ici que les points a et b représente bien les traces horizontale et frontale de la droite d'intersection des deux plans.

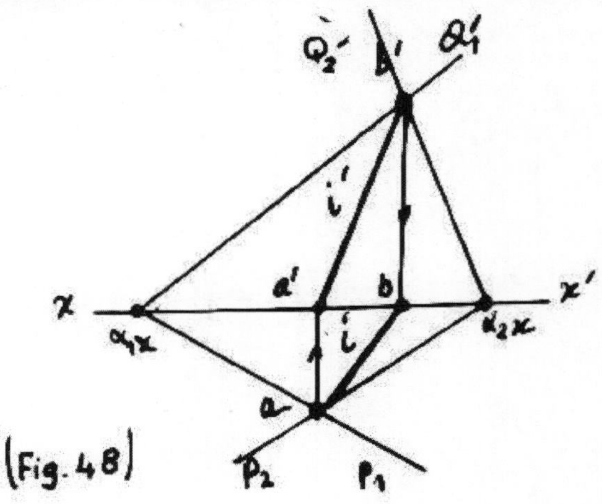

(Fig.48)

5.METHODES DE TRANSFORMATION.

La solution graphique d'un problème est toujours facilitee par la position particulière de la figure dans l'espace par rapport aux plans de projection.L'exécution d'une épure présente parfois des difficultés parce que les données occupent des positions défavorables par rapport aux plans de projection.

Pour ramener le cas général au cas particulier afin de simplifier la résolution,on utilise trois méthodes de transformation à savoir :

1- le changement de plan de projection.
2- la rotation.
3- le rabattement.

5.1.METHODE DE CHANGEMENT DE PLAN DE PROJECTION.

On laisse la figure géométrique dans l'espace fixe et l'on change la position des plans de projection.Les plans sont modi--fiés tout en restant perpendiculaires entre eux.On ne peut changer qu'un seul plan .

5.1.1:Changement de plan frontal.

Faire un changement de plan frontal, c'est prendre pour nouveau plan frontal de projection un plan vertical quelconque,le plan horizontal n'étant pas changé. Dans ce cas la projection horizontale de la figure reste inchangée et les cotes des points sont conservées dans la nouvelle épure.Quant à la projection frontale,la ligne de terre et les éloignements des points changent.

Sur la (Fig.49), on donne un point M (m, m') faire le changement de plan frontal de ce plan.

m'mx = m1'mx1

O1X1 est la trace du nouveau plan frontal qui est vertical ou la nouvelle lignede terre.

.pa

5.1.2.Changement de plan horizontal.

Faire un changement de plan horizontal ou une projection de bout auxiliaire,c'est prendre pour nouveau plan horizontal de projection un plan de bout quelconque,le plan frontal de projec--tion n'étant pas modifié.

La projection frontale de la figure reste inchangée et les éloignements des points sont conservés dans la nouvelle épure. Quant à la projection horizontale,la ligne de terre et les cotes des points changent.

Pour le même point M, faire un changement de plan horizontal sur la (Fig.50)

mmx = m1mx1

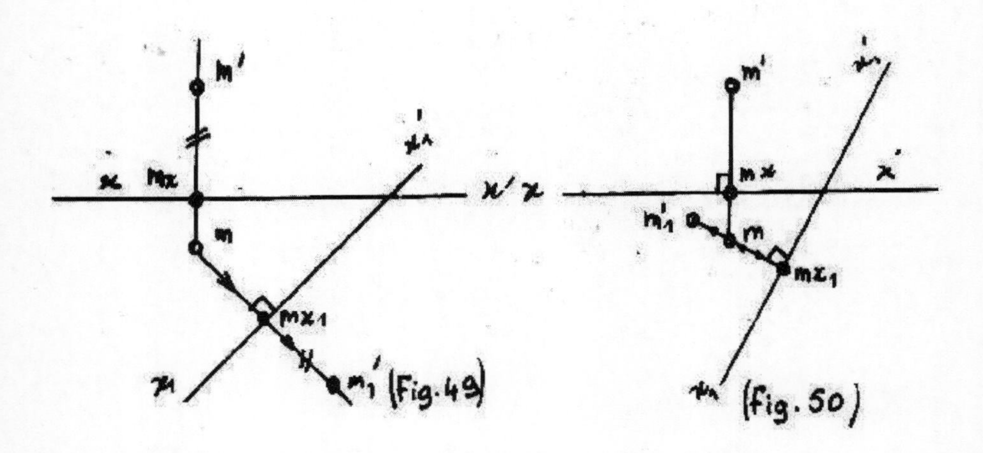

5.1.3. Exemples pour une droite.

Déterminer la vraie grandeur du segment de droite AB donnée sur la (Fig.52) par un changement de plan frontal.

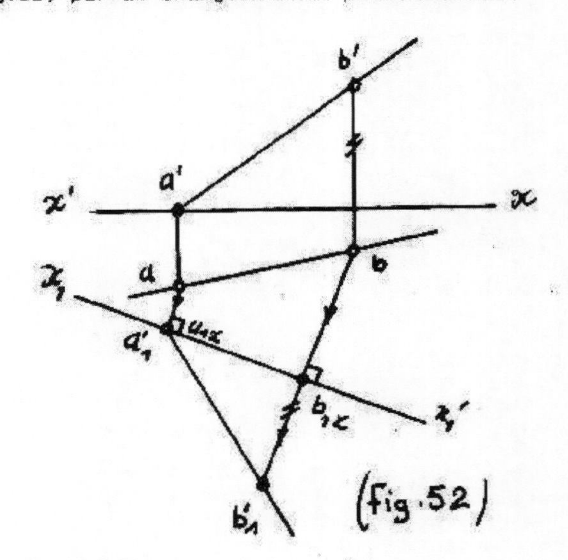

5.1.4. Exemples pour un plan.

Déterminer l'angle entre le plan défini par ses traces (P,Q') et le plan horizontal de projection sur la (Fig.54).

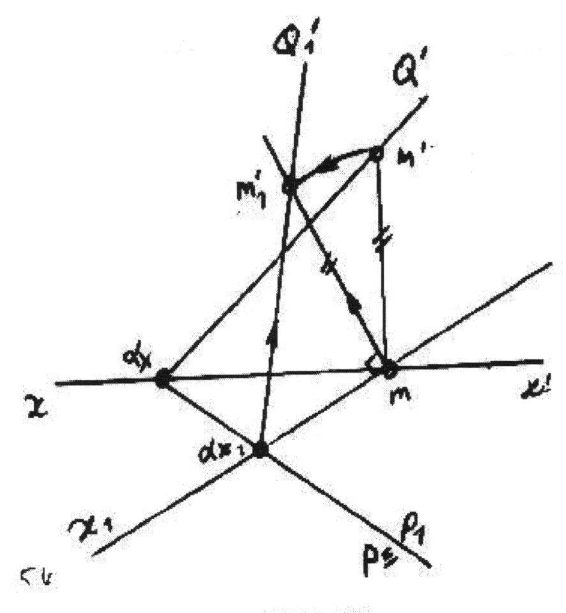

(Fig.54)

Dans ce cas il suffit de faire le changement de plan horizontal pour rendre le plan (P,Q') un plan vertical. L'angle formé entre (P,Q') et le plan horizontal est l'angle .

5.1.6.Applications.

a- Rendre la droite AB quelconque de la (Fig.56) une droite frontale.

Dans ce cas si on opère un changement de plan frontal tel que la nouvelle ligne de terre O1X1 soit parallèle à la projection horizontale ab de la droite AB, cette dernière devient une droite frontale.

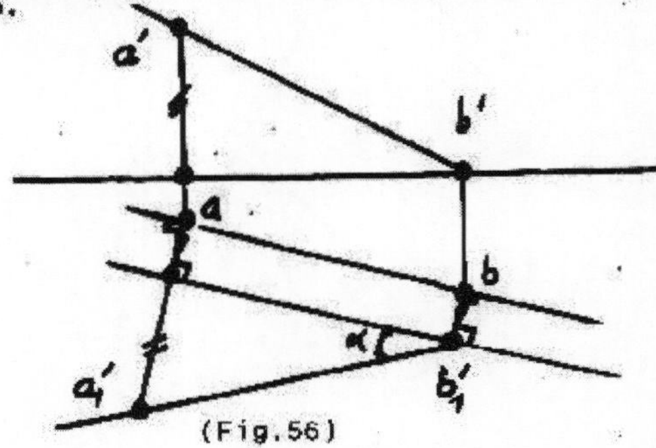

(Fig.56)

α est l'angle en vraie grandeur que forme la droite AB avec le plan horizontal.

b- Soit un plan quelconque défini par deux droites concourantes MA et MB sur la (Fig.57). Rendre ce plan vertical par un changement de plan horizontal.

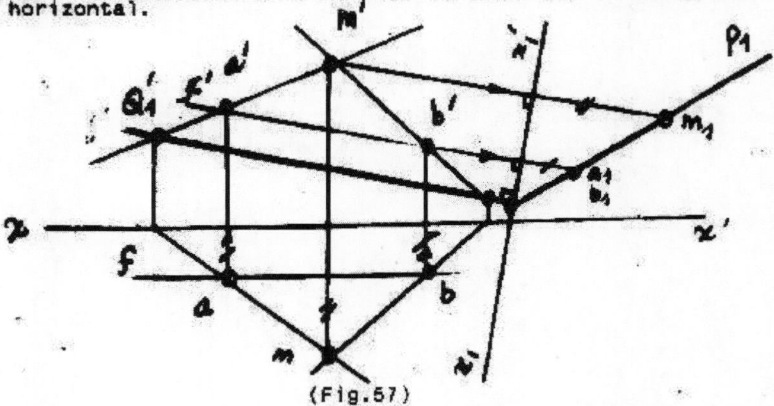

(Fig.57)

La nouvelle ligne de terre O1X1 étant perpendiculaire à la projection frontale f' ou a'b' d'une droite frontale F ou AB du plan. Ainsi le plan est rendu vertical.

5.2.METHODE DE ROTATION.

Dans cette méthode, les plans de projection restent fixes et on modifie la position de la figure de l'espace en la faisant tourner autour d'un axe convenablement choisi. Pour des raisons de commodité, on n'emploi que des axes de rotation verticaux, des axes de bout ou parallèles à la ligne de terre. Si l'axe de rotation est quelconque, il faut effectuer un changement de plan afin de le rendre vertical, de bout ou parallèle à la ligne de terre.

Lorsqu'une figure de l'espace tourne autour d'un axe :

- chaque point de la figure décrit un cercle dont le plan est perpendiculaire à l'axe et dont le centre est situé sur l'axe.
- pour un certain déplacement de la figure dans une rotation tous ses points tournent d'un même angle appelé angle de rotation.
- sa projection sur un plan perpendiculaire à l'axe reste égale à elle même et les distances de ses points à ce plan se conservent.

Lorsqu'on fait une rotation, il faut construire les deux projections d'une figure tandis qu'une projection auxiliaire ou changement de plan nécessite qu'une seule. Les projections auxiliaires sont donc en général plus avantageuses que les rotations. Toutefois, il y a des cas où la méthode de rotation doit être préférée notamment dans l'étude descriptive des surfaces de révolution.

5.2.1.Exemple d'un point.

a- Faire la rotation d'un point M autour d'un axe vertical V d'un angle de 120° sur la (Fig.58).

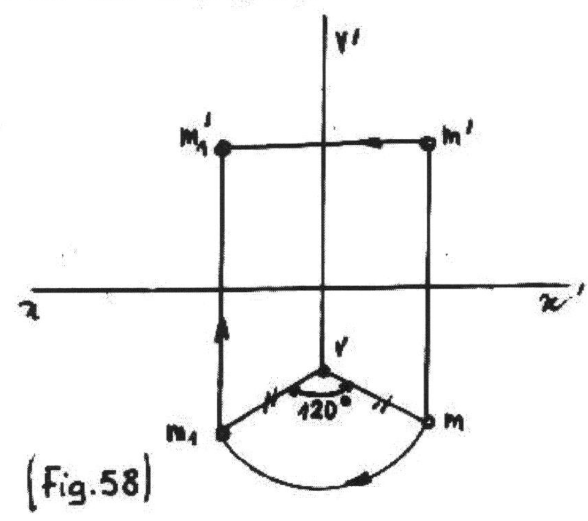

(Fig.58)

b- Faire la rotation d'un point M autour d'un axe de bout B d'un angle sur la (Fig.59).

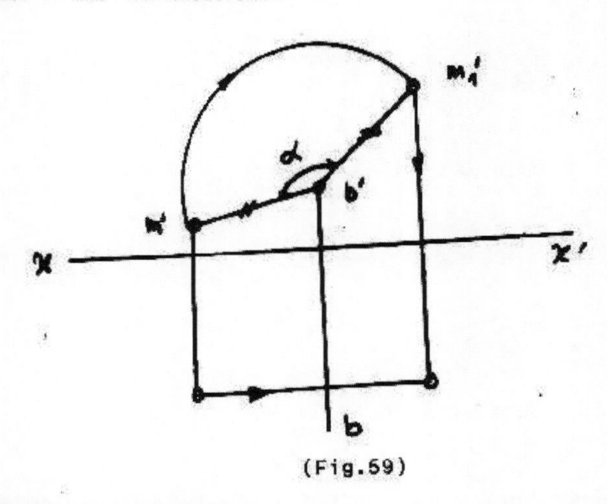

(Fig.59)

5.2.2.Exemple d'une droite.

Faire la rotation de la droite D autour de l'axe vertical V d'un angle sur la (Fig.60).

Pour faire la rotation de cette droite,il suffit d'effectuer la rotation de deux de ses points,par exemple les deux points A et B.

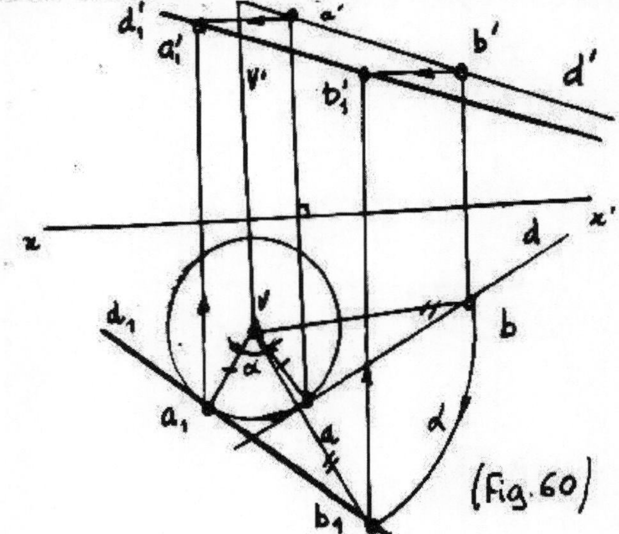

5.2.3.Exemple d'un plan.

Faire la rotation d'un plan déterminé par ses traces (P,Q') autour d'un axe vertical V,d'un angle sur la (Fig.61).

Il suffit de faire la rotation de la trace horizontale P du plan et le plan transformé sera défini par la droite P1 qui est la transformée de P et le point M appartenant au plan.

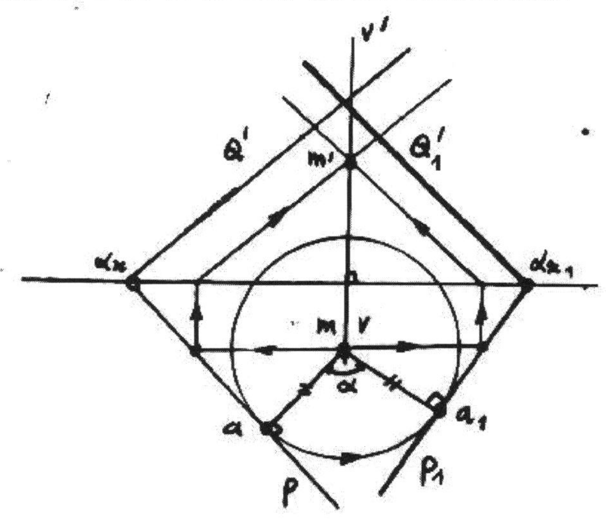

(Fig.61)

5.2.4.Applications.

1.Rendre un plan quelconque déterminé par ses traces (P,Q') de la (Fig.62) un plan de bout.

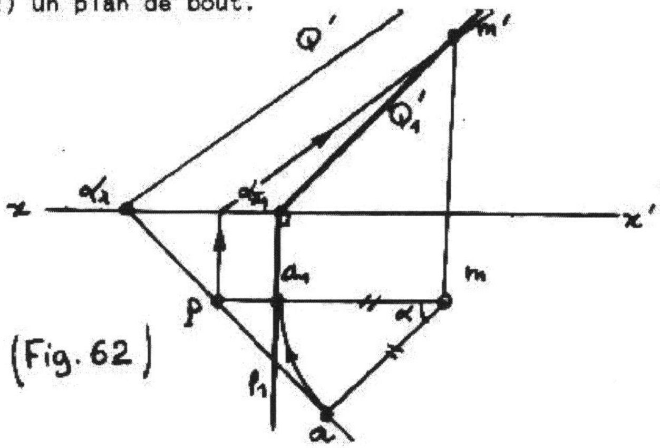

(Fig. 62)

On choisit un point M appartenant à ce plan et déterminons ses projections m et m'.Ensuite choisissant un axe vertical passant par le point M et faisons la rotation de la trace horizontale P du plan autour de la projection horizontale m du point M jusqu'à ce que la transformée P1 soit perpendiculaire à la ligne de terre OY.

On détermine Q1',la transformée de Q' dans la rotation comme étant une droite qui doit passer par la projection frontale m' du point M,puisque le point M appartient au plan donc au plan de bout aussi,et le point 1y.

5.3. METHODE DE RABATTEMENT.

Le rabattement d'un plan est l'opération qui consiste à le faire tourner autour d'une de ses droites pour le rendre parallèle ou confondu à l'un des plans de projection. L'axe de rotation ou charnière est une horizontale ou une frontale de ce plan. Dans le premier cas on rabat le plan autour d'une horizontale sur un plan horizontal, et dans le second cas on le rabat autour d'une frontale sur un plan frontal. Les considérations sont analogues si on utilise le plan de profil.

Les plans de projection étant fixes, on ramène le plan contenant la figure plane de l'espace dans un plan parallèle à l'un des plans de projection ou dans un des plans de projection par une rotation autour de la droite d'intersection de ce plan avec le plan sur lequel on effectue le rabattement.

L'objet du rabattement d'un plan est de déterminer la vraie grandeur d'une figure de ce plan.

5.3.1. Rabattement d'un point.

Schématisons sur la (Fig.64) la perspective du rabattement d'un point M appartenant à un plan (P) sur un plan parallèle au plan horizontal.

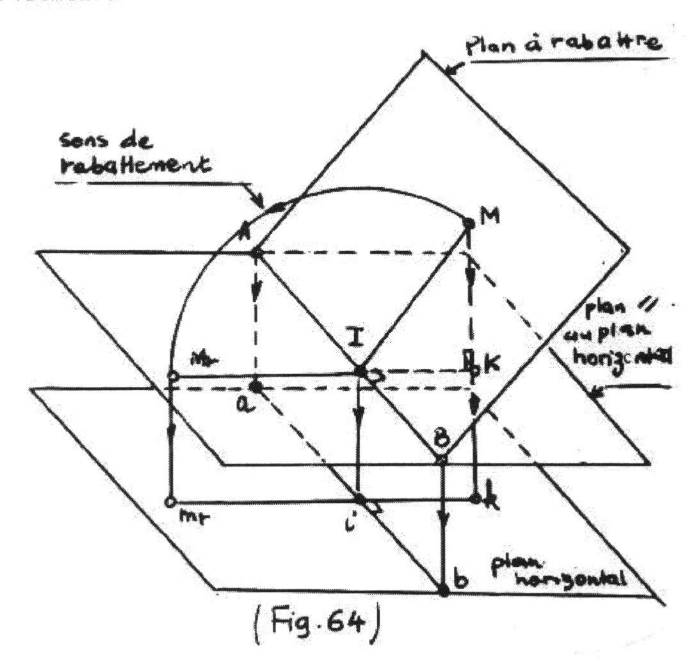

(Fig.64)

La projection horizontale du rabattement du point M (mr) appartenant au plan (P) sur un plan horizontal se trouve sur la perpendiculaire menée du point m, la projection horizontale du point M, à la projection horizontale de la charnière ,à une distance de la charnière de rotation égale à l'hypoténuse du triangle rectangle MKI.Ce dernier a pour cotés de l'angle droit la distance mi entre la projection horizontale du point m et la projection horizontale de la charnière, et l'autre coté Mm est égal à la différence des cotes entre le point que l'on rabat et la cote du plan sur lequel on rabat ou la cote de la charnière.

Pour représenter ce rabattement sur l'épure on utilise la méthode du triangle rectangle de rabattement sur la (Fig.65).

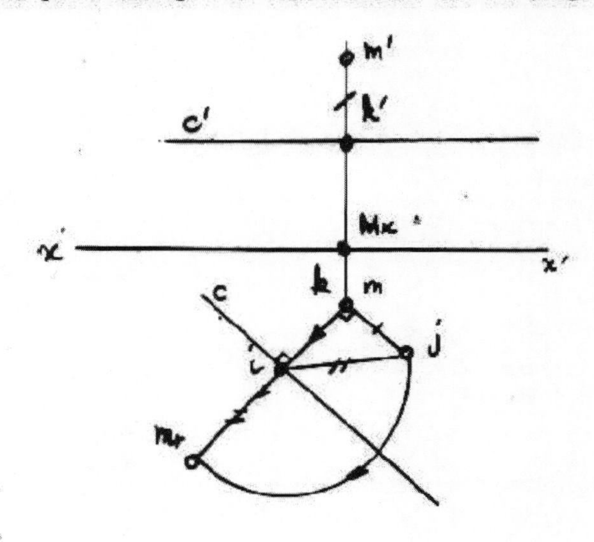

(Fig.65)

c : charnière ou trace horizontale du plan contenant le point M.

mj = m'k'

ij = imr = rayon de l'arc de cercle de centre i.

EXEMPLES.

1.Soit un plan défini par ses traces (P, Q'); (Fig.66), rabattre sur le plan horizontal la trace Q'.

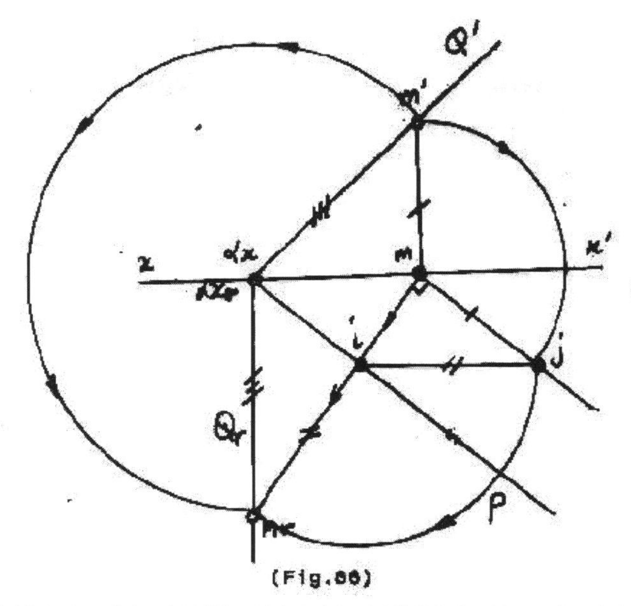

(Fig.66)

Considérons la trace Q',elle contient deux points et M.Comme appartient à la trace P qui est la charnière,son rabattement est confondu avec le point lui même.Il suffit donc de rabattre le point M par la méthode du triangle rectangle.

2.Soit un point M appartenant à un plan (P, Q') selon la (Fig.67).Rabattre ce point sur le plan horizontal.

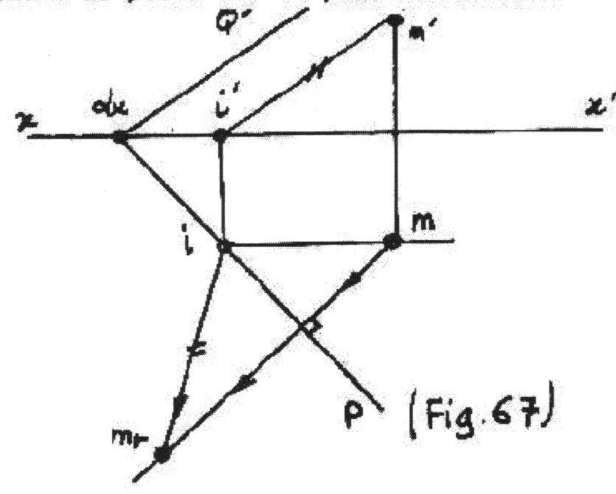

(Fig.67)

Passons une frontale par le point M. Le rabattement de ce point mr doit être sité sur la perpendiculaire à la trace P issue du point m. Considérons le point I, c'est un point qui appartient à la trace P, donc son rabattement ir est confondu avec sa projection horizontale i.

Le segment frontal IM se projette en vraie grandeur sur le plan frontal donc IM = i'm'. Après le rabattement de ce segment irmr doit être, égal à la vraie grandeur du segment IM. Donc le point mr va se trouver sur le cercle de rayon IM et de centre le point i.

Cette méthode est dite : procédé par la frontale ou procédé par l'horizontale si l'on rabat sur le plan frontal. A noter que les mêmes considérations sont pris en compte si l'on rabat sur le plan de profil.

5.3.2. Rabattement d'une figure plane.

Généralement si l'on construit le rabattement d'un point, on en déduit le rabattement des autres points d'une figure plane par la méthode dite des alignements.

Si un point appartient à la projection d'une droite, son rabattement doit appartenir au rabattement de cette droite et inversement.

Si un point appartient à une droite parallèle à la charnière, son rabattement doit appartenir au rabattement de cette droite qui est parallèle aussi à la charnière.

Si un point appartient à une droite qui coupe la charnière, son rabattement doit appartenir à une droite rabattue qui coupe la charnière au même point et sur la perpendiculaire à la charnière issue de sa projection.

Sur la (Fig.68), on donne un triangle ABC formant un plan (P,Q'). Rabattre ce triangle sur le plan horizontal pour déterminer sa vraie grandeur.

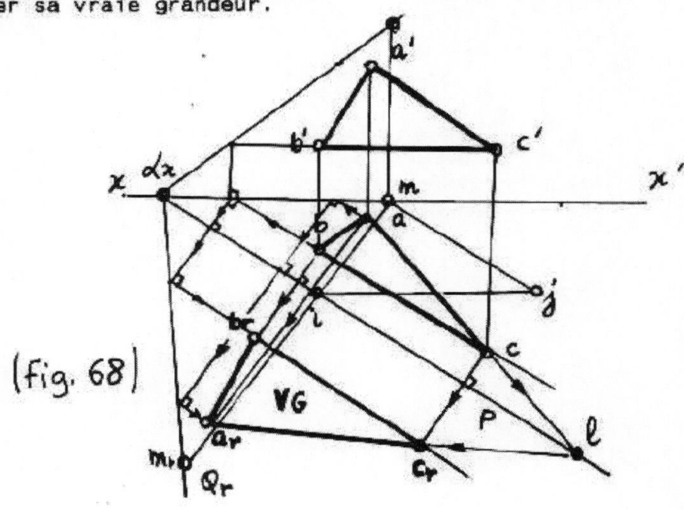

Le rabattement de la droite acl est la droite arcrl.

Comme la projection bc est parallèle à la trace P,le rabattement de bc est aussi parallèle à la trace P.

5.3.3.Cas particuliers.

Considérons ici le rabattement des plans remarquables.

1.Rabattement d'un plan vertical sur le plan horizontal.

Soit un plan vertical déterminé par ses traces (P, Q') et un point M de ce plan (Fig.69).Rabattre ce plan sur le plan horizontal.

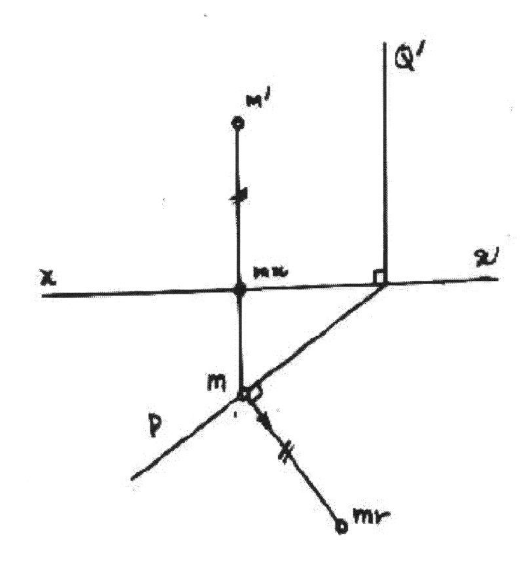

(Fig.69)

Si l'on applique la méthode du triangle rectangle,la distance séparant la projection horizontale m de la trace P étant nulle et le rayon de rabattement est mmr = m'my.On voit que le rabattement dans ce cas coïncide avec un changement de plan frontal de projection et la nouvelle ligne de terre est portée par la trace P.

2.Rabattement du plan vertical sur le plan frontal.

Considérons les mêmes données que précédemment sur la (Fig.70) mais opérons un rabattement sur le plan frontal.

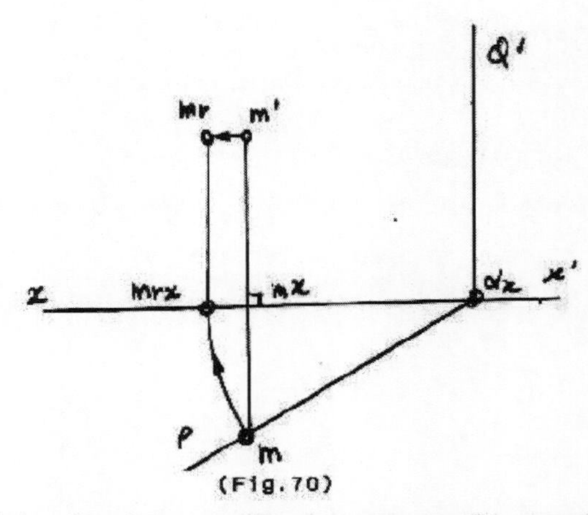

(Fig.70)

La charnière dans ce cas étant la trace Q',on retrouve la rotation autour de l'axe vertical Q' d'un angle que forme le plan vertical avec le plan frontal.Le rayon de rotation est m et le centre .

5.3.4.Application des rabattements.

1.Déterminer la vraie grandeur d'un segment de droite AB (a'b',ab) sur la (Fig.71).

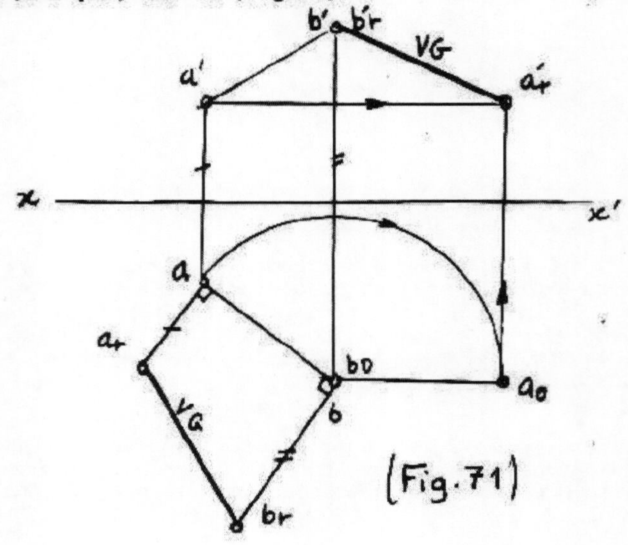

(Fig.71)

2. Déterminer la distance d'un point M à une droite D donnés

La méthode utilisée consiste à:

- rabattre la droite D autour d'une horizontale H passant par le point M.
- déterminer le rabattement du point M qui est confondu avel la projection horizontale. m = mr
- tracer le segment mrhr qui est en vraie grandeur perpendiculairement au rabattement dr de la droite. Il représente la distance MH demandée. mrhr = MH.

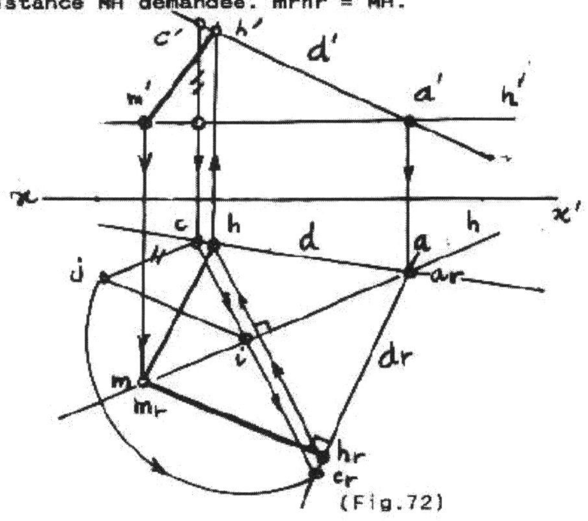

(Fig.72)

3. Déterminer la distance d'un point M à un plan vertical (P, Q') donnés sur la (Fig.73).

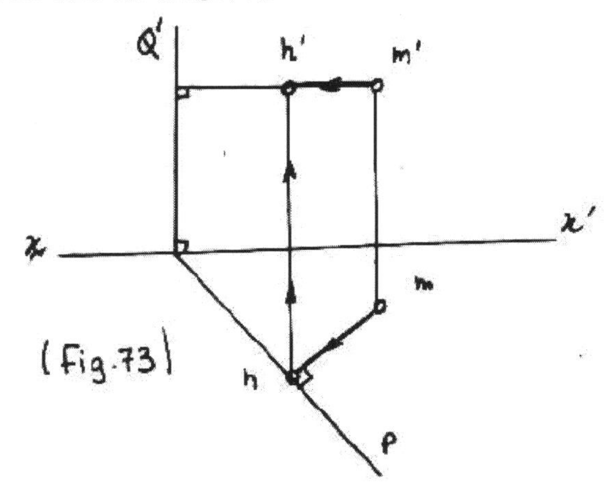

(Fig.73)

4.Déterminer la distance d'un point M à un plan quelconque

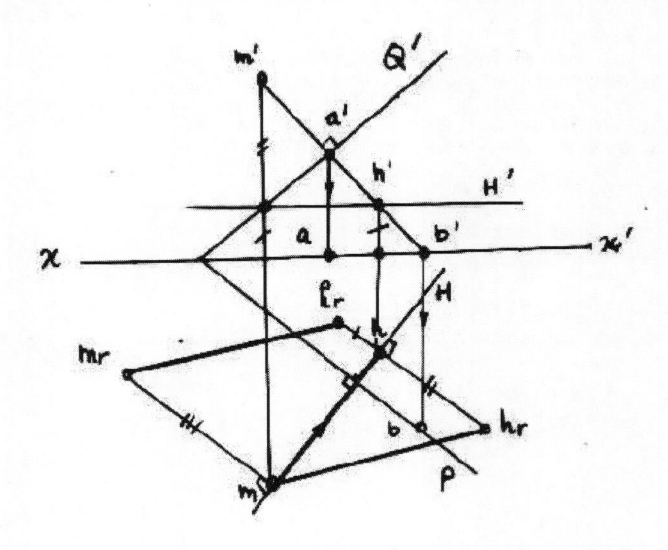

(Fig.74)

5.déterminer la vraie grandeur de l'angle que forment les deux droites D1et D2 données sur la (Fig.75).

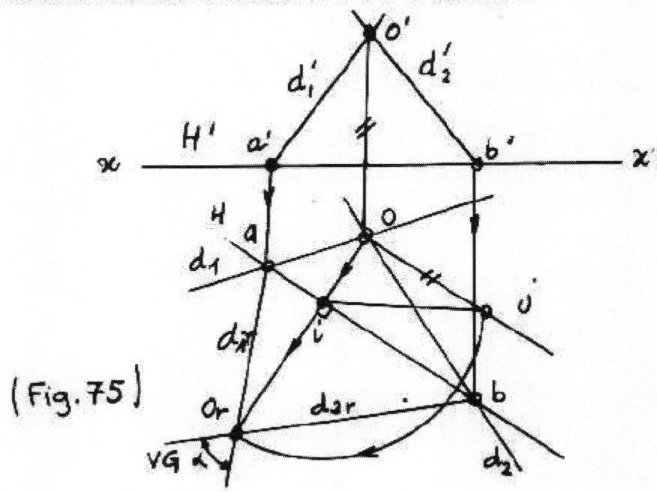

5.3.5. Relèvement d'un point.

Le relèvement d'un point est l'opération inverse du rabattement appelée aussi retour de rabattement.

Relever un point c'est :

- déterminer sa projection frontale connaissant son rabattement sur le plan horizontal, sa projection horizontale et la charnière de rotation.
- déterminer sa projection horizontale connaissant son rabattement sur le plan frontal, sa projection frontale et la charnière de rotation.
- déterminer ses deux projections connaissant seulement son rabattement sur l'un des plans de projection et les traces du plan auquel il appartient.

EXEMPLES.

1. Déterminer la projection m' d'un point M connaissant son rabattement mr sur le plan horizontal, sa projection horizontale m et la trace P du plan auquel il appartient selon la (Fig.76).

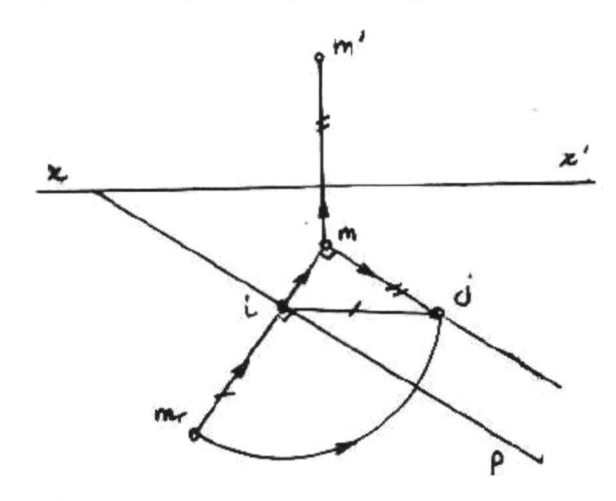

(Fig.76)

2. Déterminer la projection m d'un point M connaissant so rabattement mr sur le plan frontal, sa projection frontale m' et la trace Q' du plan auquel il appartient d'après la (Fig.77).

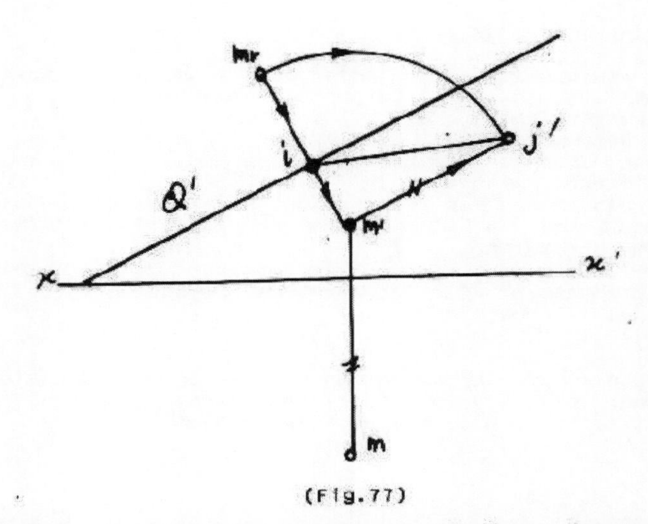

(Fig.77)

3.Déterminer les projections m et m' d'un point M dont on connaît uniquement son rabattement horizontal mr et les traces P et Q' du plan auquel il appartient sur la (Fig.78).

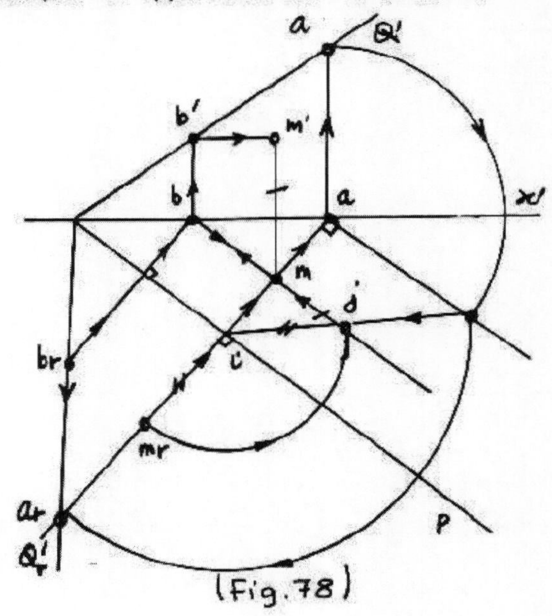

(Fig.78)

6.VOLUMES ET SURFACES.

Le volume d' un corps est la portion de l'espace occupée par ce corps.

On appelle surface d'un corps ce qui sépare ce corps de l'espace environnant.

Dans la pratique, tout corps a une certaine épaisseur.Si nous considérons que cette épaisseur est négligeable nous dirons que le corps est un volume creux du point de vue géométrique et il sera assimilé à une surface.

Dans la pratique, nous rencontrons souvent les polyèdres et les surfaces de révolution.

6.1.LES POLYEDRES.

On appelle polyèdre un corps limité uniquement par des portions de plans (surfaces planes).Les figures planes formant les surfaces d'un polyèdre sont des polygones appelés faces du polyèdre.L'intersection de deux faces est une arête.Ceux sont surtout:

- les pyramides - les prismes.
- les solides réguliers.(exemple: le parallélipipède).

La ponctuation est le mode de représentation des arêtes sur les différentes projections.Celles qui sont vues sont représentées en trait fort continu et les arêtes cachées en trait fort interrompu.

EXEMPLES.

1.Projection d'une pyramide.

L'exemple est donné sur la (Fig.79) où M1 et M2 sont deuxpoints appartenant aux faces de la pyramide.

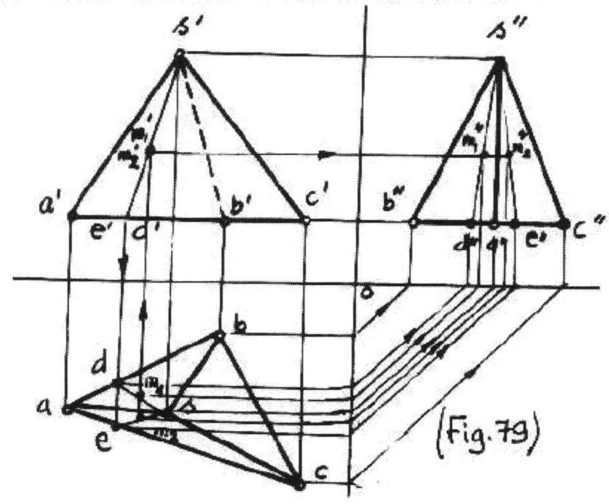

2.Projection d'un prisme.

(Fig.80) Un prisme est une pyramide dont le sommet est à l'infini

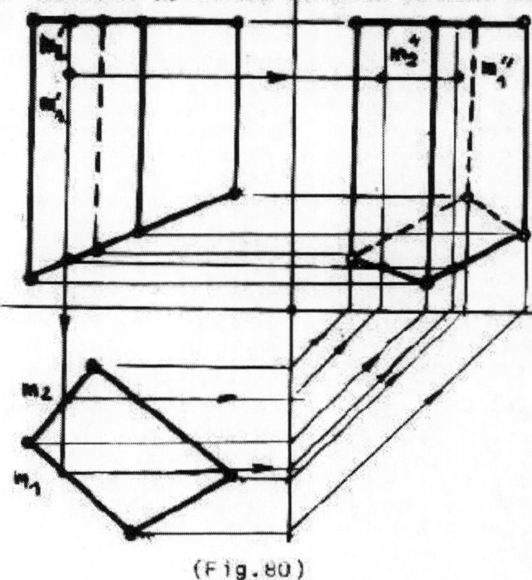

(Fig.80)

3.Projection d'un parallélipipède.

Représontons d'abord sa perspective (Fig.81) ensuite sa projection (Fig.82).

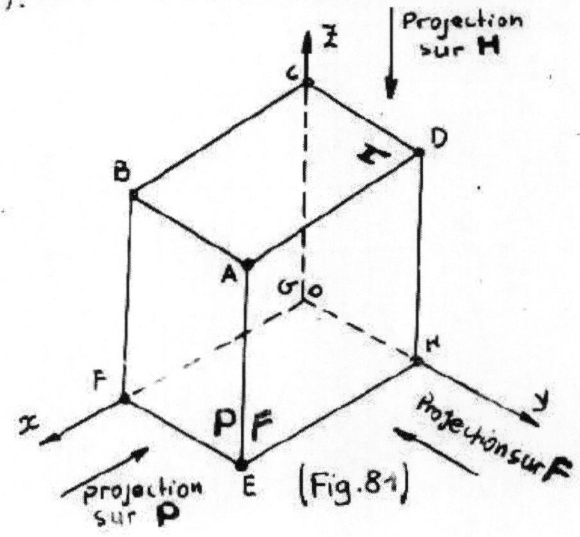

(Fig.81)

En dessin technique, la projection :
- frontale est dite vue de face
- horizontale est dite vue de dessus
- de profil est dite vue de gauche

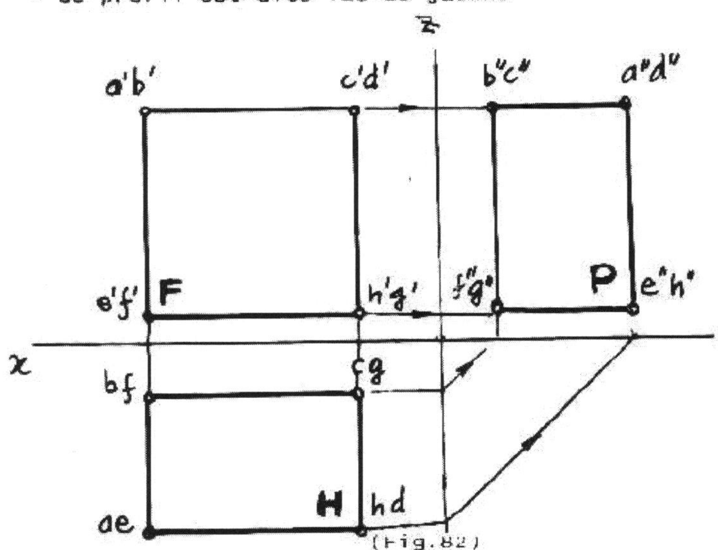

(Fig.82)

6.2. INTERSECTION D'UN POLYEDRE AVEC UNE DROITE.

On fait passer par la droite donnée un plan auxiliaire, les points où la droite coupe l'intersection de ce plan et du polyèdre sont les points recherchés.

EXEMPLE.

1. Soit un prisme coupé par la droite D (Fig.83). On considère comme plan auxiliaire un plan remarquable projetant cette droite.

Imaginons que la droite D appartient à un plan vertical donc sa trace horizontale P sera confondu avec la projection horizontale d de la droite D. Ce plan coupe le polyèdre sur les deux faces ADEH et BCFG. Les projections des intersections de ces deux faces avec le plan sont confondus avec la trace P sur le plan horizontal. Sur le plan frontal ceux sont les arêtes k'l' et m'n'. Les points i1 et i2 représentent ces intersections puisque ces points appartiennent à la fois aux faces du polyèdre et à la droite donnée. Connaissant i1 et i2 et la projection frontale d' de la droite D on détermine i1' et i2'.

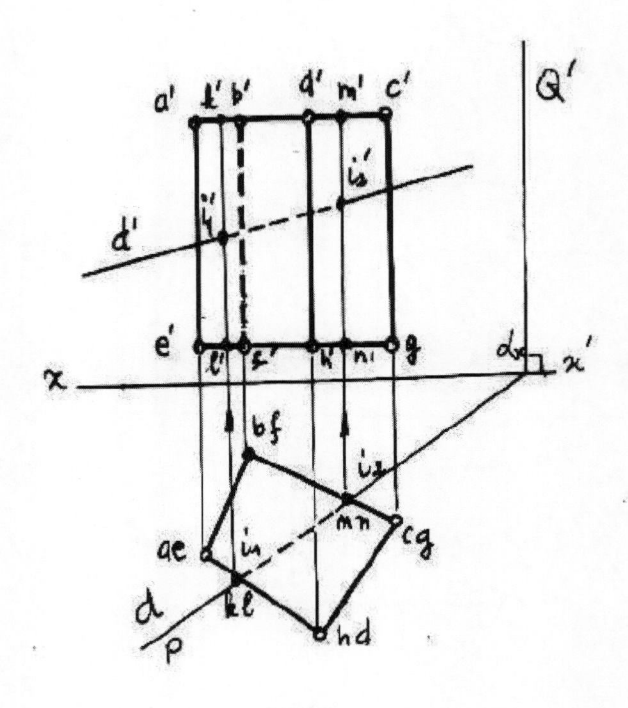

(Fig.83)

2.Considérons le cas d'une pyramide coupée par une droite D. (Fig.84). Ici il est plus commode de choisir comme plan auxiliaire le plan défini par la droite donnée et le sommet de la pyramide.

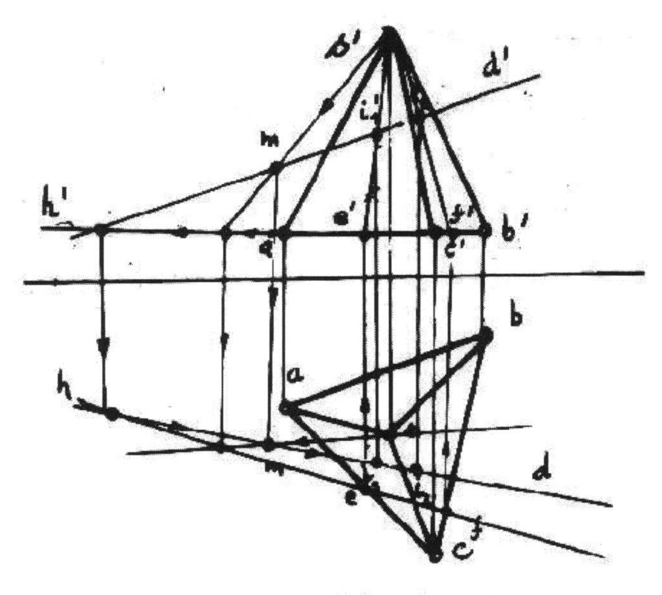

(Fig.84)

Le plan formé par les droites D et MS est un plan auxiliaire qui passe par le sommet S et un point M de la droite donnée Celui-ci coupe la base de la pyramide en deux points E et F. Pour déterminer e et f considérons l'horizontale qui se projette sur le plan frontal confondue avec la projection frontale de la base a'c' qui est parallèle à la ligne de terre . Les droites SE et SF, sont deux droites qui appartiennent à la fois au plan auxiliaire et aux plans déterminant les faces SAC et SBC,donc ceux sont les droites d'intersection du plan auxiliaire avec la pyramide ou faces de la pyramide.l'intersection de se et sf avec la projection horizontale d de la droite D donnent deux points d'intersection i1' et i2' et l'on déduit ensuite i1 et i2.

Les droites SE et SF coupent la droite D aux points I1 et I2,donc la droite D a deux points d'intersection avec la pyramide.

6.3.SECTION PLANE DES POLYEDRES.

La section plane d'un polyèdre par un plan est un polygone dont les cotés sont les intersections du plan avec les plans formés par les faces du polyèdre et dont les sommets sont les points d'intersection des arêtes du polyèdre avec le plan de coupe.

Pour déterminer les projections de la section plane il suffit de construire les cotés de cette intersection.Pour cela il est plus commode de rechercher les sommets de cette figure.On cherche donc les points de rencontre du plan de coupe avec les arêtes du polyèdre.

EXEMPLES.

1.Cas d'un plan de coupe remarquable.

Soit une pyramide coupée par un plan de bout (Fig.85).

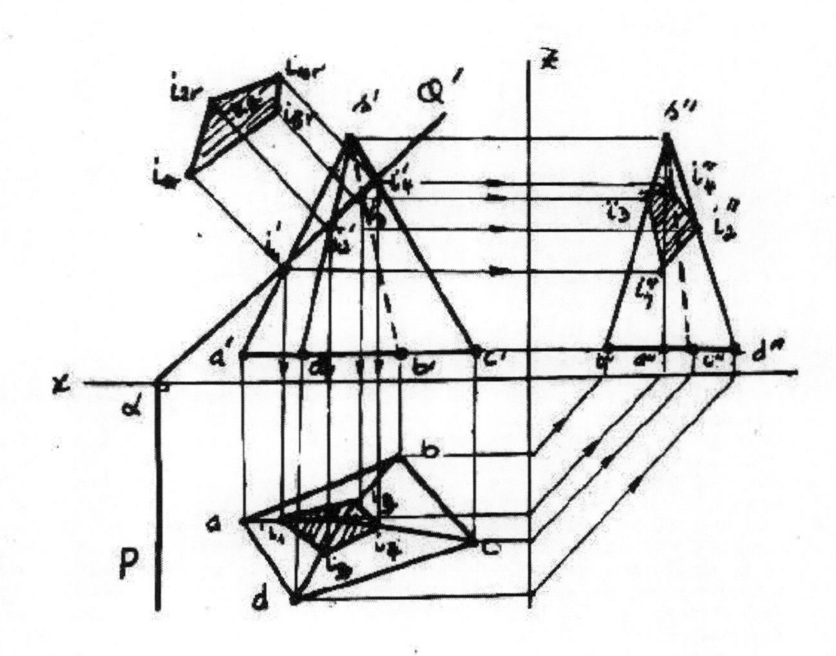

(Fig.85)

I1 = intersection de SA avec plan (P,Q').
I2 = intersection de SB avec plan (P,Q').
I3 = intersection de SC avec plan (P,Q').
I4 = intersection de SD avec plan (P,Q').

La projection frontale de cette section est le segment I1I3 confondu avec la trace Q' et sa projection horizontale est le polygone I1I2I3I4.Pour obtenir sa vraie grandeur on opère un rabattement sur le plan frontal du plan (P, Q') autour de l'axe Q'.

2.Cas d'un plan de coupe quelconque.

Soit une pyramide coupée par un plan quelconque (P, Q') (Fig.86).

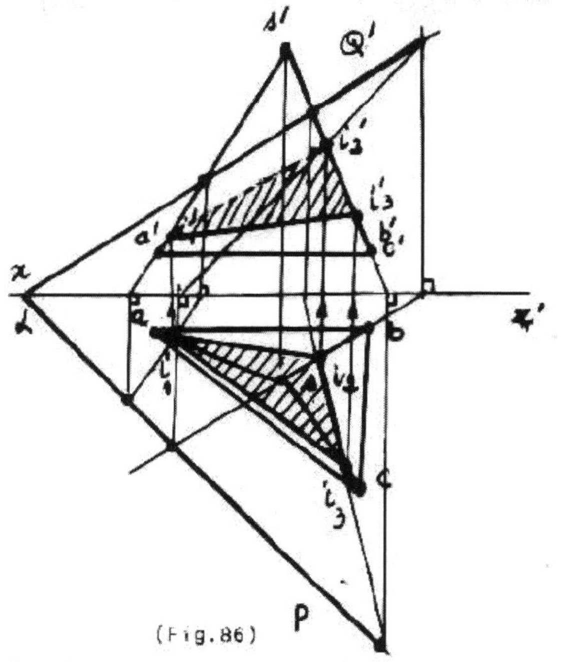

(Fig.86)

I1 = intersection de SA avec plan (P, Q').
I2 = intersection de SB avec plan (P, Q').
I3 = intersection de SC avec plan (P, Q').

Pour déterminer le point I,on applique les propriétés de l'intersection d'une droite avec un plan.Pour cela on fait passer un plan auxiliaire particulier par les arêtes et l'on détermine l'intersection de ces plans.Le point d'intersection de l'arête avec la ligne d'intersection des deux plans est le point recherché.

Afin de déterminer la vraie grandeur de la section I1I2I3 on pratique un rabattement du plan de coupe sur le plan horizontal ou frontal autour des traces P ou Q' respectivement.

6.4. LES SURFACES DE REVOLUTION.

On appelle surface de révolution oute surface engendrée par une ligne génératrice qui tourne autour d'un axe auquel elle reste invariablement liée. Chaque point de la génératrice décrit un cercle dont le plan est perpendiculaire à l'axe et dont le centre est situé sur l'axe.

Parmi les surfaces de révolution les plus usuelles, on distingue:

- la sphère.
- le cylindre de révolution.
- le cône de révolution.
- le tore.

EXEMPLES.

1. Projection d'une sphère.

Traçons sur la (Fig.87) l'épure d'une sphère.

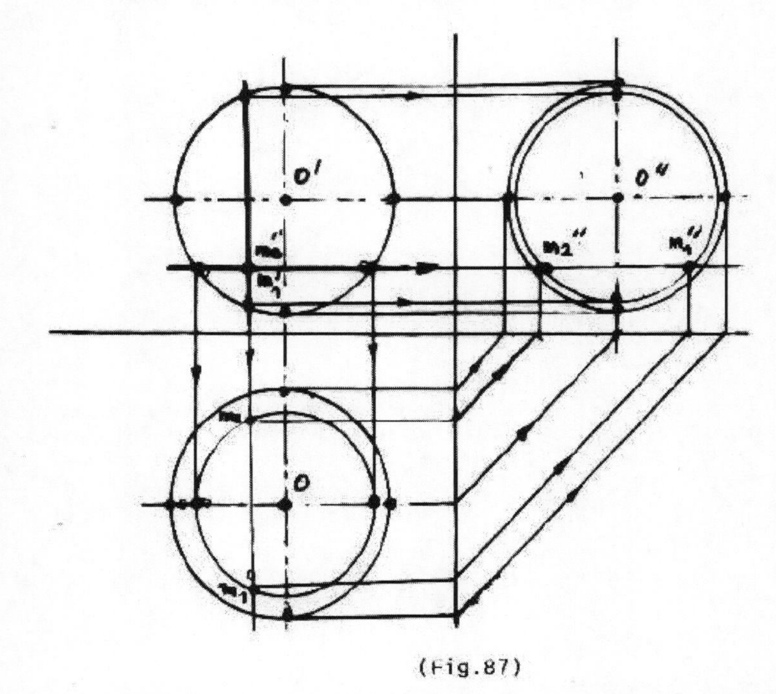

(Fig.87)

Les points M1 et M2 appartiennent à la surface sphérique dont M1 est visible et M2 caché.

2.Projection d'un cylindre.(Fig.88)

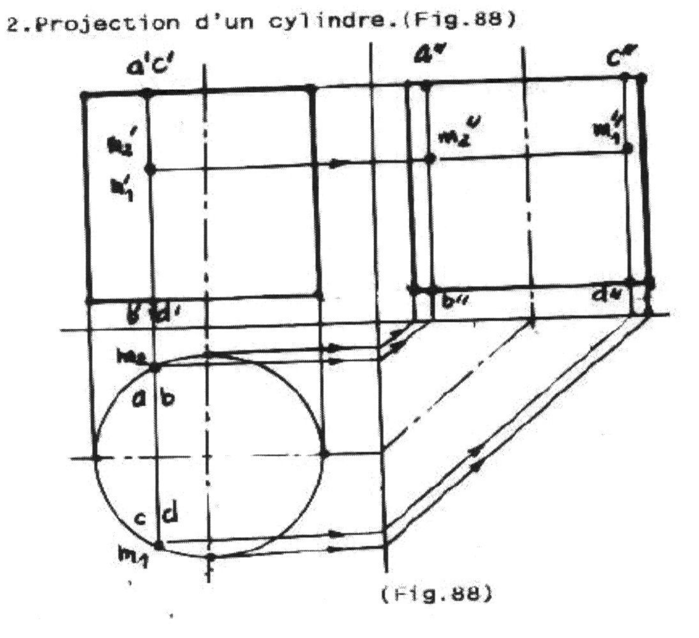

(Fig.88)

3.Projection d'un cône.(Fig.89).

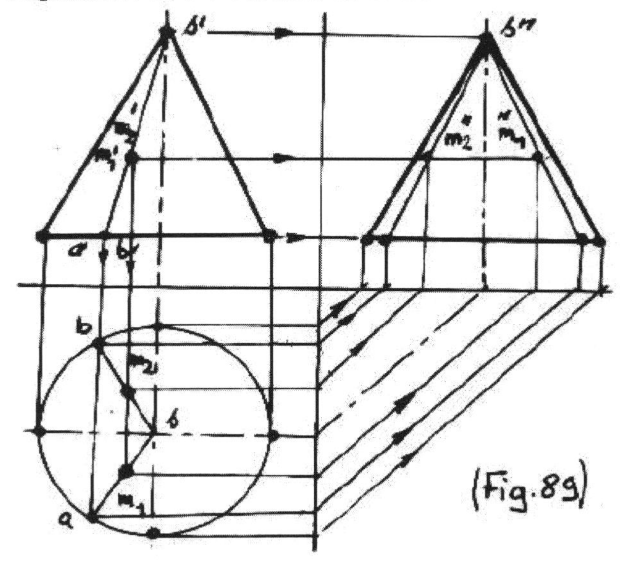

(Fig.89)

6.5. INTERSECTION D'UNE SURFACE DE REVOLUTION AVEC UNE DROITE.

On utilise le même principe que pour l'intersection d'un polyèdre avec une droite. On fait passer par la droite donnée un plan auxiliaire, les points où la droite coupe l'intersection de ce plan et du solide de révolution sont les points recherchés.

EXEMPLE.

1. Cas d'un cylindre. (Fig.90).

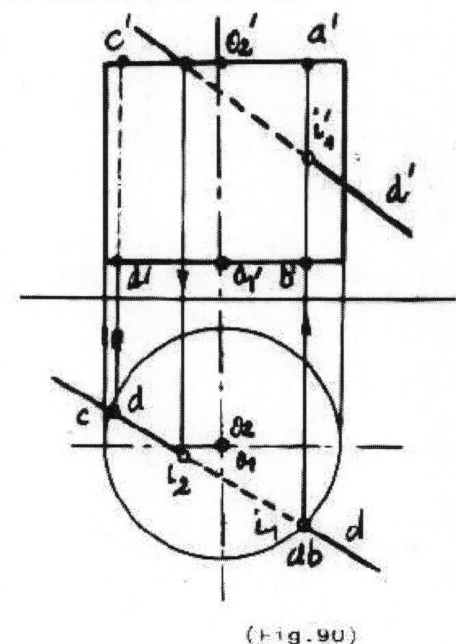

(Fig.90)

On choisit comme plan auxiliaire un plan remarquable passant par la droite donnée. Un plan vertical va couper le cylindre selon deux génératrices AB et CD. On remarque qu'avec la génératrice CD il n'y a pas d'intersection puisque la projection frontale de la génératrice c'd' ne rencontre pas la projection frontale de la droite d'sur les limites du cylindre. Tandis que i1' appartient bien à d' et à la génératrice ab, donc c'est un point d'intersection de la droite avec le cylindre.

Un plan de bout va couper le cylindre selon une ellipse qui se projette sur le plan frontal confondue avec d' et sur le plan horizontal confondue avec la projection horizontale du cylindre qui est un cercle.

Le point i2' appartient et à la base supérieure circulaire de centre o2' et à d', donc I2 est aussi un deuxième point d'intersection de la droite avec le cylindre.

2.Cas d'un cône.

On coupe un cone par une droite (Fig.91) et déterminons les points d'intersection de cette droite avec le cone.

La méthode est identique à celle de l'intersection d'une pyramide avec une droite.

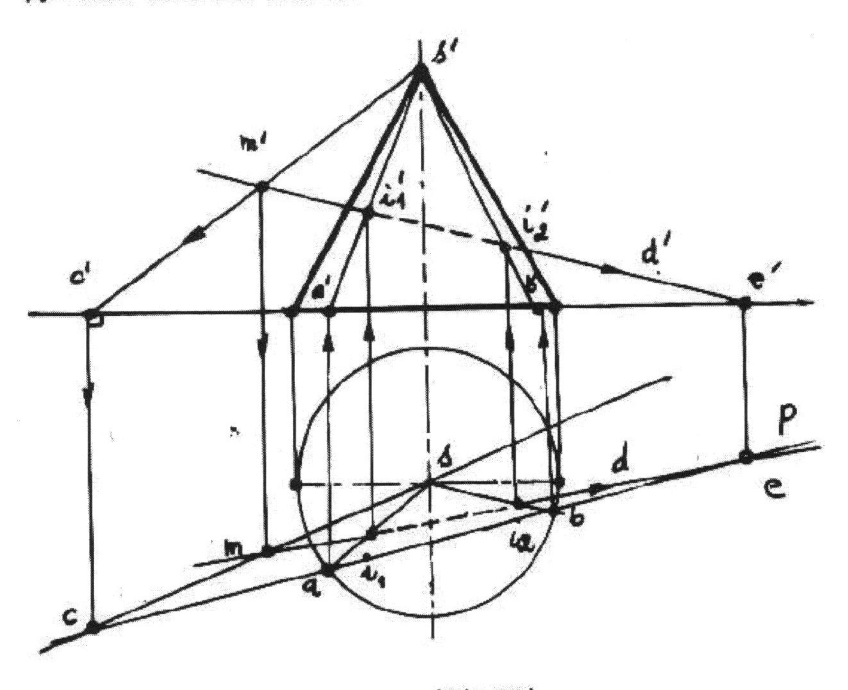

(Fig.91)

Le plan auxiliaire est le plan constitué par la droite D eet le sommet S du cone.

Les lignes d'intersection du plan auxiliaire avec le cone sont les génératrices SA et SB.

Après avoir déterminé les projections a et b par l'intersec--tion de la trace horizontale du plan auxiliaire avec la base du cone on obtient les ligne d'intersection sa et sb de ce plan avec le cone qui représentent deux génératrices du cone. Ensuite on détermine les points i1 et i2 comme l'intersection de ces généra--trices avec la projection horizontale d de la droite D etl'on déduit i1' et i2'.

La droite D posséde deux point d'intersection I1 et I2 avec le cone.

3.Cas d'une sphère.

Sur la (Fig.92) estreprésentée l'intersection d'une sphère avec la droite D.

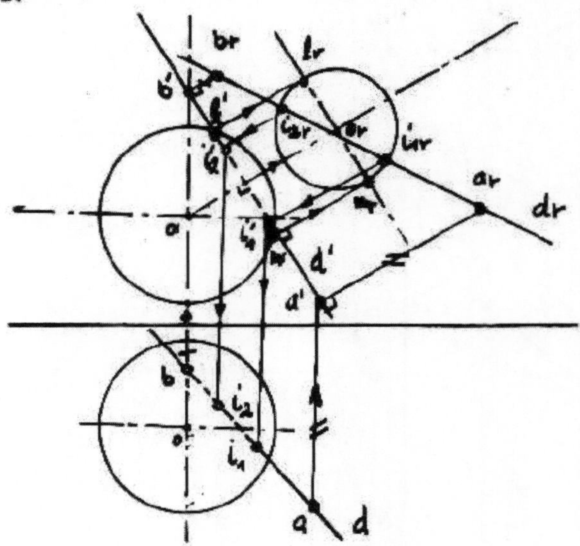

(Fig.92)

On fait passer un plan de bout par la droite D donc d' sera confondu avec la trace Q' de ce plan,et l'on rabat ce plan sur le plan frontal autour de la trace Q'.On obtient l'intersection du plan avec la sphère en vraie grandeur qui est le cercle de centre Or.L'intersection de cette droite avec ce cercle donne deux points I1r et I2r.A l'aide des lignes de rappel par retour de rabattement on détermine i1' et i2', ensuite i1 et i2 les deux points d'intersection de la sphère avec la droite D.

6.6.SECTION PLANE DES SURFACES DE REVOLUTION.

Tout plan passant par l'axe du solide est un plan appelé méridien,il coupe la surface de révolution suivant une courbe dite méridienne.

Toute section plane admet comme axe de symétrie l'intersection du plan sécant (plan de coupe) et du plan méridien perpendiculaire à ce plan.

EXEMPLES.

1.Cas d'un cylindre.

Soit un cylindre coupé par un plan de bout (Fig.93).

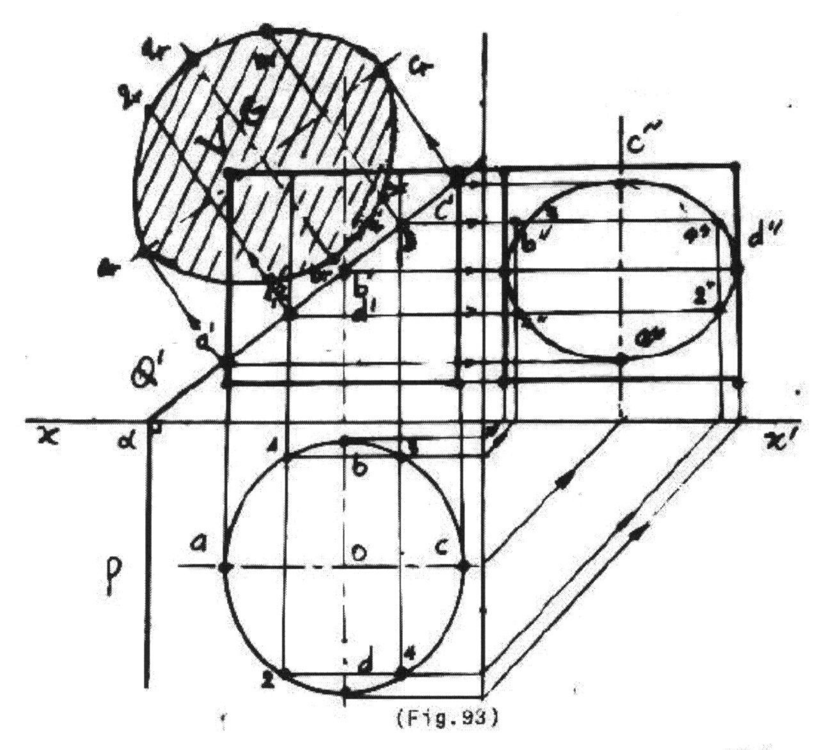

(Fig.93)

L'intersection d'un cylindre par un plan est une ellipse qui se projette donc sur le plan frontal confondue avec la trace frontale du plan de bout Q', limitée par les génératrices extrêmes gauche et droite du cylindre. Sur le plan horizontal l'ensemble des génératrices se projette sur le cercle de centre o. Pour déterminer la vraie grandeur de la section plane on fait un rabattement sur le plan frontal autour de Q'.

Si le cylindre est coupé par un plan quelconque, la section plane est toujours une ellipse. voir (Fig.94).

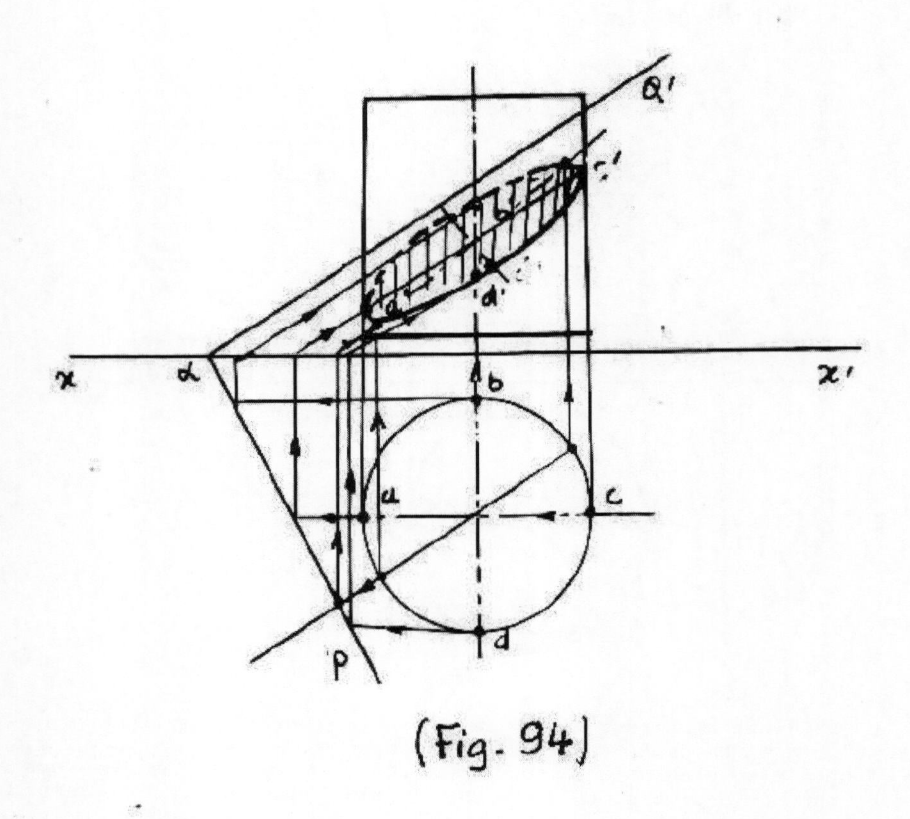

(Fig. 94)

2.Cas d'un cône.

Soi un cône coupé par un plan de bout (Fig.95).

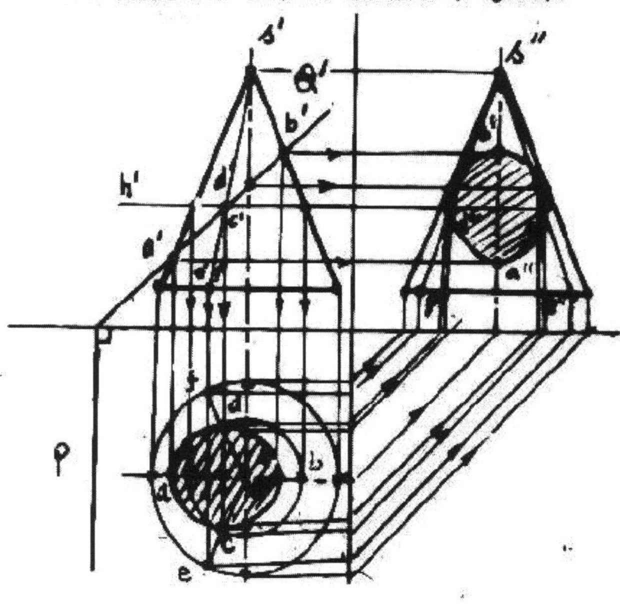

(Fig.95)

La projection de la section plane sur le plan frontal est un segment de droite a'b' délimité par l'intersection de la trace P avec les génératrices extrêmes du cône.ab représente le grand axe de l'ellipse horizontale qui est la projection de l'ellipse représentant la section plane.Pour déterminer le petit axe de cette ellipse il suffit de trouver les projections c' ou d' se trouvant au milieu du segment a'b'.Pour cela soit qu'on fait passer une génératrice s'c' ou s'd' et déterminer ses projections sc et sd,ou bien on coupe le cône par un plan horizontal passant par le point c' ou d'.Ce plan coupe le cône selon un cercle de rayon R qui sera en vraie grandeur sur le plan horizontal.

Connaissant les quatre points principaux de l'ellipse a,b,c et d où elle sera tangente,on peut déterminer la projection horizontale de la section plane.P ur mieux la construire,on prend plusieurs points sur le segment a'b' et l'on détermine leurs projections sur le plan horizontal.

La troisième projection de profil est aussi une ellipse qu'on pourra tracer avec les lignes de rappel une fois qu'on a déjà déterminer les deux autres projections de la section plane.

Soit un cône coupé par un plan de bout dont la trace Q' est parallèle à une génératrice de ce cône (Fig.96).

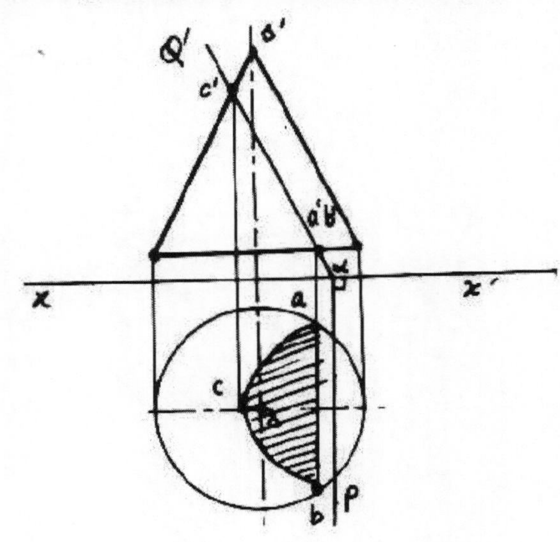

(Fig.96)

La section plane est délimitée par une courbe parabolique.

Soit un cône coupé par un plan dont l'une de ses traces est parallèle à l'axe du cône (Fig.97).Prenons Q' parallèle à so.

(Fig.97)

Dans ce cas la section plane est délimitée par une courbe hyperbolique.

Soit un cône coupé par un plan quelconque (Fig.98)

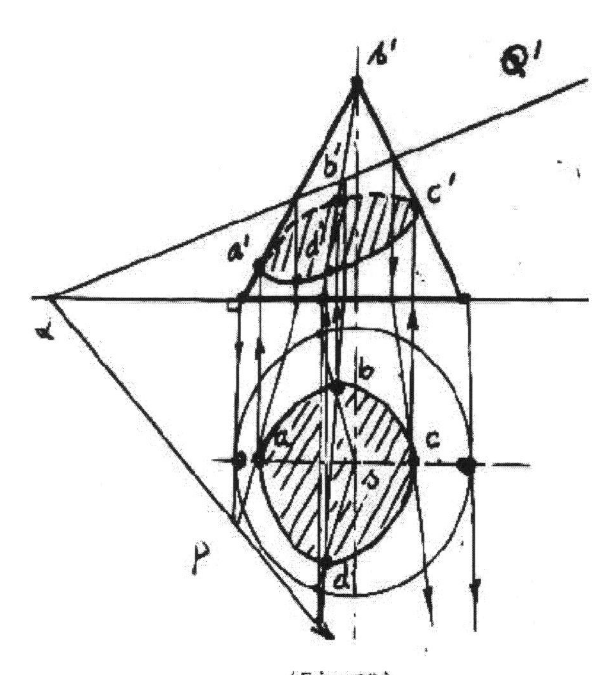

(Fig.98)

Dans ce cas il suffit de choisir plusieurs génératrices et faire l'intersection de ces génératrices avec le plan sécant en utilisant les propriétés de l'intersection d'une droite avec un plan.

3.Cas d'une sphère.

La section plane d'une sphère est toujours un cercle qui se projette selon une ellipse sauf si elle est parallèle au plan de projection,elle se projette en vraie grandeur comme un cercle.

Sur la (Fig.99) une sphère est coupée par un plan de bout.

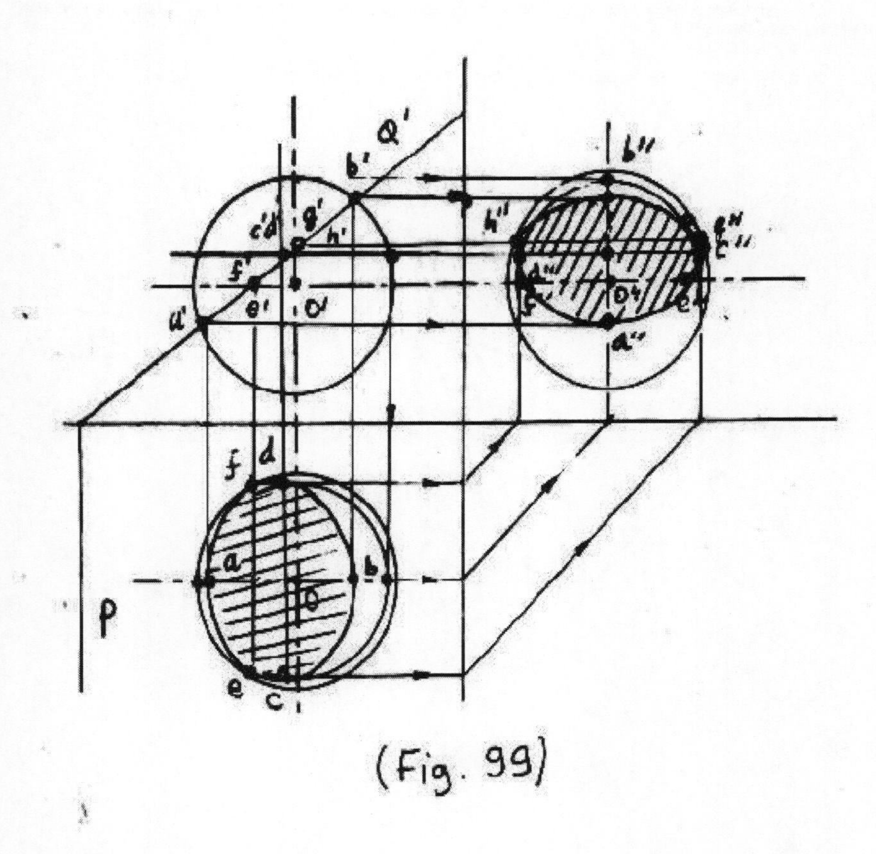

(Fig. 99)

A noter que l'ellipse de la projection horizontale est tangente aux points e et f. Les points c et d sont les extrémités du grand axe de l'ellipse.

6.7. INTERSECTION D'UNE SURFACE PAR PLUSIEURS PLANS.

Cette partie est une application directe des sections planes. Ici nous allons considérer l'intersection d'une seule surface par plusieurs plans à la fois tout en respectant la ponctuation.

EXEMPLES.

1. On donne uniquement la projection frontale d'un cône coupé par plusieurs plans déterminés par leurs traces (Fig.100). Tracer les deux autres projections après la coupe.

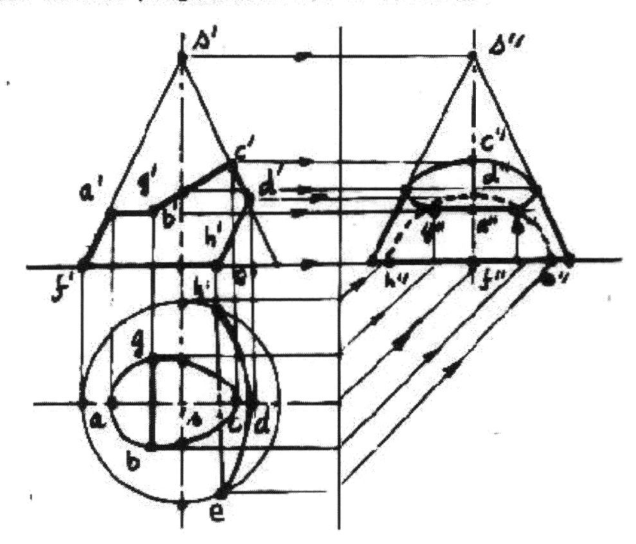

(Fig.100)

- Le plan dont la trace a'b' coupe le cône selon un arc de cercle.
- Le plan dont la trace b'c' coupe le cône selon une courbe elliptique.
- Le plan dont la trace d'e' coupe le cône selon une courbe paraboliq puisque d'e' est parallèle à une génératrice du cône.

2.On donne uniquement la projection horizontale d'une sphère coupée par trois plans (Fig.101):

- ab plan de profil.
- bc plan frontal.
- cd plan de profil.

Tracer les deux autres projections du solide obtenu après la coupe et respecter la ponctuation.

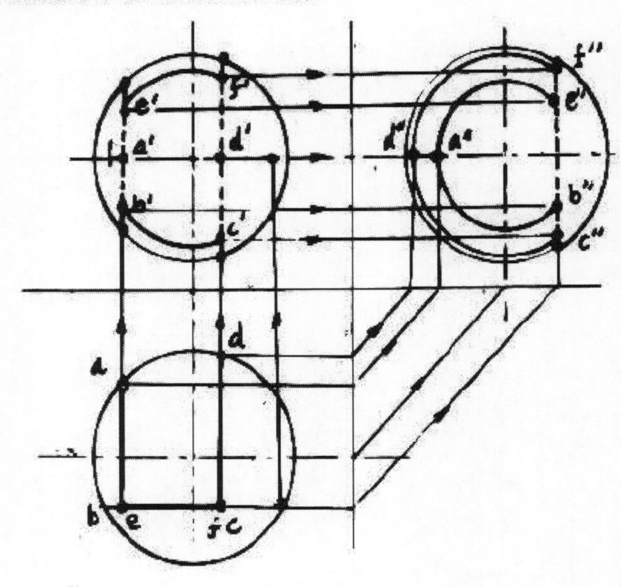

(Fig.101)

7.DEVELOPPEMENT DES SURFACES.

En chaudronnerie,pour former en tôle un solide creux,il faut d'abord tracer sur une feuille de métal encore plane toute la surface totale en vraie grandeur composant ce solide;c'est ce qu'on appelle le développement d'une surface.Et à partir de ce développement on reconstitue la surface du solide creux.

On distingue les surfaces dévellopables telles que polyèdres,cônes,cylindres et celles non dévellopables comme les tores,les sphères,les paraboloides et autres.

7.1.DETERMINATION DES DEVELOPPEMENTS.

La détermination d'un développement consiste à rechercher la vraie grandeur de la surface totale constituant le solide.Cette dernière se compose généralement d'une surface latérale et éventuellement une base supérieure et une base inférieure.

EXEMPLES.

1.Soit un prisme donné sur la (Fig.102) ,déterminer son développement.

- ABCADFED = vraie grandeur de la surface latérale du prisme
- ar,br,cr = vraie grandeur du triangle ABC ou base supérieure.
- def = vraie grandeur du triangle DEF ou base inférieure.

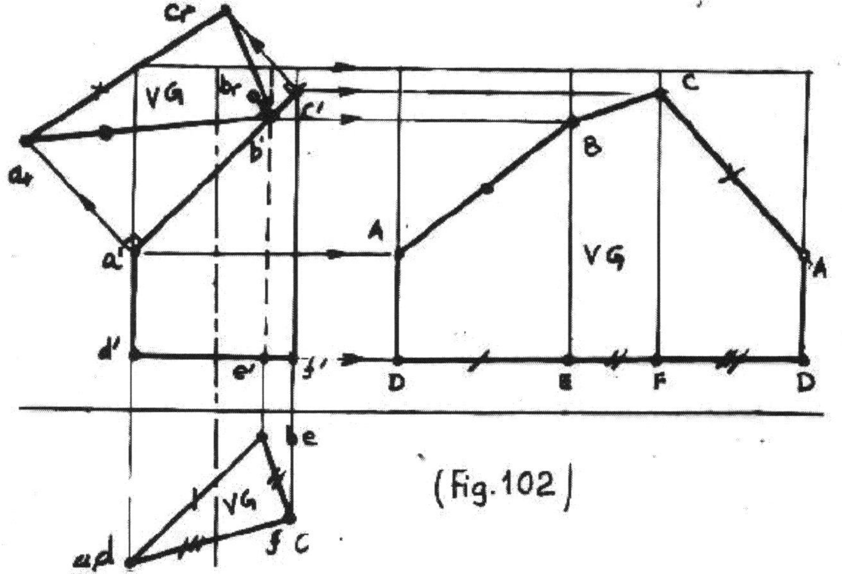

(Fig.102)

2.Soit la pyramide donnée sur la (Fig.103),déterminer son développement.

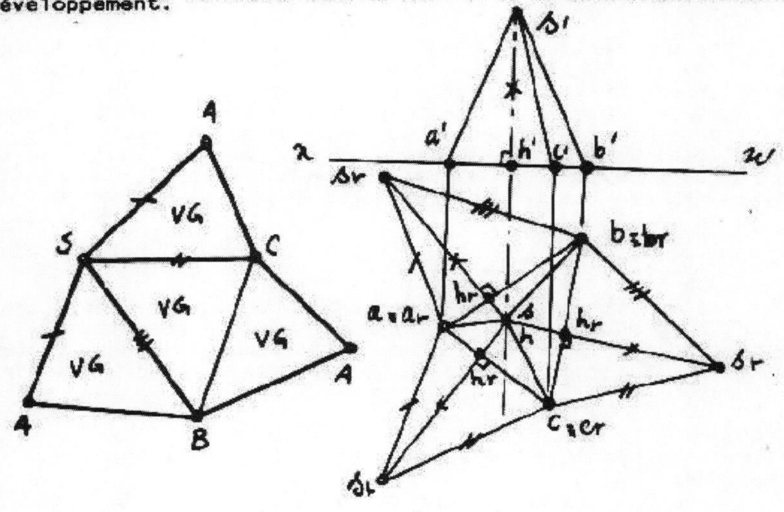

(Fig.103)

Les faces en vraie grandeur SBC,SAC et SAB forment la surface latérale de la pyramide.

ABC est la base en vraie grandeur de la pyramide.

3.Soit un cylindre (Fig.104),le développer.

$S1=S2=\pi R^2$ $S3=2\pi R.H$

(Fig.104)

4.Un cône est donné (Fig.105),faire son développement.

$\varphi = 180° \cdot \frac{d}{\ell}$

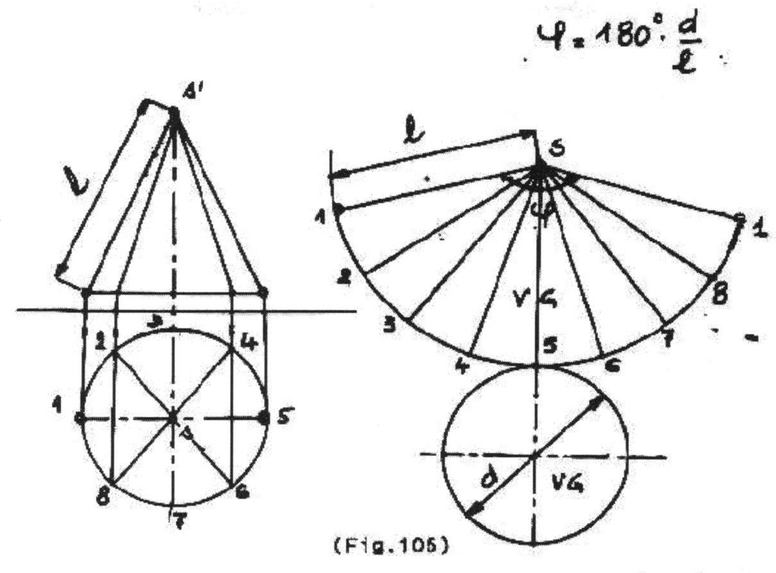

(Fig.105)

5.Un cône est coupé par un plan de bout (Fig.106),faire le développement du cône coupé.

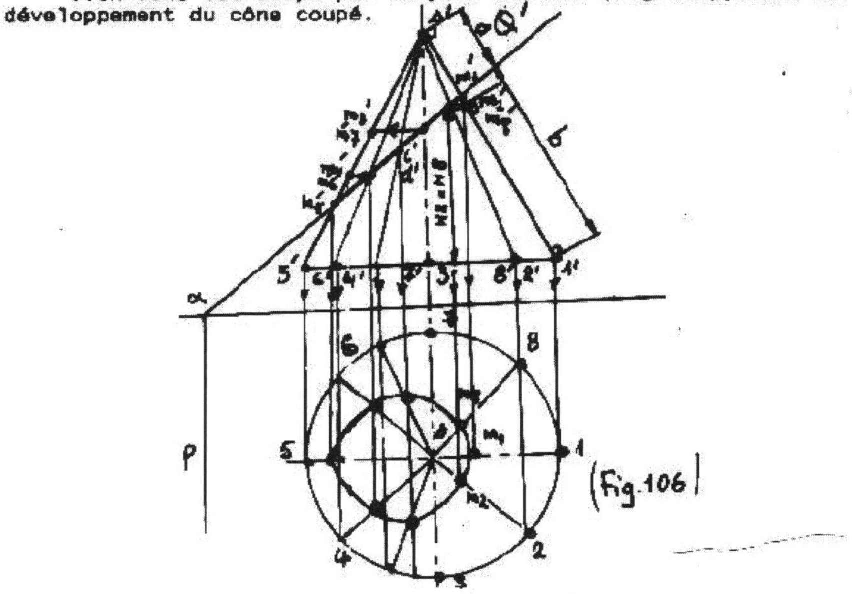

(Fig.106)

Le développement du cône coupé est donné sur la (Fig.107).

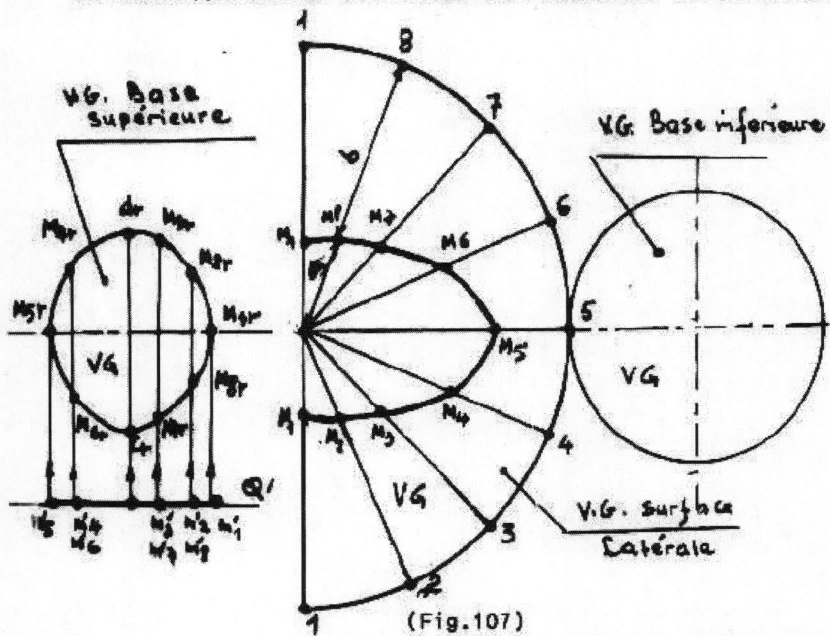

(Fig.107)

Sur le développement toutes les génératrices sont en vraie grandeur.Considérons S2 et S8 par exemple pour trouver les points M2 et M8.Pour cela on considère les hauteurs H2 et H8,elles sont en vraie grandeur sur la (Fig.106).Traçons les parallèles à l'axe OY issues des points d'intersection de la trace Q' du plan de coupe avec les génératrices S2 et S8.L'intersection de ces parallèles avec la génératrice S1 qui est en vraie grandeur donne la position exacte des points M2 et M8 à reporter sur les génératrices en vraie grandeur sur le développement (Fig.107).

8. INTERSECTION DE DEUX SURFACES.

Un solide de forme compliquée est une association de plusieurs solides élémentaires qui se raccordent entre eux suivant des lignes droites ou courbes appelées lignes d'intersection.

8.1. TYPES D'INTERSECTIONS.

On distingue trois types d'intersections de deux surfaces:

a- La pénétration: quand un solide pénètre dans l'autre et que toutes les extrémités sont situées sur l'intersection ou quand la ligne d'intersection se compose de deux parties séparées.

Deux exemples sont donnés sur les figures (Fig.108) et (Fig.109).

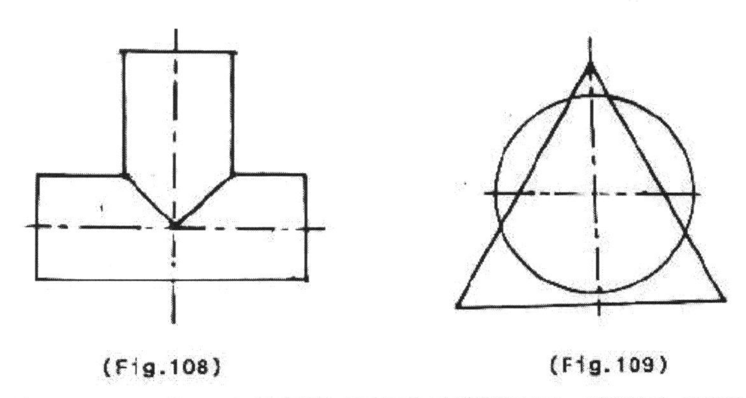

(Fig.108) (Fig.109)

b- L'arrachement: quand le solide pénétrant conserve des arêtes ou des génératrices non coupées.

Un exemple est donné sur la (Fig.110).

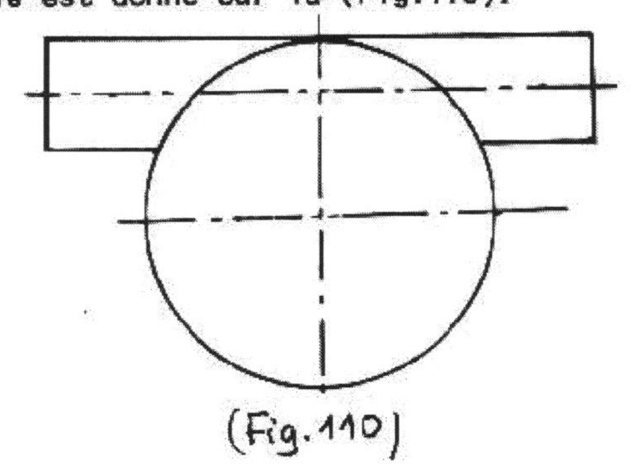

(Fig.110)

8.2. METHODE DE CONSTRUCTION DE LA LIGNE D'INTERSECTION.

Pour déterminer la ligne d'intersection I entre deux surfaces S1 et S2, il s'agit de rechercher plusieurs points appar--tenant à cette ligne.

$I = S1 \cap S2$

A cet effet on coupe ces deux surfaces par une troisième surface dite auxiliaire SA.

Soit $I1 = S1 \cap SA$

et $I2 = S2 \cap SA$

Si I1 et I2 se coupent aux points $in = I1 \cap I2$, chaque point in est un point appartenant à la ligne d'intersection I.

Pour pouvoir déterminer plusieurs points in, on fait varier la position ou la dimension de la surface auxiliaire SA et l'on peut joindre ensuite tous les points in par un tracé continu.

Le choix de la surface auxiliaire doit être fait de telle manière que les projections des intersections I1 et I2 soient des droites ou des cercles.

La surface auxiliaire SA est généralement soit:

- un ensemble de plans auxiliaires parallèles.
- un ensèmble de surfaces sphériques. Cette deuxième méthode ou choix de la sphère n'est utilisé que si les deux axes des deux solides sont concourants.
- un ensemble de surfaces usuelles telles que cylindriques, coniques ou autres.

EXEMPLES.

1. Intersection de deux cylindres.

Sur la (Fig.112) il s'agit de rechercher l'ensemble des points d'intersection des génératrices du premier cylindre avec celles du second.

La ligne d'intersection de ces deux cylindres est évidente sur deux projections:

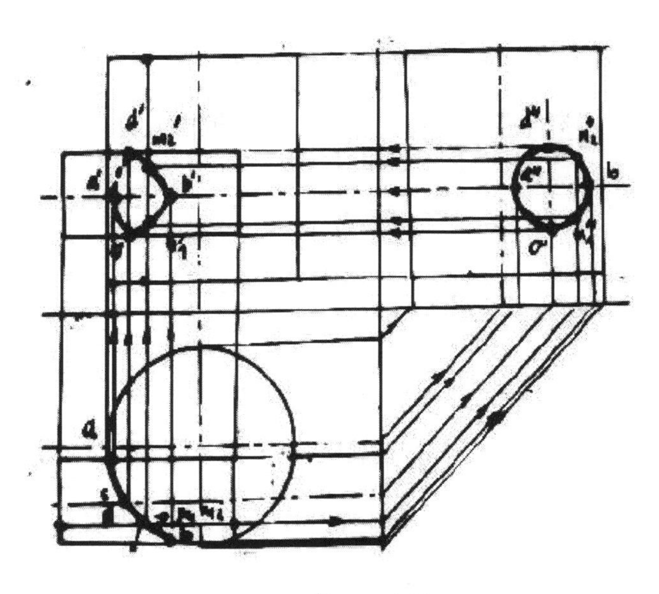

(Fig.112)

- Sur le plan horizontal,elle se projette confondue avec le cercle de grand diamètre.C'est l'arc de cercle limité par les points a et b.

Si l'on considère n'importe quelle génératrice du grand cylindre qui se projette sur le plan horizontal confondu avec l'arc de cercle ab,elle coupe deux génératrices du petit cylindre aux points m1 et m2.Toutes les autres génératrices n'ont pas d'intersection avec le petit cylindre.

- Sur le plan de profil,l'intersection est confondue avec le cercle de petit diamètre a"b".

Connaissant deux projections,on détermine celle frontale à l'aide des lignes de rappel.

2.Intersection d'un cône et d'un cylindre.

Pour tracer la ligne d'intersection des deux solides (Fig.113), il suffit de déterminer l'ensemble des points d'intersection des génératrices du cône avec celles du cylindre.

On peut choisir l'une des deux méthodes suivantes:

a- Considérons n'importe quelle génératrice du cône s'm1' et déterminons sa projection horizontale sm1.Cette dernière rencontre la génératrice du cylindre sur le cercle de diamètre ab au point i1,c'est donc un point d'intersection des deux surfaces.Il suffit ensuite de tracer sa projection frontale i1'.

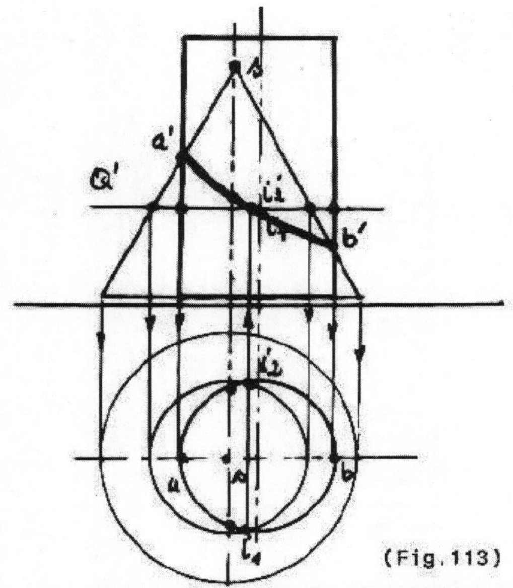

(Fig.113)

b- On coupe les deux surfaces par plusieurs plans horizon--taux.Chaque plan va couper le cylindre selon un cercle de diamè--tre ab et le cône selon un cercle de centre s et de diamètre l'intersection de la trace frontale du plan horizontal avec les génératrices extrêmes du cône.L'intersection de ces deux cercles sur le plan horizontal donne deux points de la ligne d'intersec--tion.

3.Intersection d'un cylindre avec une sphère.

Ayant les deux projections frontale et de profil de ces deux surfaces (Fig.114) déterminer leur ligne d'intersection.

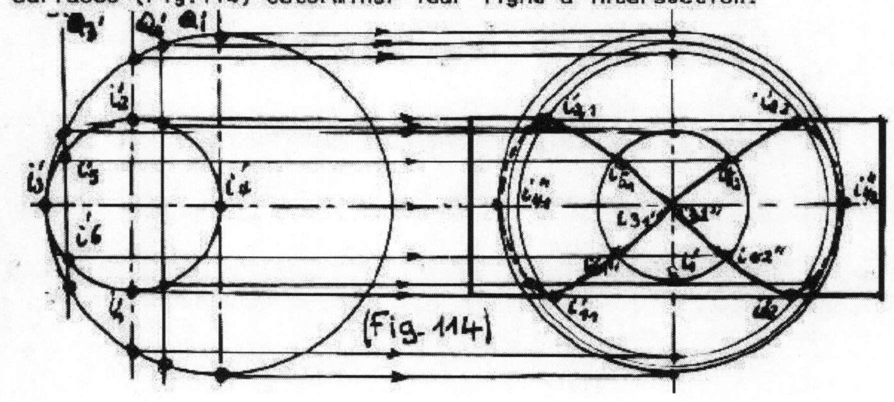

(Fig-114)

On coupe les deux surfaces par un ensemble de plans de profil. Chaque plan va couper la sphère selon un cercle et le cylindre selon deux génératrices sur le plan de profil. L'intersection de ces deux génératrices avec le cercle donne deux points appartenant à la ligne d'intersection.

4. Intersection d'un cône et d'un cylindre.

Sur la (Fig.115) sont représentées deux surfaces dont les axes se rencontrent au point O. Tracer leur ligne d'intersection.

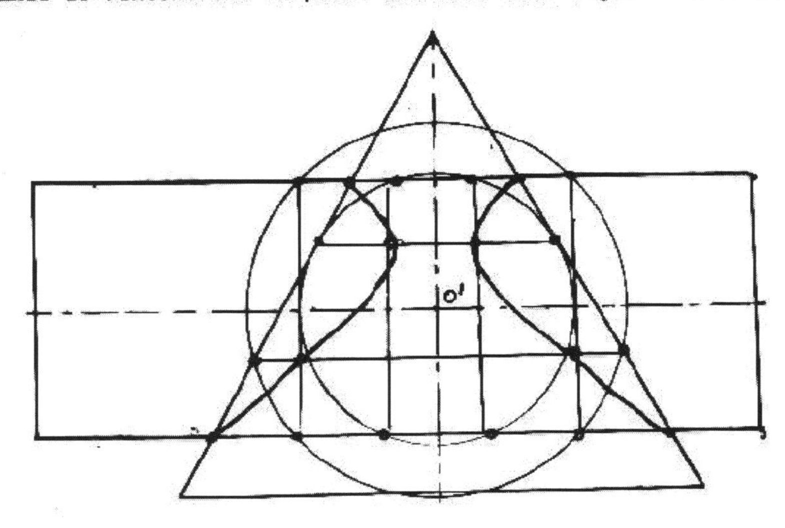

(Fig.115)

On coupe les deux surfaces par un ensemble de sphères auxiliaires de centre O et de diamètres différents. L'intersection de la sphère avec chacune des surfaces nous donne un cercle qui est perpendiculaire au plan de projection. L'intersection des deux cercles donne deux points appartenant à la ligne d'intersection des deux surfaces.

5. Nous donnons sur la (Fig.116) un cas particulier de l'application de la méthode de la sphère.

Si l'on coupe une surface de révolution par une sphère on peut imaginer que la sphère possède un axe de symétrie qui sera concourant avec celui de la surface de révolution. On coupe dans ce cas la surface de révolution et la sphère par un ensemble de sphères auxiliaires inscrites dans la surface de révolution c'est à dire que leur centre doit se trouver sur l'axe de la surface de révolution.

Considérons l'intersection d'un cône avec une sphère (Fig.116).

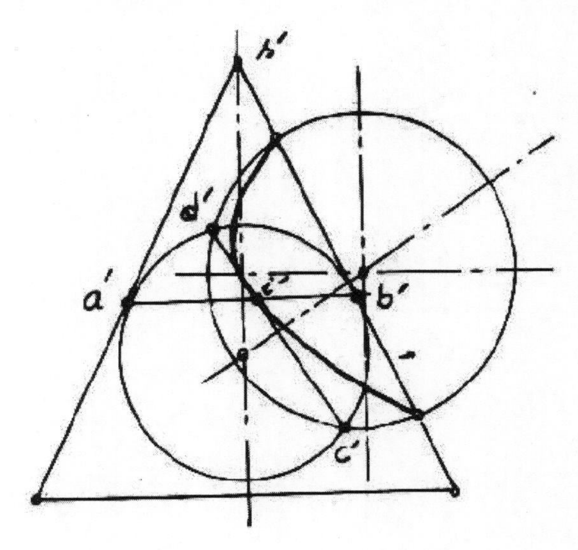

(Fig.116)

L'intersection du cône avec la sphère auxiliaire de centre o' donne le cercle a'b' et l'intersection de la sphère donnée avec la sphère auxiliaire donne le cercle c'd'.Le point d'intersection m' des deux cercles donne un point qui appartient à la ligne d'intersection des deux surfaces.Pour avoir plusieurs points de cette ligne d'intersection,on considère plusieurs sphères auxiliaires de différents diamètres.

Deuxième partie

EXERCICES

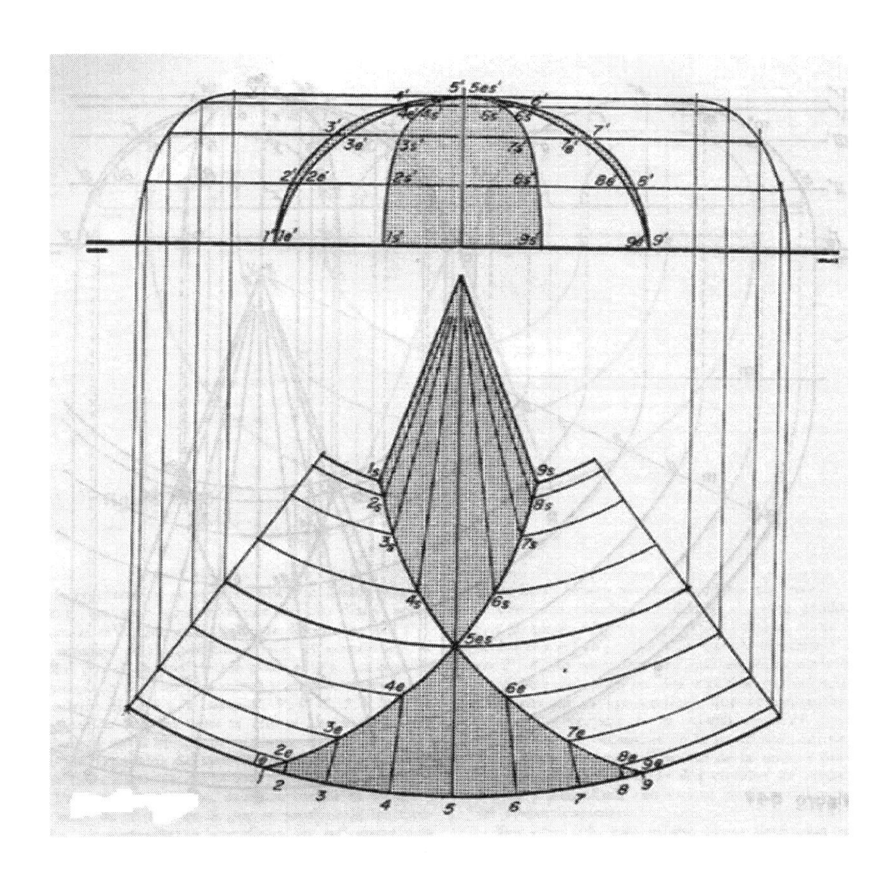

9. LE POINT.

9.1.racer l'épure des points suivants sur la Fig.118:

POINTS	ELOIGNEMENT	ORDONNEE	COTE
A	+30	+40	+20
B	-20	+30	+30
C	·40	+50	-20
D	+40	+20	-20

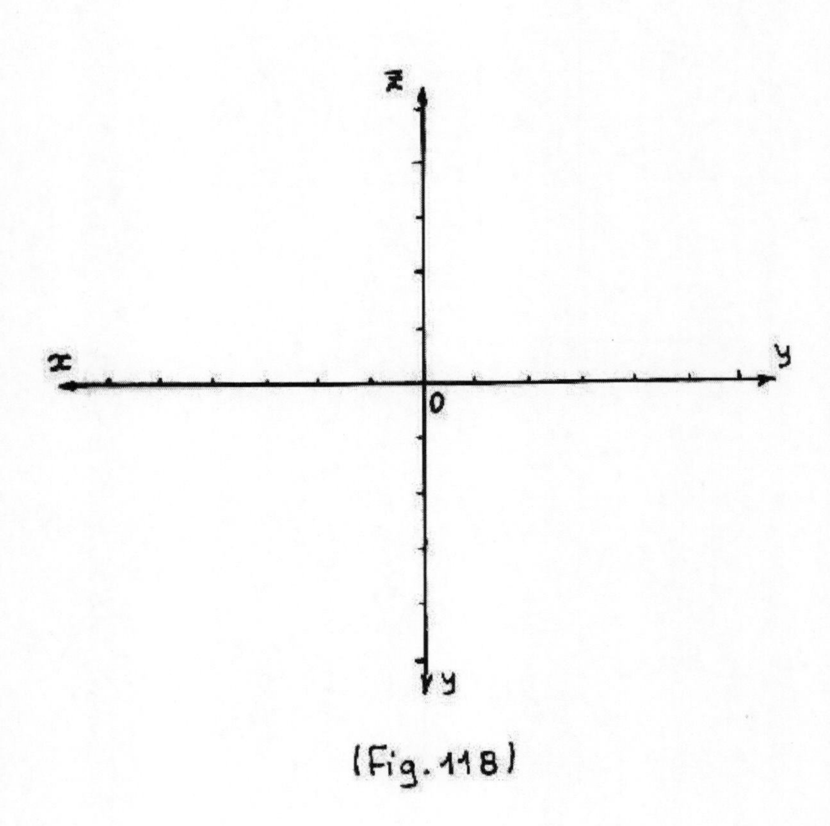

(Fig.118)

9.2.Soit le point M dans l'espace selon Fig.119 tracer ses projections (m, m', m") si on connait sa cote Z=+30.

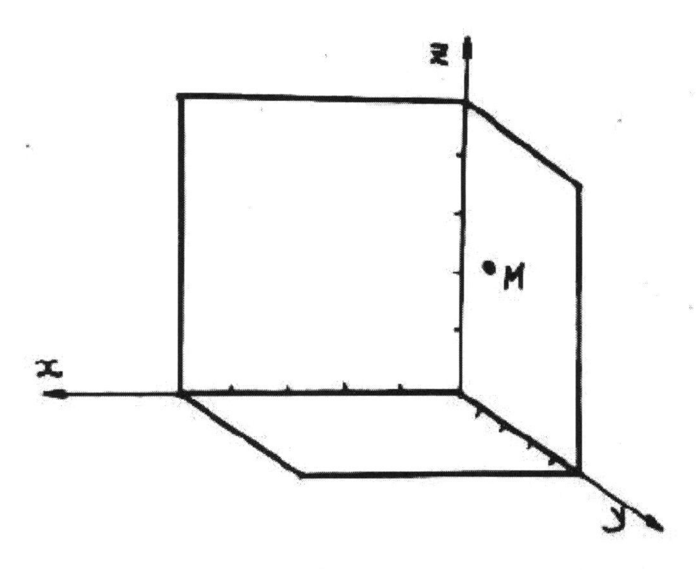

Fig. 119

9.3.a)- Déterminer la troisième projection des points situés sur la Fig.120.

b)- A quel dièdre appartient chaque point ?

c)- Dessiner le point CS (cs, cs', cs") symétrique du point C par rapport au plan frontal.

d)- Dessiner le point AS (as, as', as") symétrique du point A par rapport au premier bissecteur.

e)- Dessiner le point CS (cs, cs',cs") symétrique du point C par rapport à la ligne de terre.

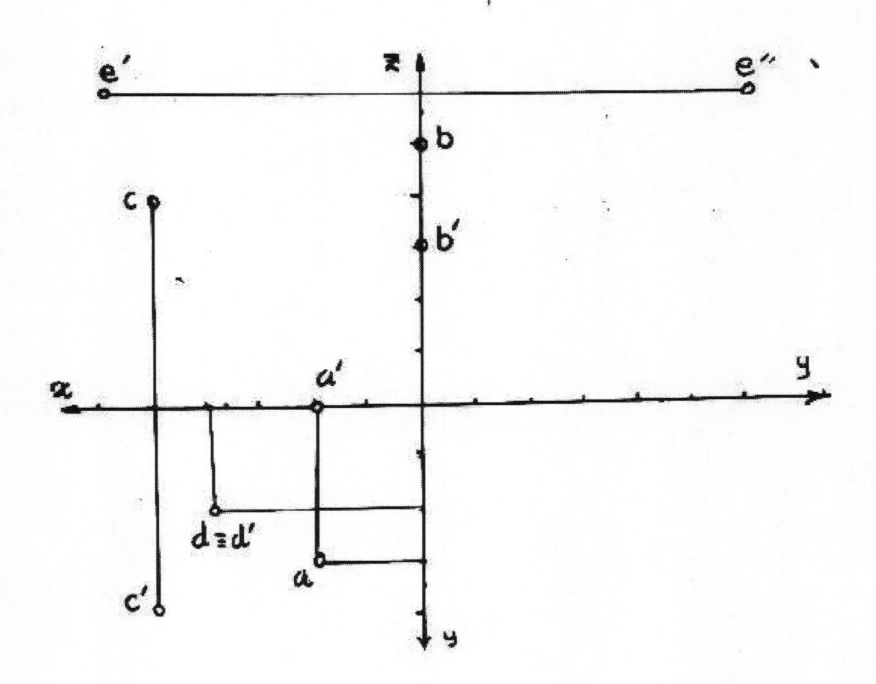

(Fig.120)

9.4. a)- Soit a la projection horizontale d'un point A appartenant au premier bissecteur (Fig.121). Déterminer a' et a".

b)- La même question pour le point b appartenant au deuxième bissecteur.

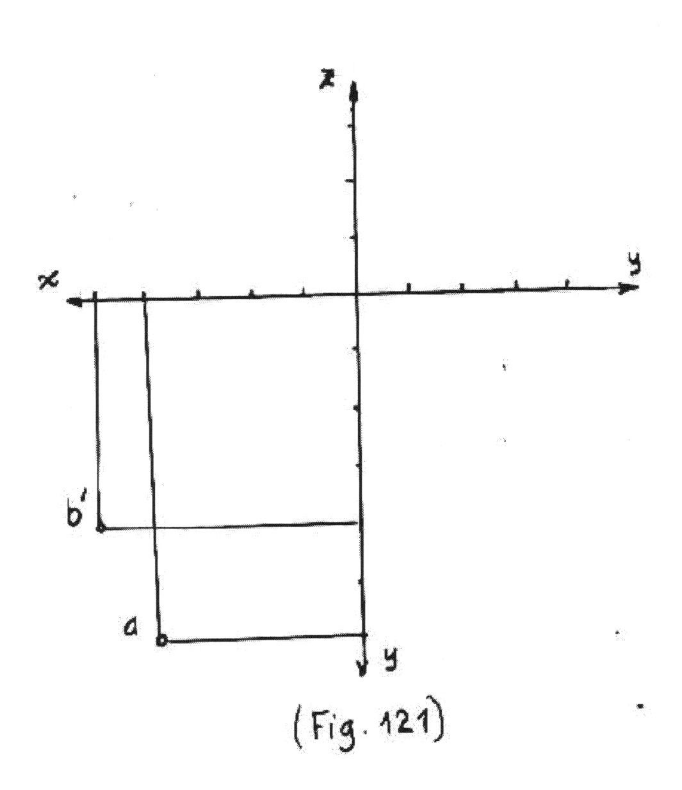

(Fig. 121)

10. LA DROITE.

10.1. a)- Tracer l'épure de la droite AB sur la Fig.122 tel que la distance entre les lignes de rappel par rapport au plan horizontal et frontal est de 40.

Point	Eloignement	Ordonnée	Côte
A	+60	+60	+20
B	+20	?	+30

b)- Tracer le segment de droite AB dans l'espace Fig.123.

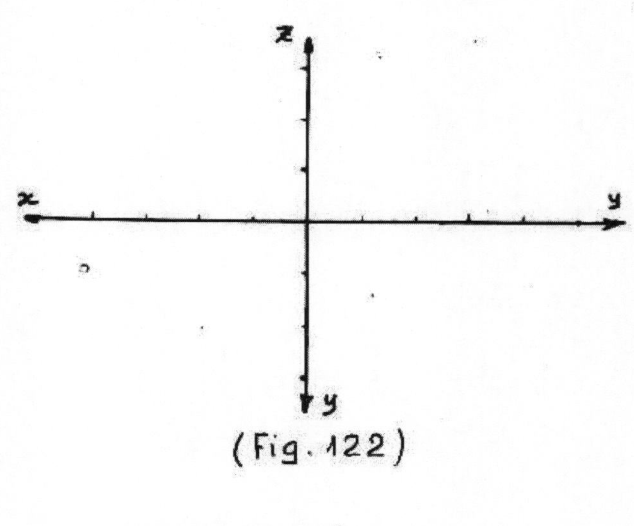

(Fig.122)

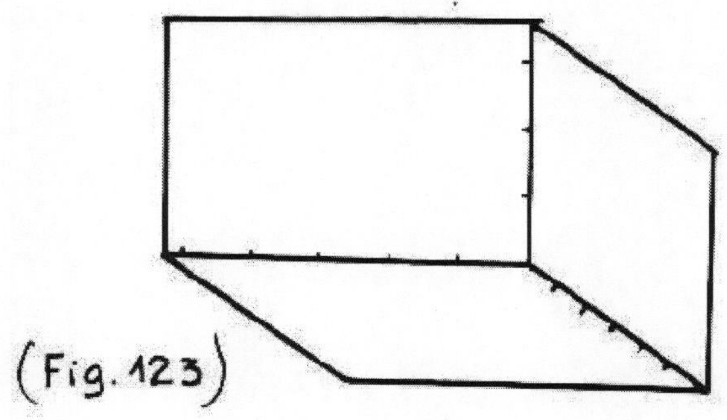

(Fig.123)

10.2. Dessiner les trois projections (ab, a'b', a"b") du segment de droite AB sur la Fig.124.

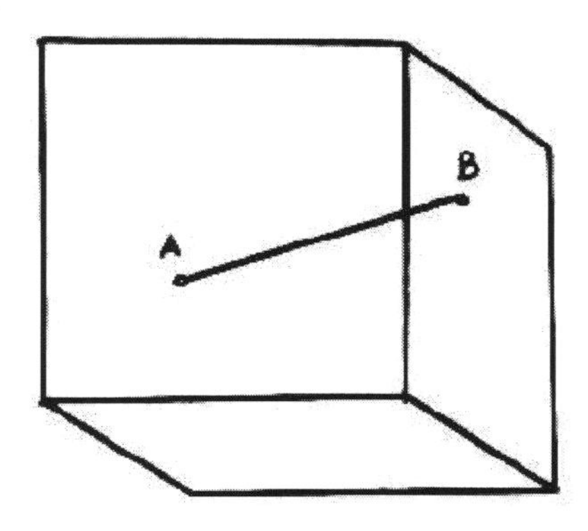

(Fig.124)

10.3. Construire l'épure du segment CD sur la Fig.125 tel que :
c'd'= 50 = VG de CD.
D (+40, +10, +20)
C (?, +50, ?) et la côte du point C supérieure à celle du point D.

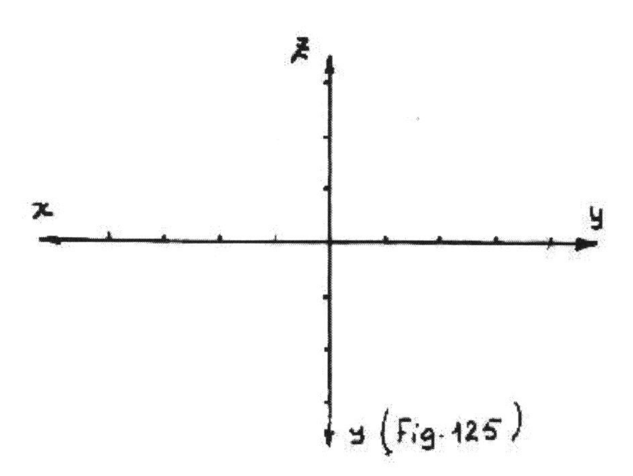

(Fig.125)

10.4. Déterminer sur la droite D (d, d') Fig.126 :

a)- Un point L (l, l') tel que sa côte est égale à on éloignement.

b)- Un point M (m, m') tel que sa côte est égale à deux fois son éloignement.

c)- Un point N (n, n') d'éloignement +30.

d)- Un point I (i, i') tel que sa côte soit nulle.

e)- Un point J (j, j') tel que son éloignement soit nul.

f)- Que représentent les points I et J pour la droite D.

g)- Déterminer un point K appartenant simultanément à la droite D et au deuxième bissecteur.

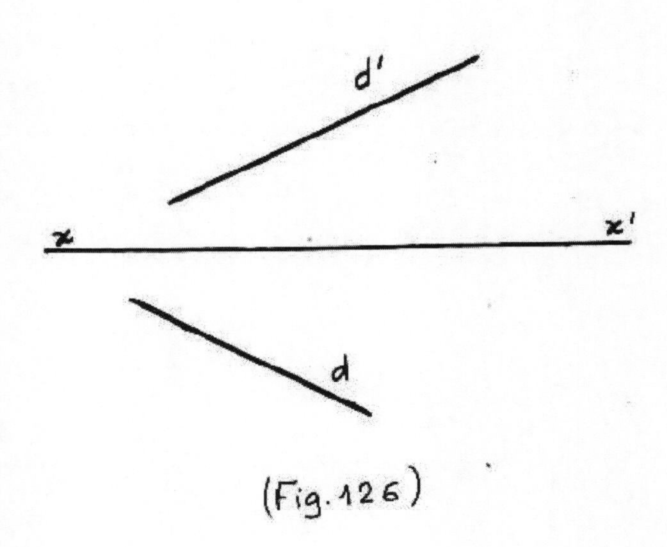

(Fig.126)

10.5. Tracer l'épure d'une droite D (d, d') située :

a)- dans le premier bissecteur Fig.127.
b)- dans le deuxième bissecteur Fig.128.

x x' x x'

(Fig.127) (Fig.128)

10.6. Construire un segment de droite CD (cd, c'd', c"d") tel que sa VG est de 30 et se projette en vraie grandeur sur le plan frontal sur la Fig.129.

Point	Eloignement	Ordonnée	Côte
C	?	+50	?
D	+40	+10	+20

La côte du point C est supérieure à celle de D.

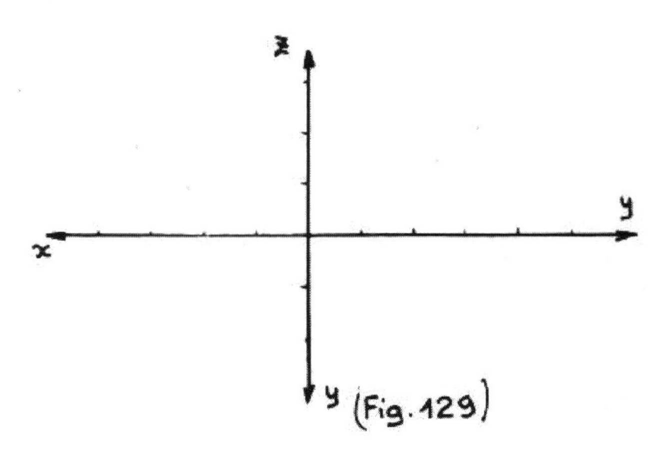

(Fig.129)

10.7. Construire l'épure de la droite CD (cd, c'd', c"d") parallèle à la ligne de terre et connaissant la projection d" Fig.130.

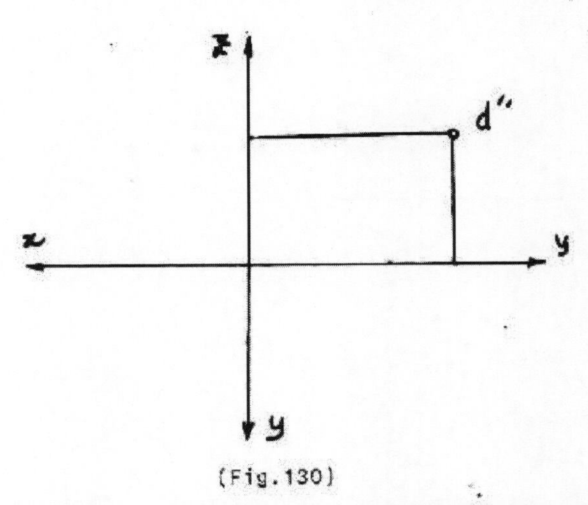

(Fig.130)

10.8. Tracer une horizontale de côte 15 et formant un angle de 60° avec le plan de profil et passant par le point M sur la Fig.131. (Deux solutions possible).

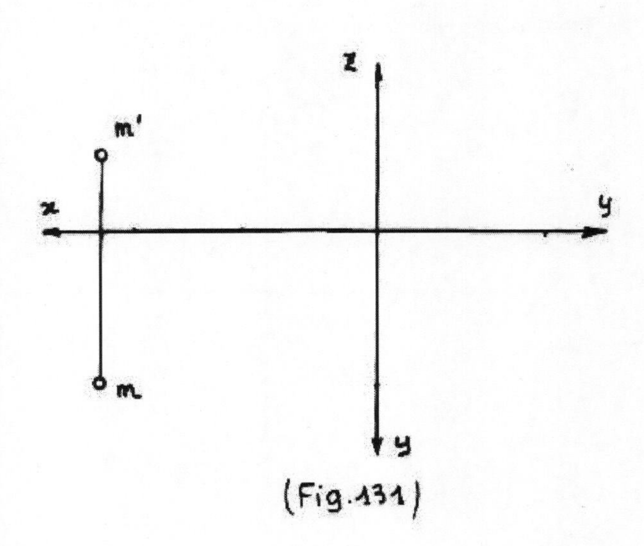

(Fig.131)

10.9. Soit d' la projection frontale d'une droite D et t'f et t" les traces frontale et de profil respectivement sur la Fig.132. Déterminer d et d".

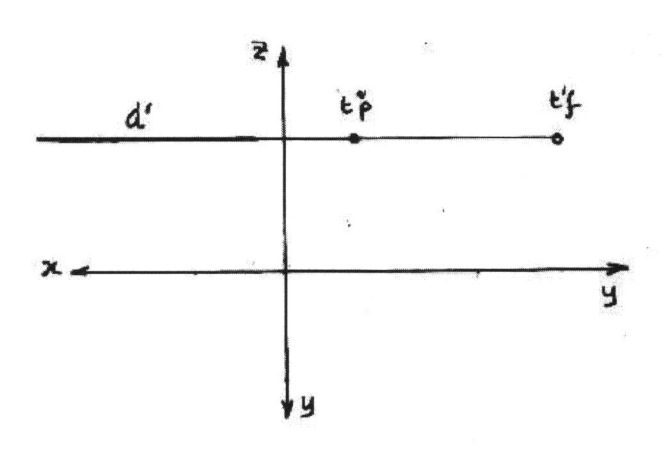

(Fig.132)

10.10. Tracer les traces de la droite D (d, d') sur la Fig.133.

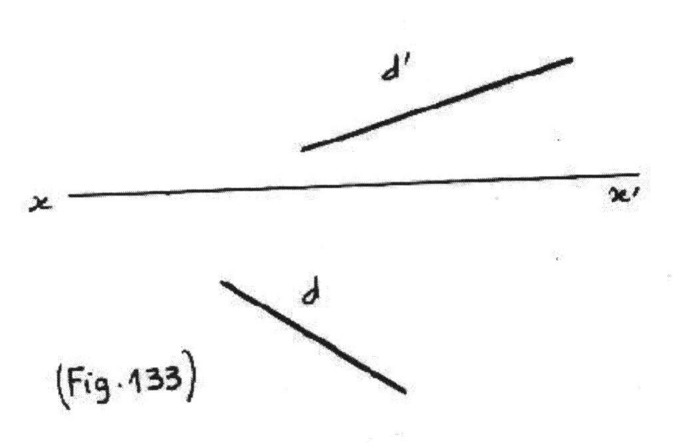

(Fig.133)

10.11. Déterminer sur la Fig.134 les traces de la droite D et sa troisième projection.

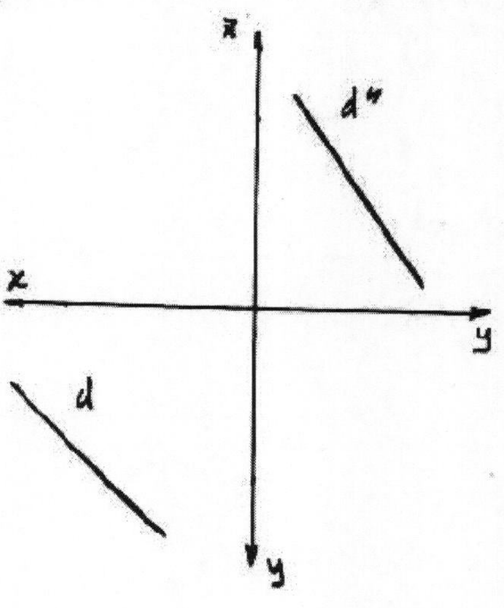

(Fig.134)

10.12. Sur la Fig.135 tracer les trois projections (d, d', d") de la droite D connaissant ses deux traces th et t"p.

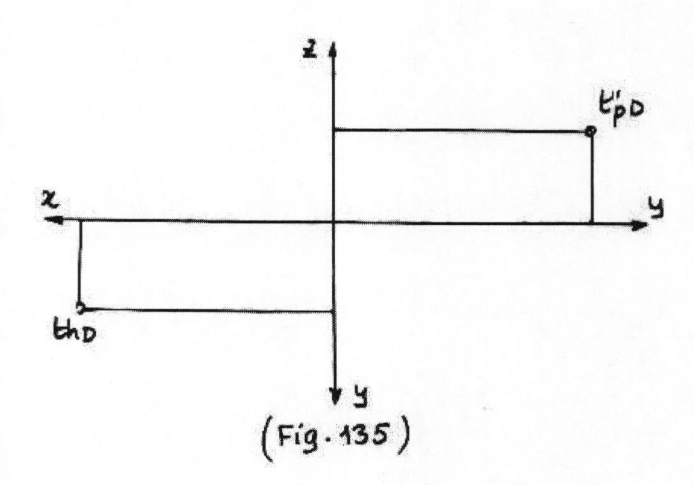

(Fig.135)

10.13. Soit la droite D définit par :

- t'f confondue avec th.
- la côte de t"p est de +30.
- sa projection horizontale d.

Déterminer les deux autres projections d' et d" sur la Fig.136.

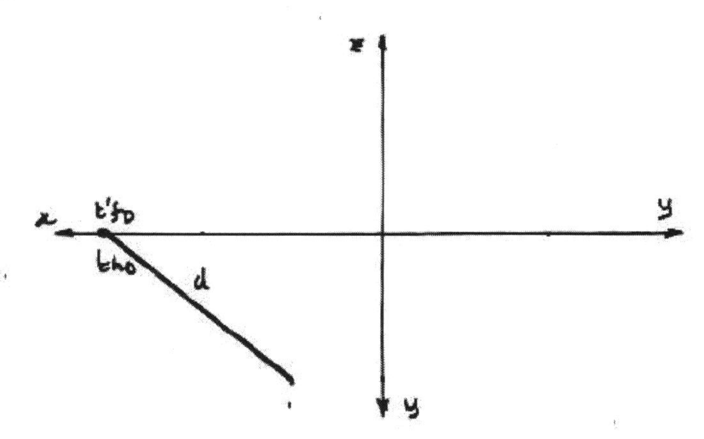

(Fig.136)

10.14. Une droite D a sa trace horizontale th qui a une ordonnée éguale à la côte de sa trace de profil t"p qui est de +30. (Ordonnée th = côte t"p = +30).Connaissant sa projection de profil d", Fig.137, déterminer d et d'.

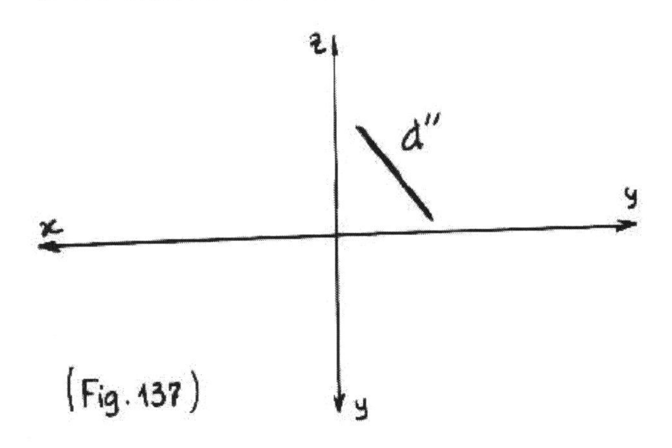

(Fig.137)

10.15. Soit une droite D définit par sa projection horizontale d et la côte de tous ses points sont nulles, déterminer les trois traces th, t'f, t"p et ses deux autres projections d' et d" sur la Fig.138.

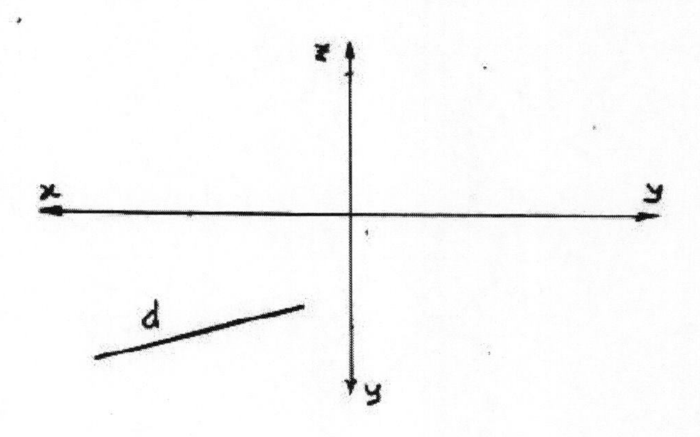

(Fig.138)

10.16. Sur la Fig.139, tracer une droite L parallèle à la droite D et passant par le point M.

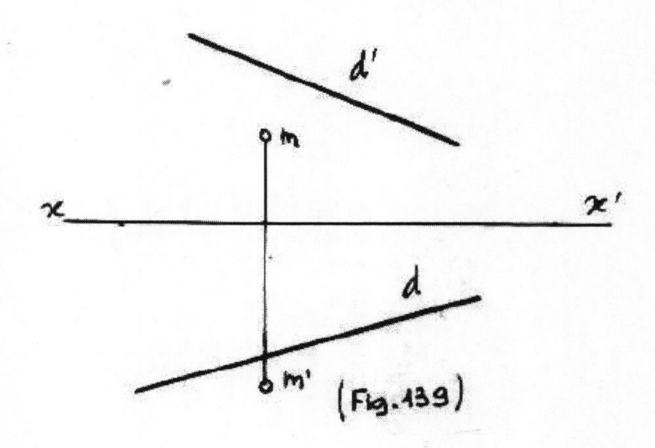

(Fig.139)

10.17. Sur la Fig.140, déterminer :

a)- Une droite L1 parallèle à D1 et passnt par le point M.
b)- Les droites D1 et D2 sont-elles concourantes ? Pourquoi?
c)- Les droites D1 et D3 sont-elles concourantes ? Pourquoi?
d)- Une droite L2 perpendiculaire à D1 et passant par le point M.
e)- Une droite L3 parallèle à D3 et passant par le point M.

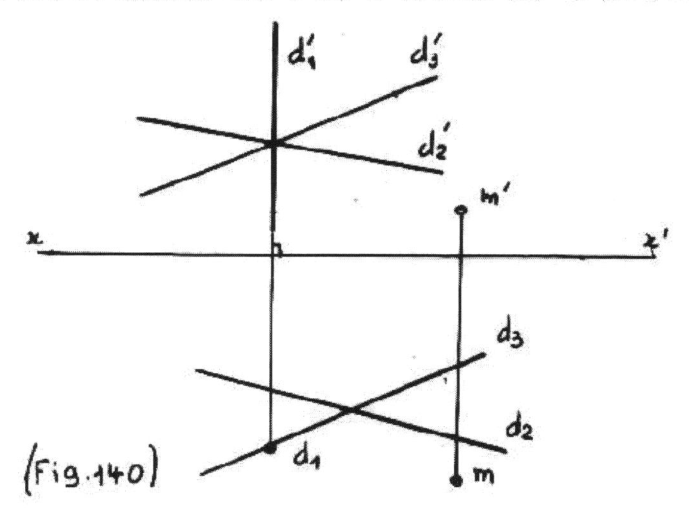

(Fig.140)

10.18. Tracer l'épure de deux droites D1 et D2 parallèles tel que M appartient à la droite D1 sur la Fig.141.

o t'f D2

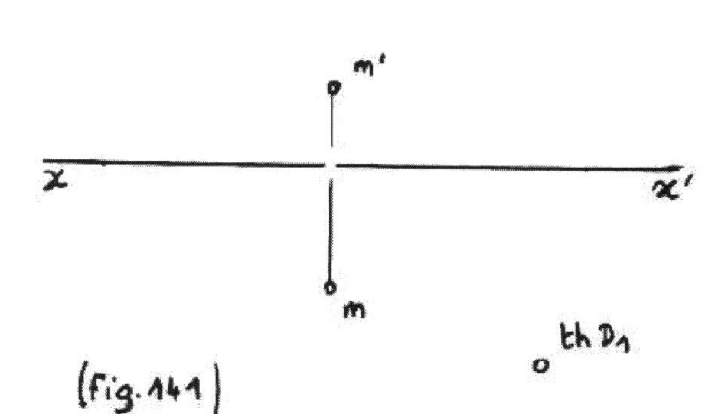

(fig.141)

11. L E P L A N .

11.1. Déterminer les traces du plan definit par :
a)- Deux droites concourantes D1 et D2 dans l'espace sur la Fig.142.

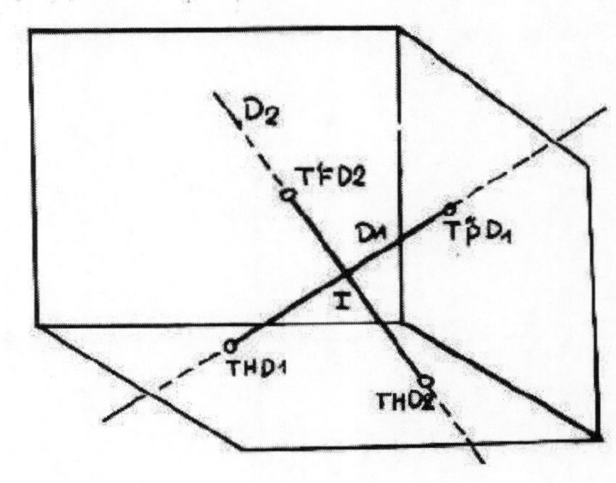

(Fig.142)

b)- Trois points non alignés A, B, C sur la Fig.143.

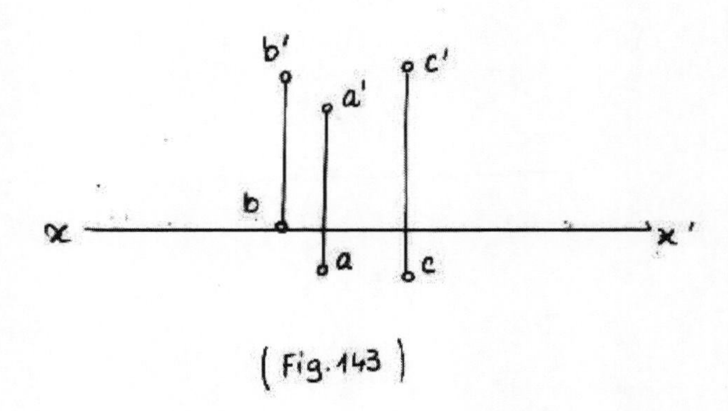

(Fig.143)

c)- Une droite D(d, d') et un point A(a, a') sur la Fig.144.

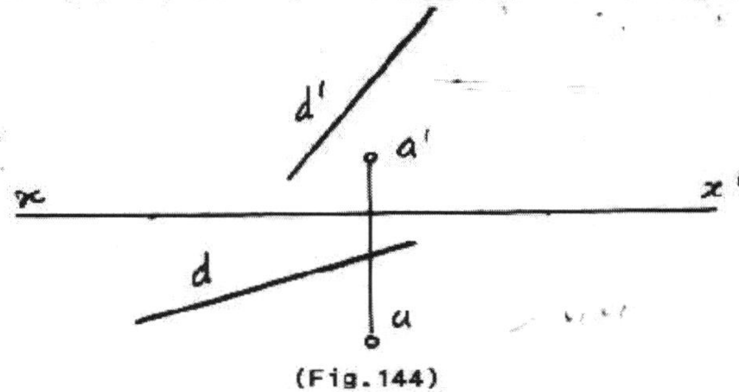

(Fig.144)

d)- Deux droites concourantes D1 et D2 sur la Fig.145.

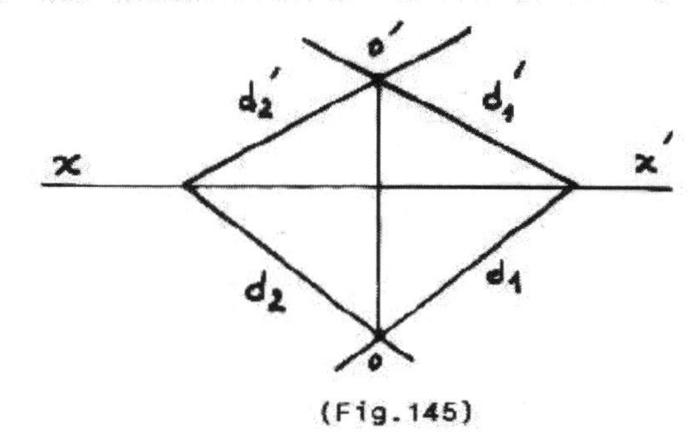

(Fig.145)

e)- Deux droites concourantes D1 et D2 si D1 est une droite frontale sur la Fig.146.

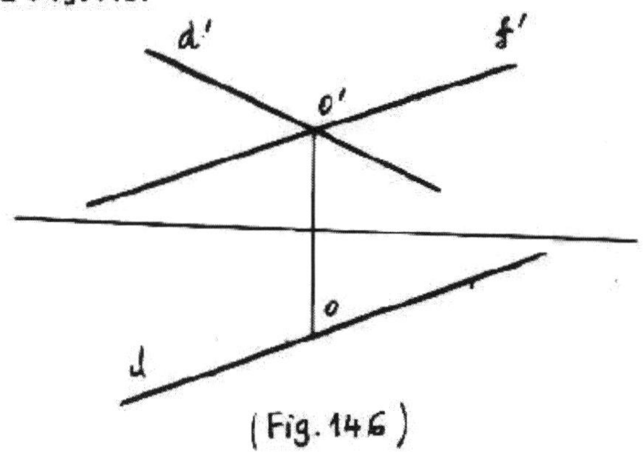

(Fig.146)

11.2. Déterminer la trace de profil du plan vertical (P, Q') sur la Fig.147.

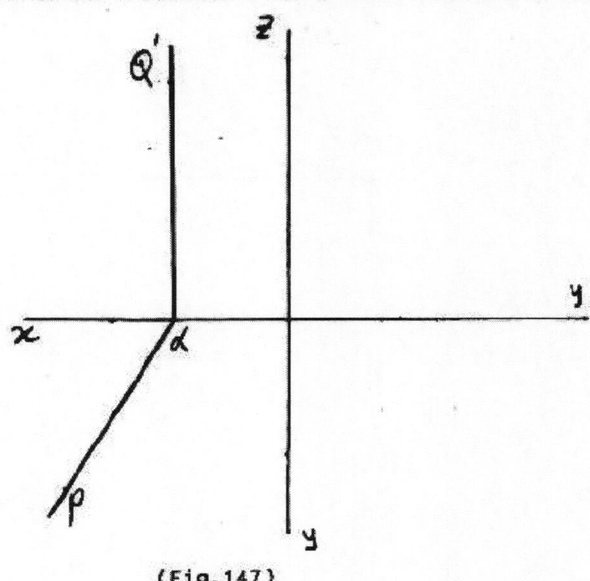

(Fig.147)

11.3. Tracer les traces du plan (P, Q', R") définit par deux droites concourantes D1 et D2 sur la Fig.148.

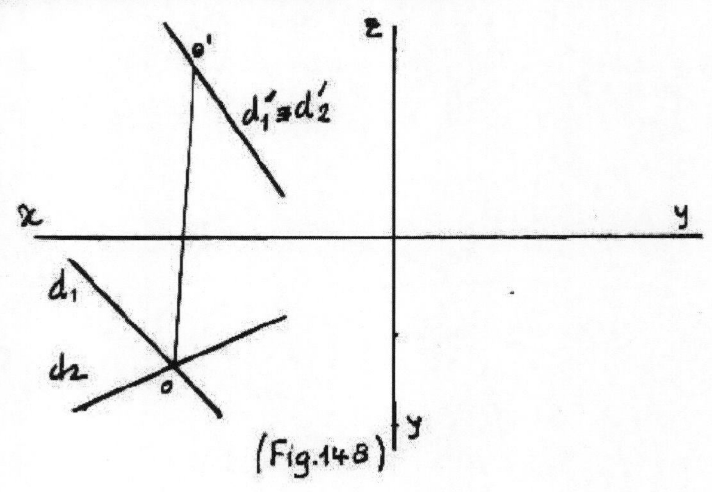

(Fig.148)

11.4. Déterminer les traces P et R" du plan définit par Q' et le point M(m, m') appartenant au plan sur la Fig.149.

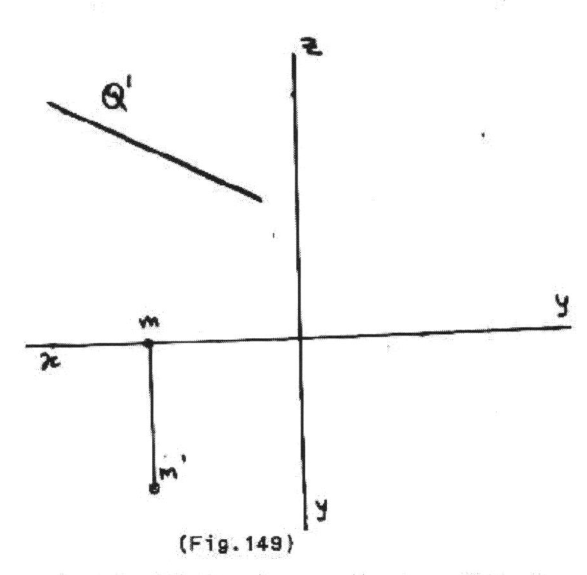

(Fig.149)

11.5. Déterminer sur la Fig.150 les traces du plan définit par la droite D(d, d') et la frontale F.

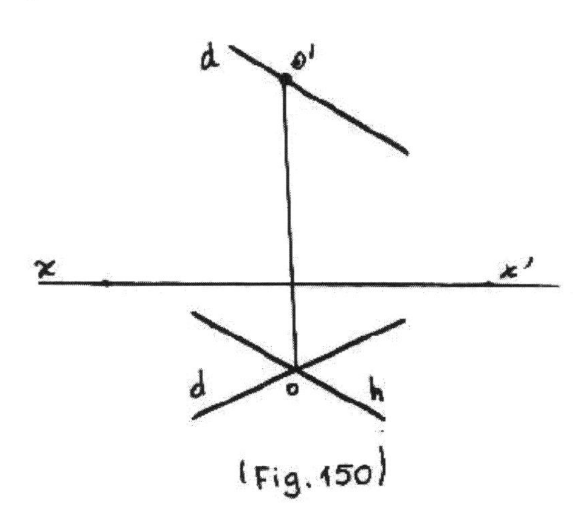

(Fig.150)

11.6. Tracer une frontale et une horizontale passant par le point M(m, m') appartenant à ce plan sur les Fig.151 et 152.

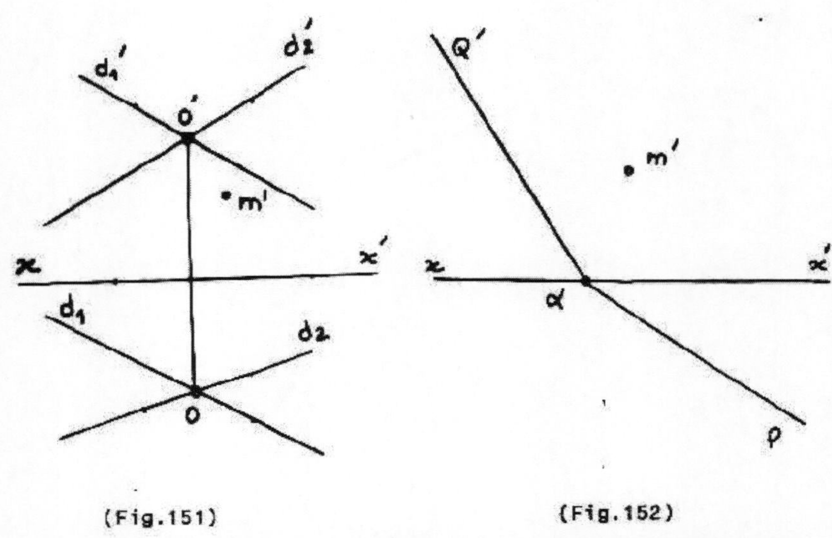

(Fig.151) (Fig.152)

11.7. Sur les Fig.153 et 154, tracer un point appartenant au plan tel que son éloignement est de +20 et sa côte est de +10.

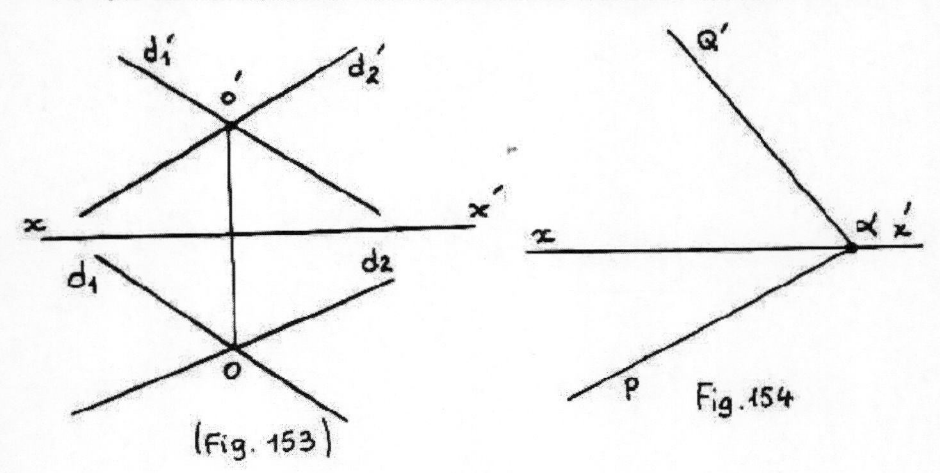

(Fig. 153) Fig.154

11.8. Déterminer sur la Fig.155, un point appartenant au plan tel que son éloignement est de +40 et sa côte est de -10.

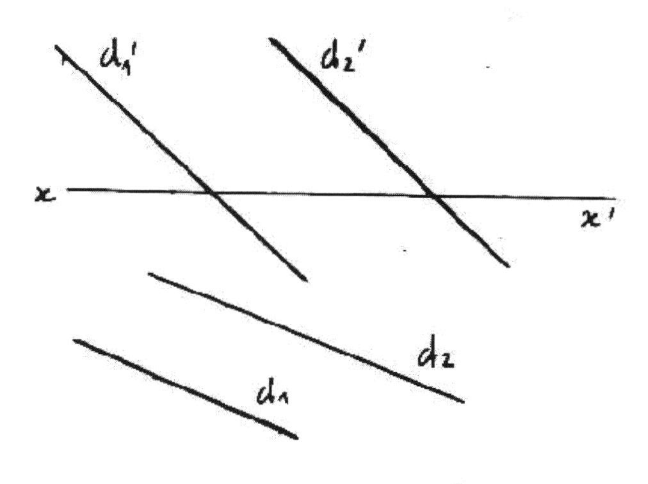

(Fig.155)

11.9. Déterminer la projection horizontale ab du segment AB appartenant au plan (P, Q') sur la Fig.156.

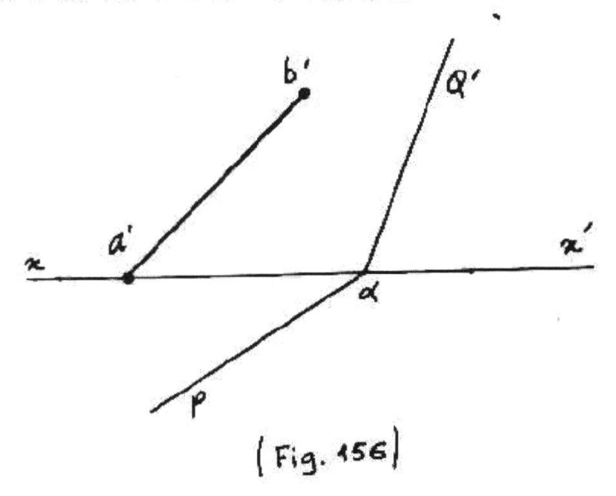

(Fig. 156)

11.10. Tracer le plan (P2, Q'2) parallèle au plan (P1, Q'1) et passant par le point B(b, b') sur la Fig.157.

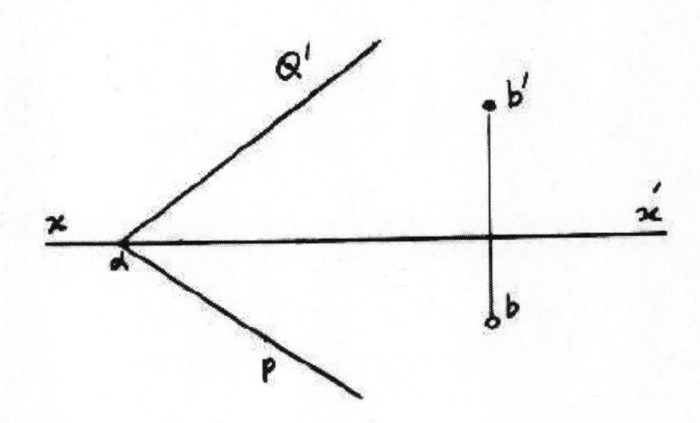

(Fig.157)

11.11. Déterminer les traces du plan définit par l'horizontale H(h, h') et le point A(a, a') sur la Fig.158.

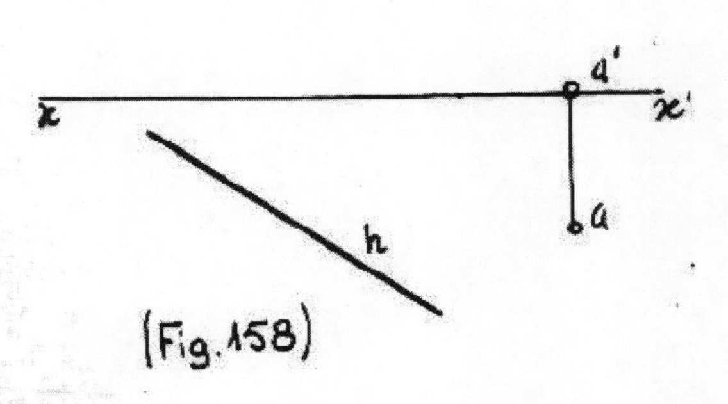

(Fig.158)

11.12. Déterminer les traces d'un plan définit par deux droites concourantes D1 et D2 connaissant les projections de leur point d'intersection O(o, o'), la trace horizontale de D2 et la trace frontale de D1 sur la Fig.159.

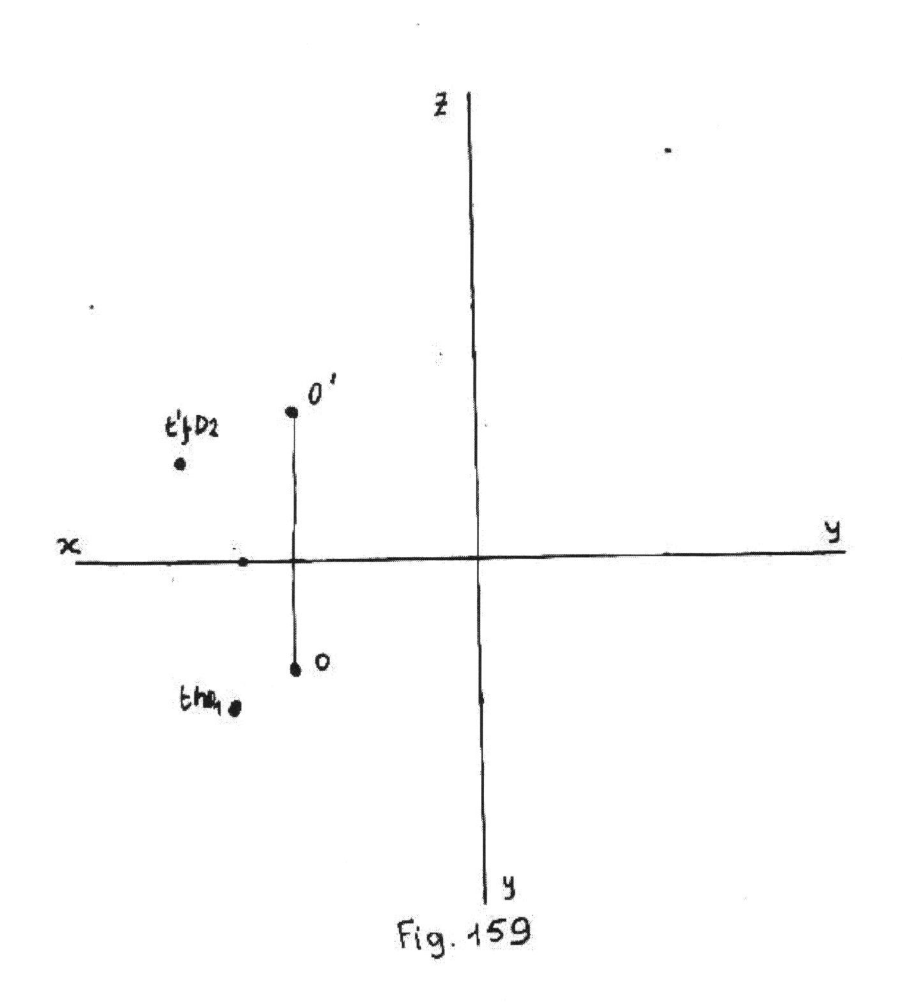

Fig. 159

11.13. Tracer la ligne de plus grande pente du plan (P, Q') sur la Fig.160 par rapport au plan horizontal et passant par le point M(m, m') appartenant à ce plan.

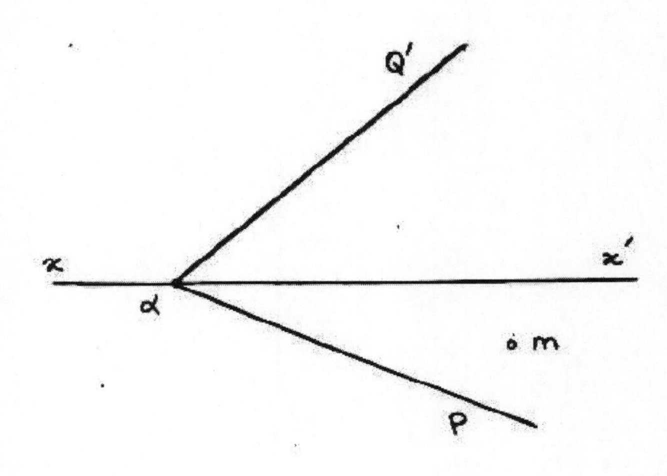

(Fig.160)

11.14. Tracer la ligne de plus grande pente par rapport au plan frontal du plan déterminé par deux droites concourantes D1 et D2 et passant par le point O(o, o') sur la Fig.161.

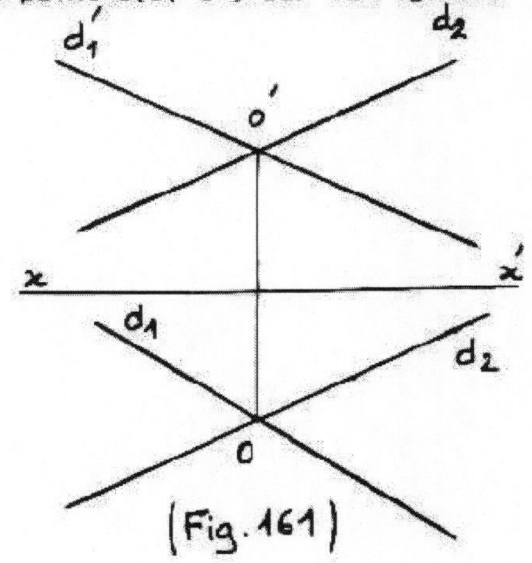

(Fig.161)

11.15. Soit P(p, p') la ligne de plus grande pente d'un plan par rapport au plan horizontal. Déterminer les traces de ce plan sur la Fig.162.

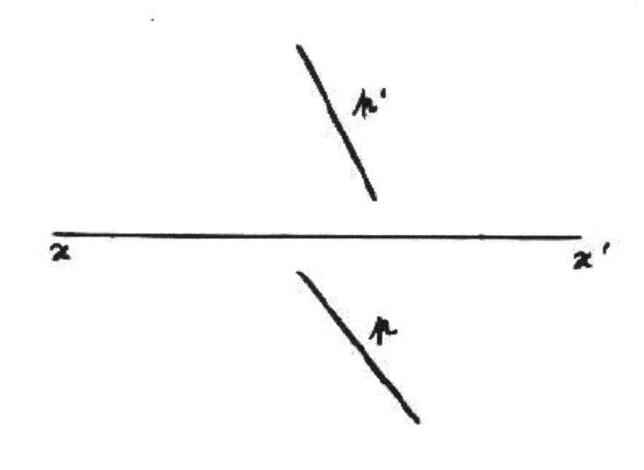

(Fig.162)

11.16. Soit D(d, d') la droite appartenant au plan et p la projection horizontale de la ligne de plus grande pente de ce plan par rapport au plan horizontal. Déterminer p' et les traces de ce plan sur la Fig.163.

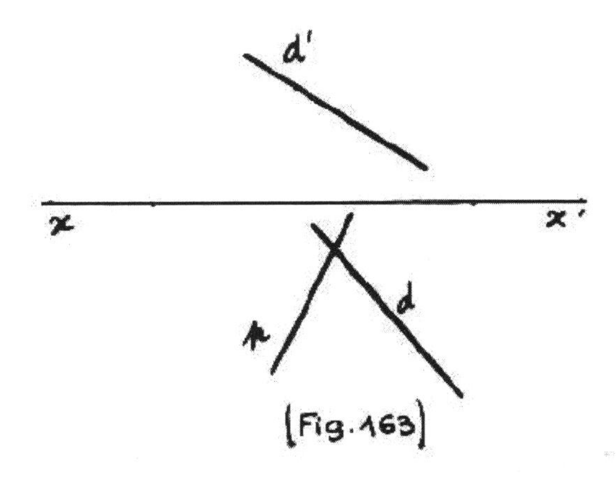

(Fig.163)

11.17. Un plan est définit par deux droites concourantes D1 et D2, tracer une droite L parallèle à ce plan et passant par le point M sur la Fig.164.

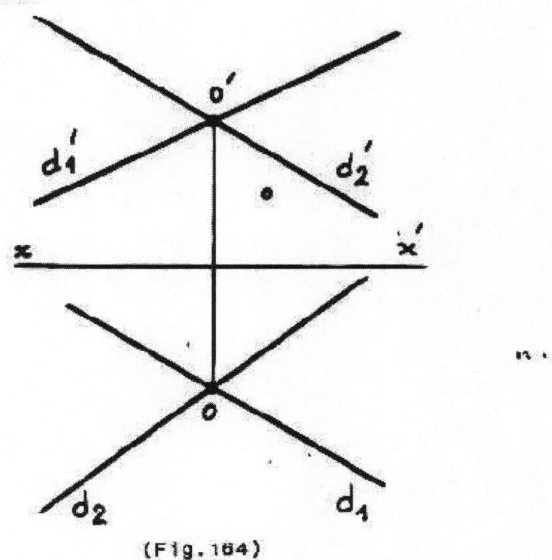

(Fig.164)

11.18. Un plan est déterminé par deux droites concourantes D1 et D2, tracer une droite D3 perpendiculaire à ce plan et passant par le poit M sùr la Fig.165.

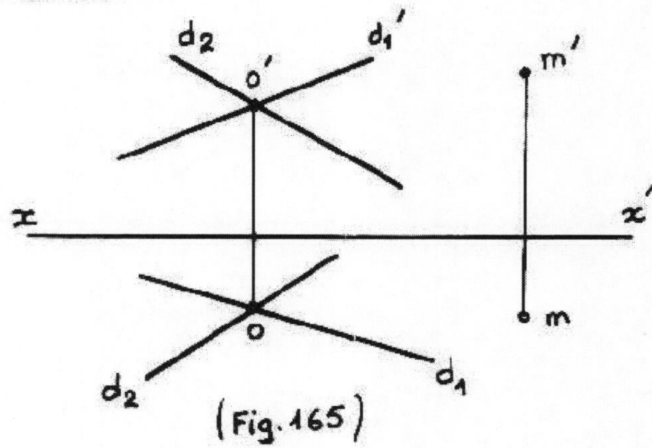

(Fig.165)

11.19. Déterminer l'intersection du plan avec la droite sur les Fig.166, 167, 168, 169, 170 et 171.

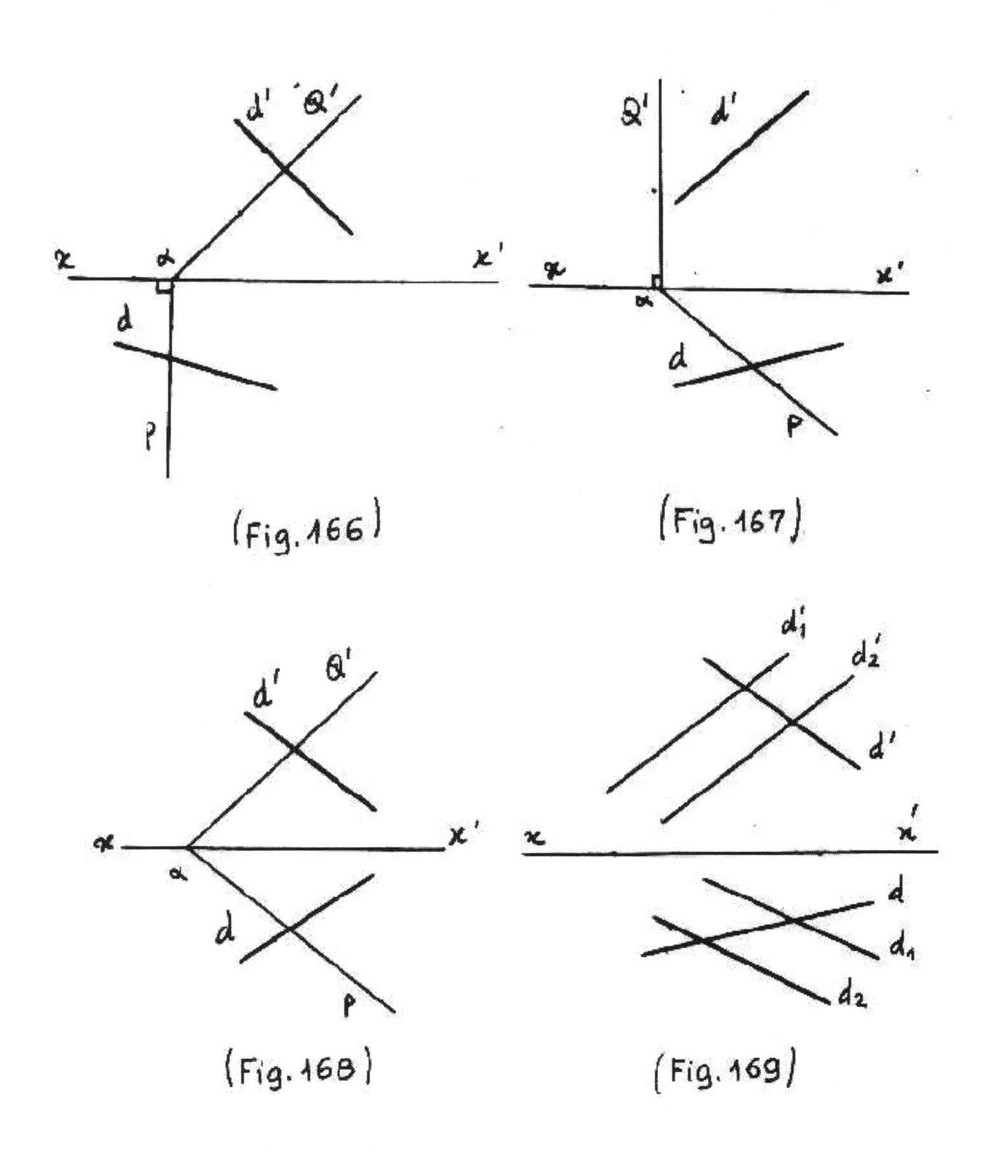

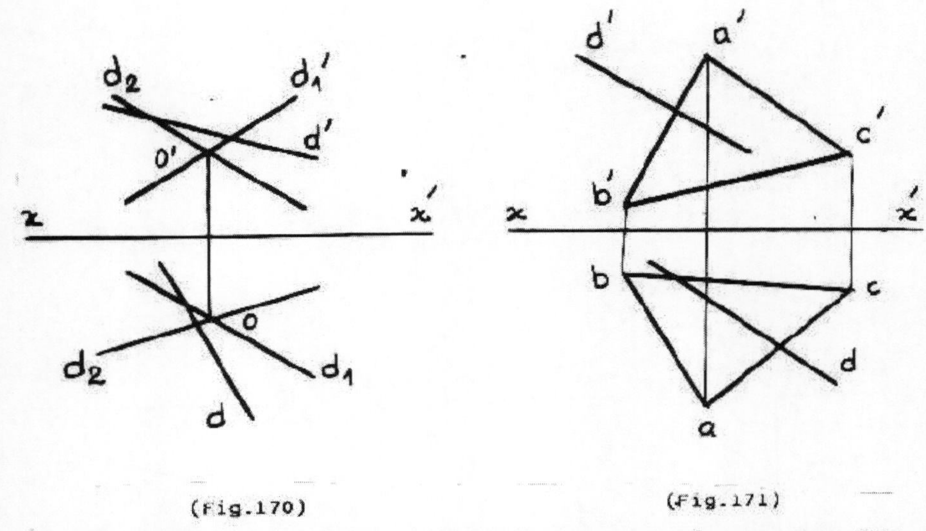

(Fig.170) (Fig.171)

11.19. Déterminer l'intersection des deux plans selon les Fig.172, 173, 174, 175, 176, 177, 178 et 179.

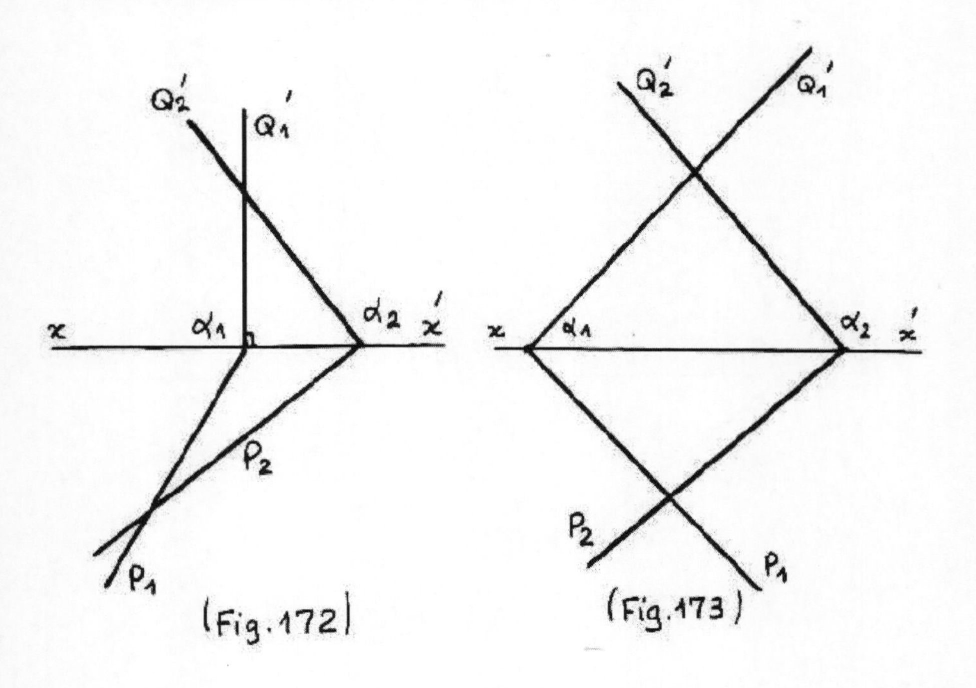

(Fig.172) (Fig.173)

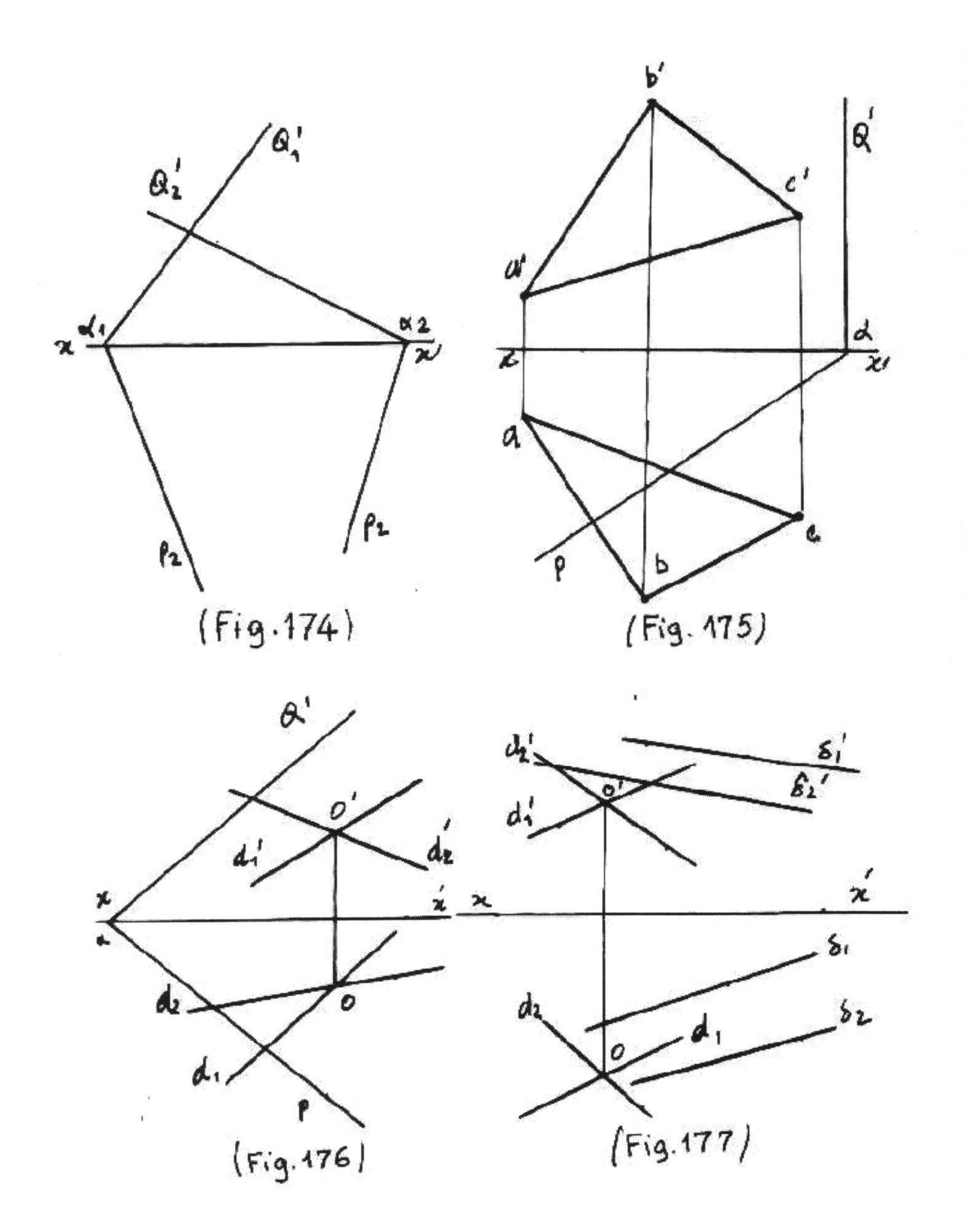

(Fig.174)

(Fig. 175)

(Fig.176)

(Fig.177)

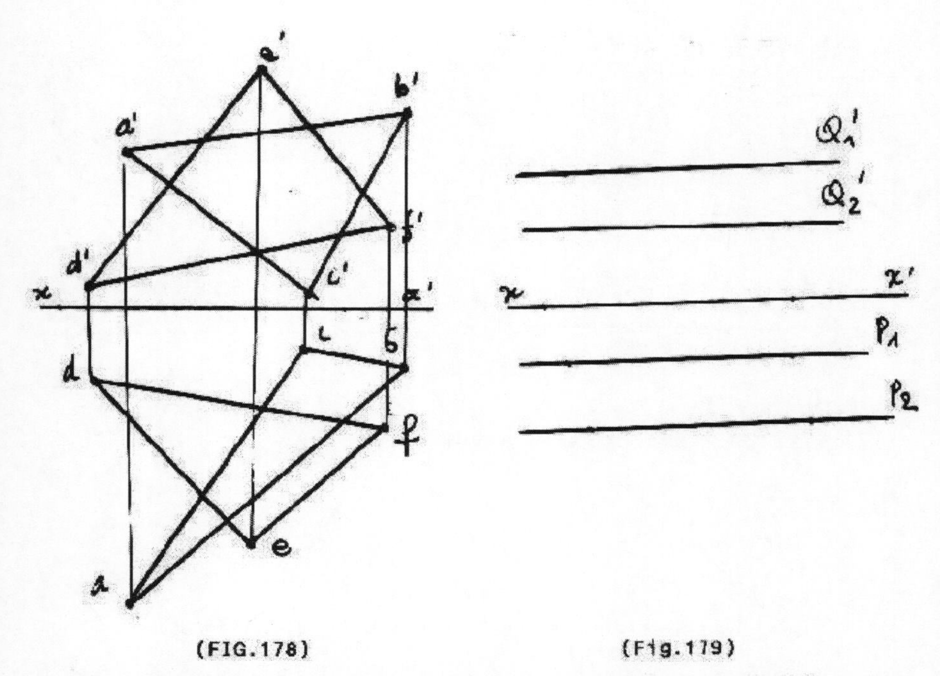

(FIG.178) (Fig.179)

11.20. Déterminer l'intersection des deux plans dont l'un est définit par ses traces (P, Q') et l'autre par le point M et la ligne de terre sur la Fig.180.

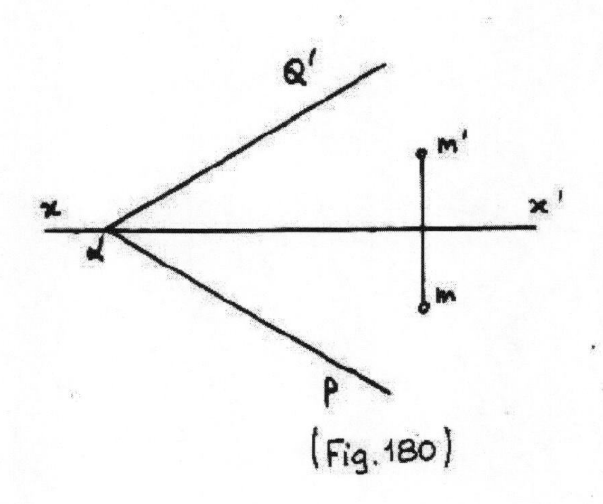

(Fig.180)

11.21. Tracer les droites d'intersection des deux plans dont l'un est défini par la trace de profil R" et parallèle à la ligne de terre et l'autre par deux droites parallèles D1(d1, d'1) et D2(d2, d'2) sur la Fig.181.

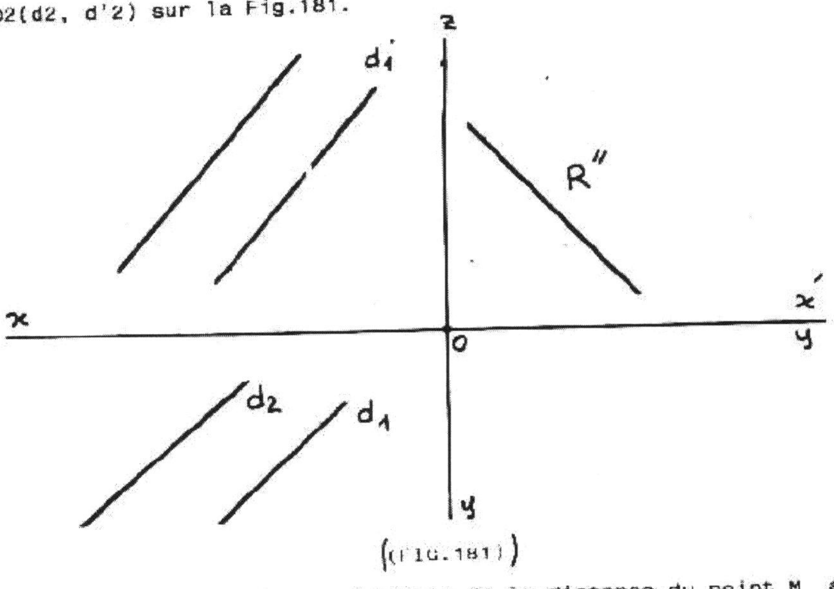

(FIG.181)

11.22. Déterminer les projections de la distance du point M au plan (P, Q') sur les Fig.182 et 183.

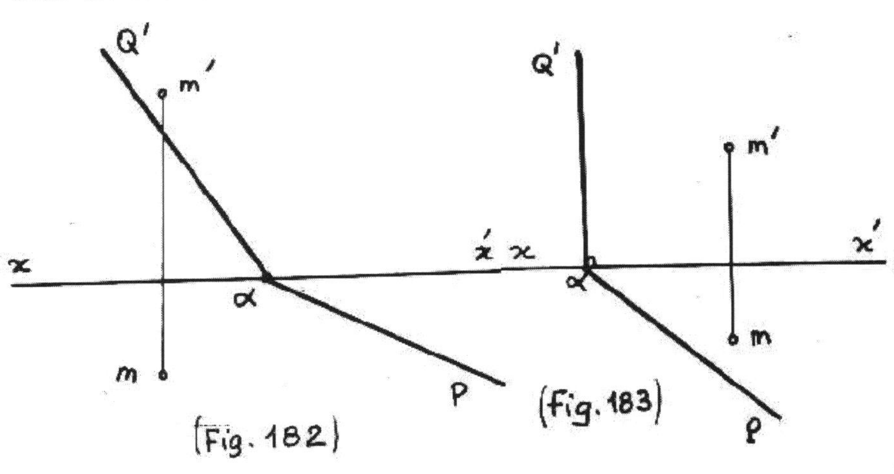

(Fig. 182)

(Fig. 183)

12.METHODES DE TRANSFORMATION.

12.1. Changeent de plan de projection.

12.1.1. Faire le changement de plan horizontal de la droite AB suivant la nouvelle ligne de terre O1Y1 selon la (Fig.184).

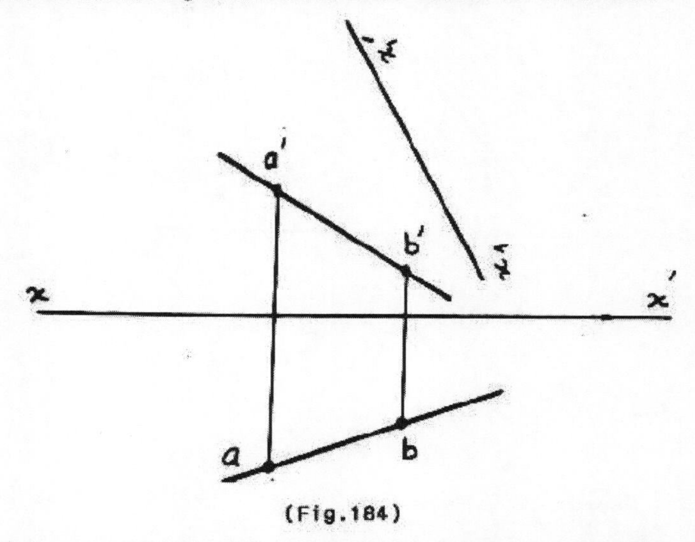

(Fig.184)

12.1.2. Déterminer la vraie grandeur du segment AB donné sur la (Fig.185) par un changement de plan frontal.

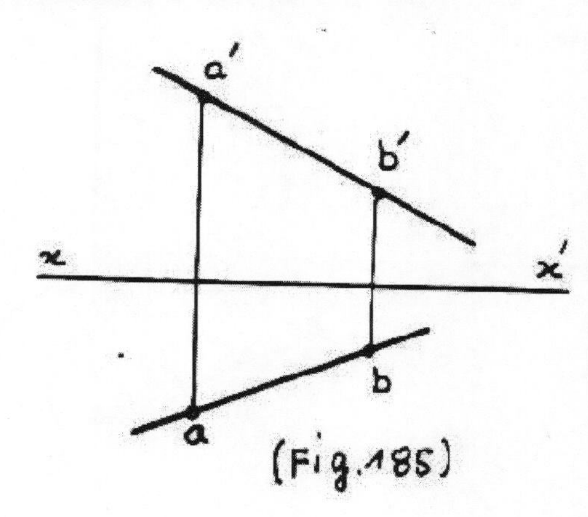

(Fig.185)

12.1.3. Rendre la droite D donnée sur la (Fig.186) verticale par deux changements de plan successifs.

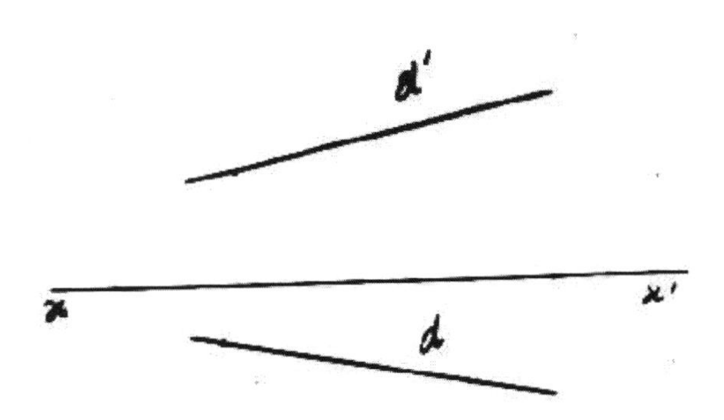

(Fig.186)

12.1.4. Rendre la droite D donnée sur la (Fig.187) une droite de profil par un changement de plan frontal.

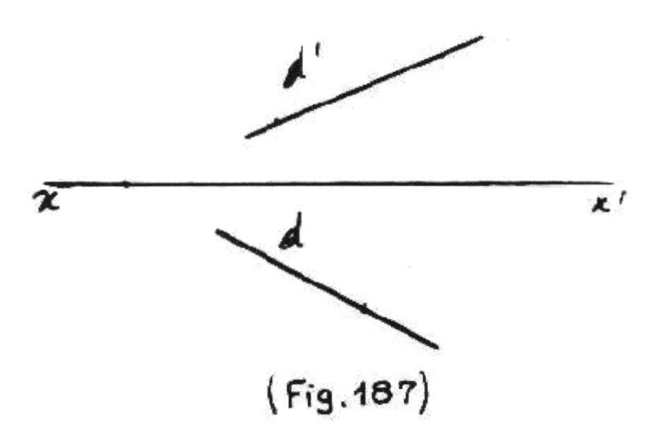

(Fig.187)

12.1.5. Un plan est défini par ses traces (P,Q') sur la (Fig.188) faire un changement de plan horizontal suivant la ligne de terre O1Y1 donnée.

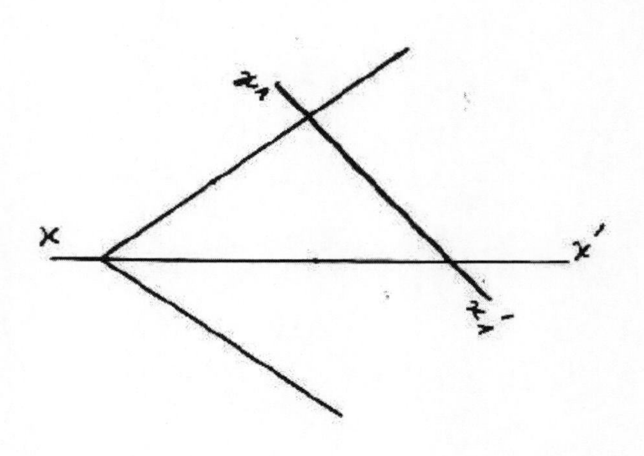

(Fig.188)

12.1.6. Rendre le plan (P,Q') donné sur la (FIg.189) un plan vertical par un changement de plan horizontal.

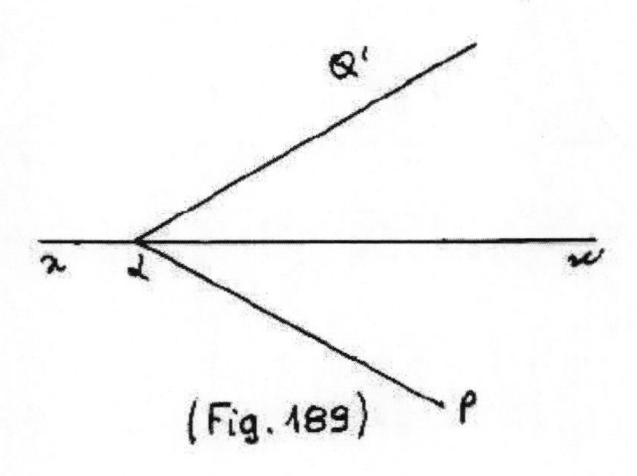

(Fig. 189)

12.1.7. **Rendre le plan vertical (Fig.190) un plan frontal par un changement de plan frontal.**

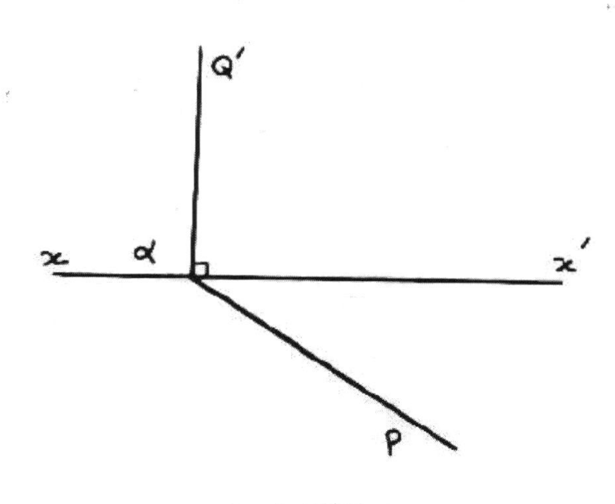

(Fig.190)

12.1.8. **Rendre le plan de profil (Fig.191) un plan horizontal par un changement de plan frontal.**

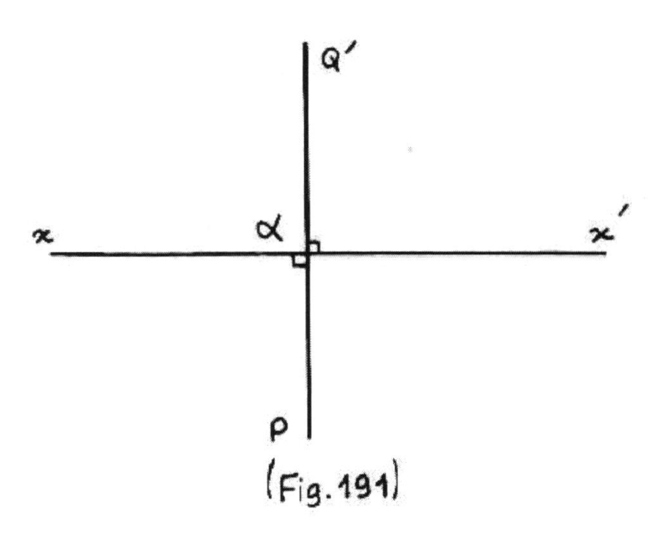

(Fig.191)

12.1.9. Rendre le plan quelconque (Fig.192) un plan horizontal par changement de plans de projection.

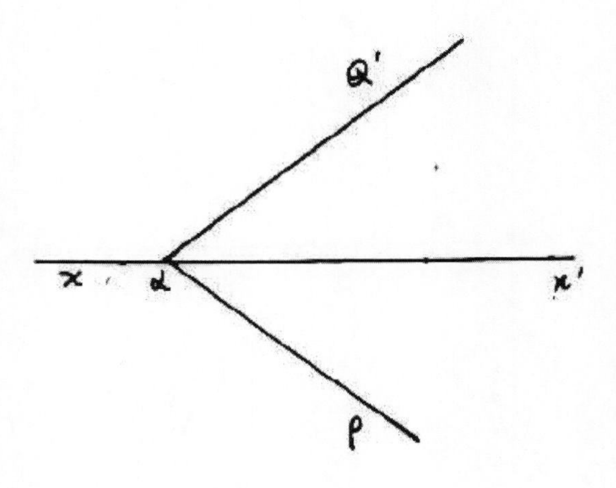

(Fig.192)

12.1.10. Un plan est défini par deux droites concourantes (Fig.193) le rendre de bout par un changement de plan frontal.

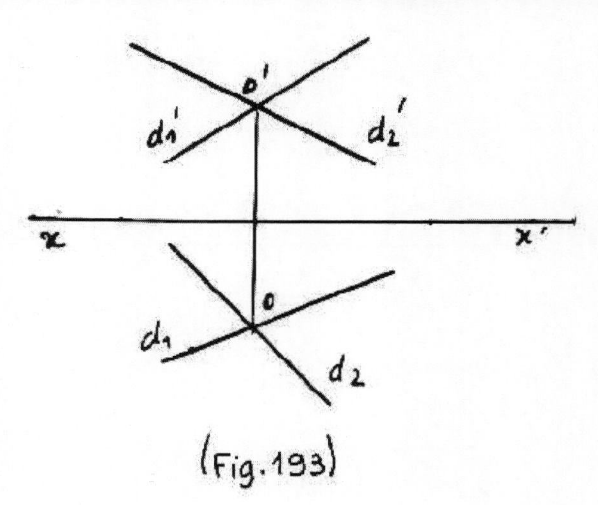

(Fig.193)

12.2. Méthode de rotation.

12.2.1. Déterminer par rotation autour de l'axe de bout passant par. le point A la vraie grandeur du segment AB donné sur la (Fig.194).

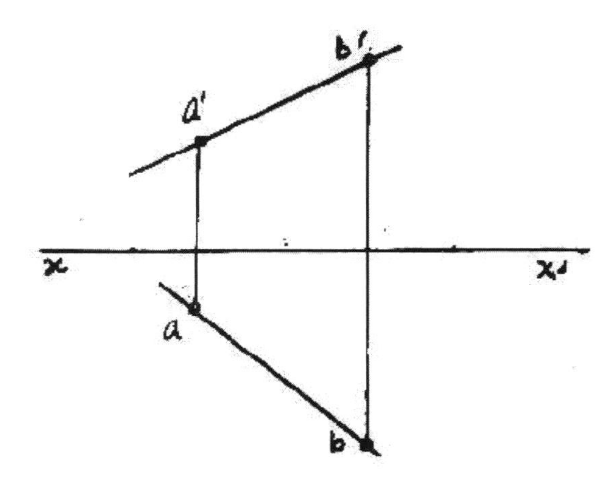

12.2.2. Rendre la droite D donnée (Fig.195) une droite horizontale autour de l'axe de bout passant par le point B donné.

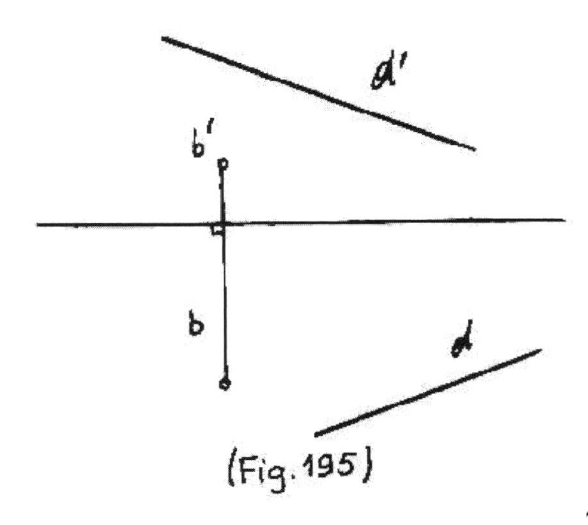

(Fig. 195)

12.2.3. Rendre une droite D quelconque (Fig.196) parallèle à la ligne de terre OY.Marche à suivre :

- Rendre la droite frontale par rotation autour d'un axe vertical.
- Puis la rendre parallèle à la ligne de terre par rotation autour d'un axe de bout.

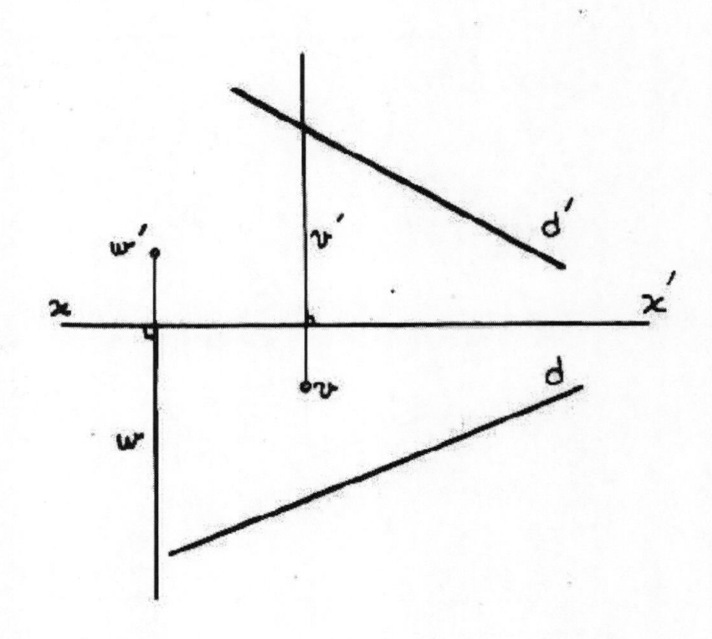

(Fig. 196)

12.2.4. Rendre un plan quelconque (P,Q') de la (Fig.197) un plan frontal.Marche à suivre :

- Rendre le plan (P,Q') vertical par rotation autour d'un axe de bout.
- Rendre ce plan vertical un plan frontal par rotation suivant un axe vertical.

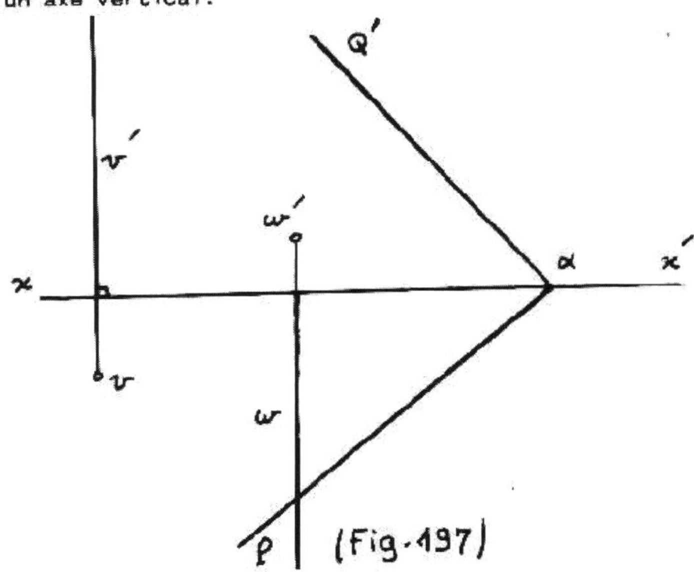

(Fig.197)

12.2.5. Rendre le plan de bout (Fig.198) un plan horizontal par rotation.

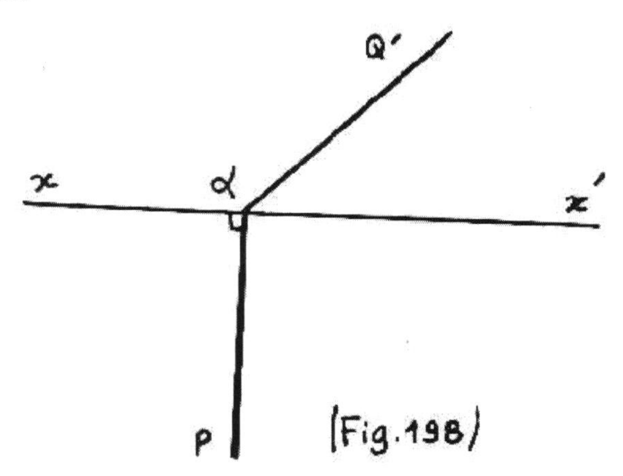

(Fig.198)

12.2.6. Rendre le plan quelconque (Fig.199) un plan vertical par rotation.

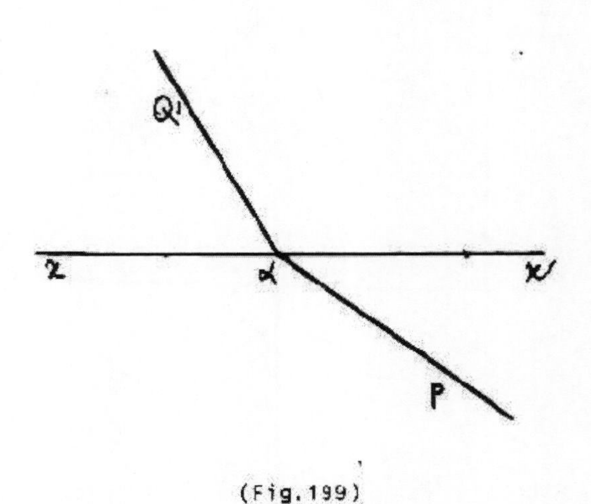

(Fig.199)

12.2.7. Rendre le plan défini par les deux droites concourantes (Fig.200) un plan de bout par rotation.

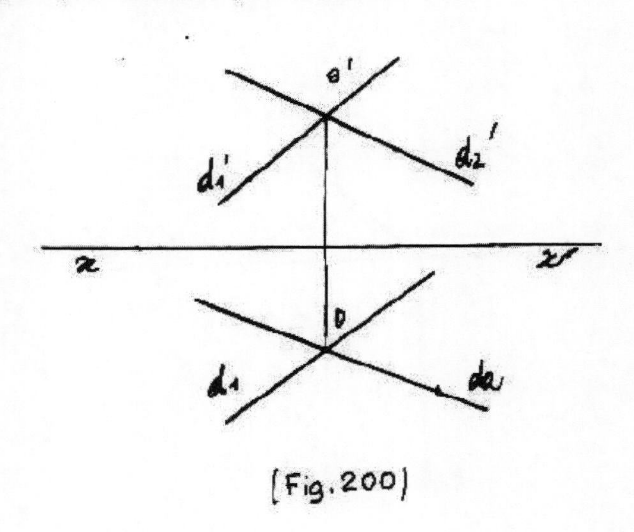

(Fig.200)

12.3. Méthode de rabattement.

12.3.1. Déterminer la vraie grandeur du segment de profil AB (Fig.201) par rabattement sur le plan frontal.

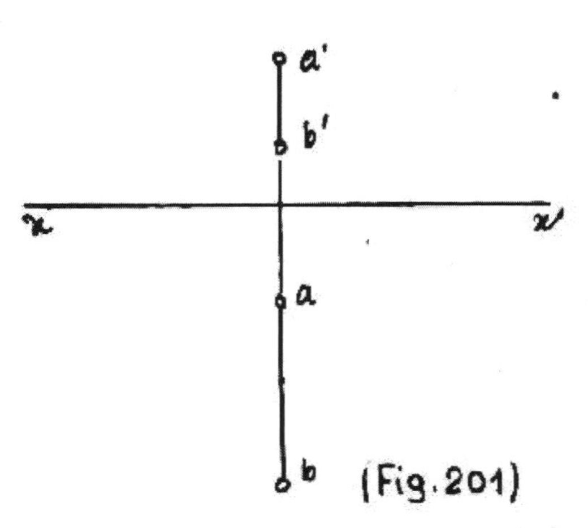

(Fig.201)

12.3.2. Rabattre sur le plan horizontal la droite AB donnée sur la (Fig.202)

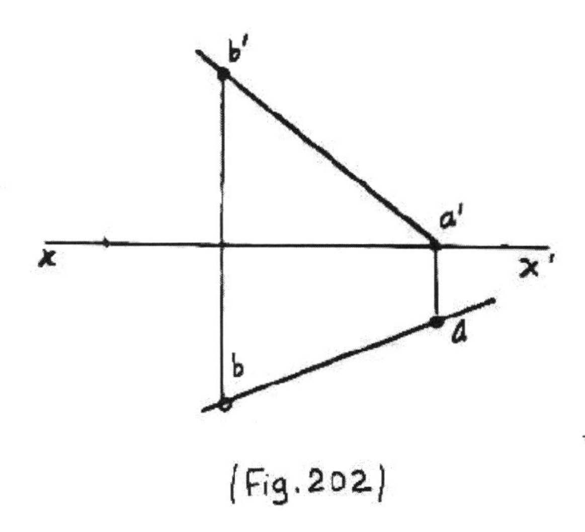

(Fig.202)

12.3.3. Tracer la vraie grandeur de la figure ABCD contenu dans le plan de bout (Fig.203) par rabattement sur le plan horizontal.

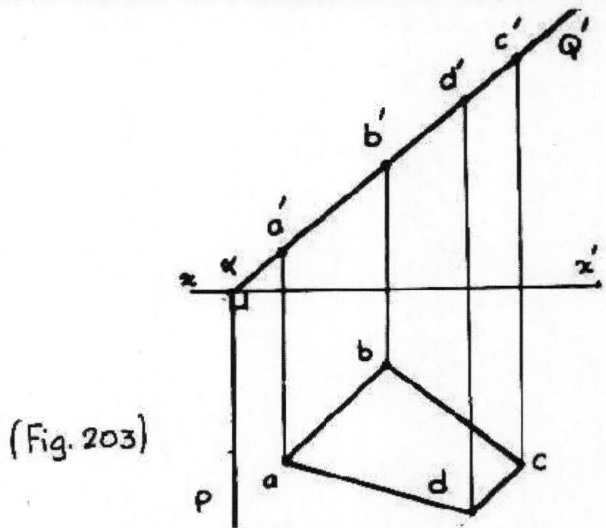

(Fig. 203)

12.3.4. Par la méthode de rabattement, déterminer la vraie grandeur de la Fig.204.

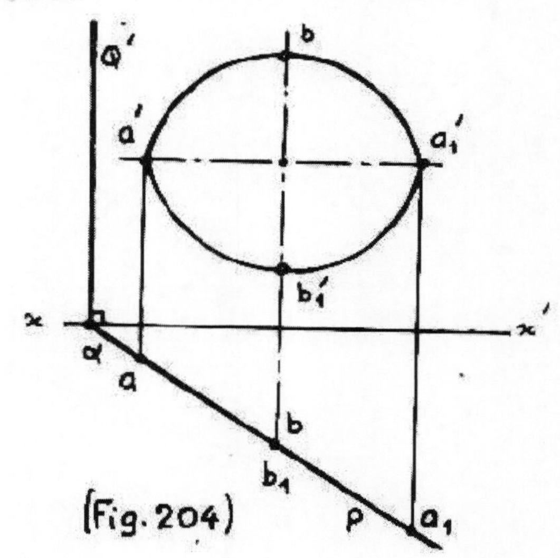

(Fig. 204)

12.3.5. Un plan est défini par ses traces (P,Q'), (Fig.205), déterminer la vraie grandeur de l'angle formé par ce plan avec celui horizontal.

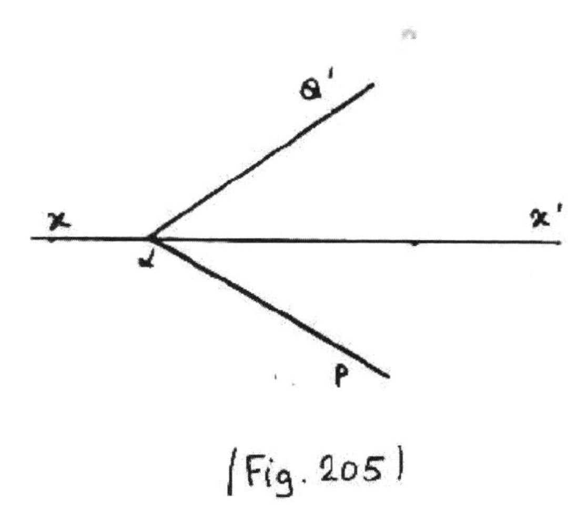

(Fig.205)

12.3.6. Déterminer la valeur de l'angle formé par les deux plans de bout de la (Fig.206).

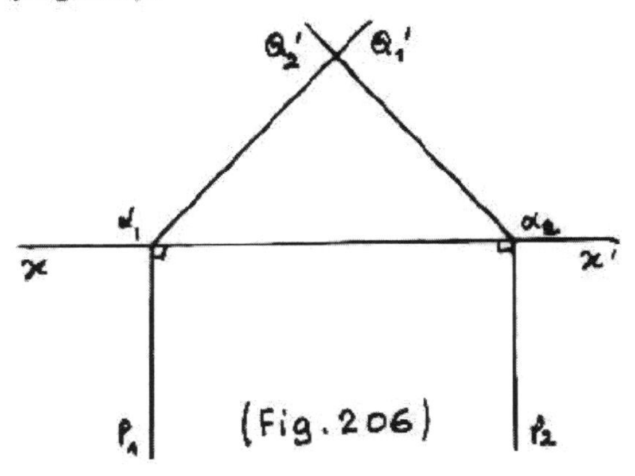

(Fig.206)

12.3.7. Déterminer l'angle que formé les deux plans (Fig.207) ayant leurs traces horizontales parallèles.

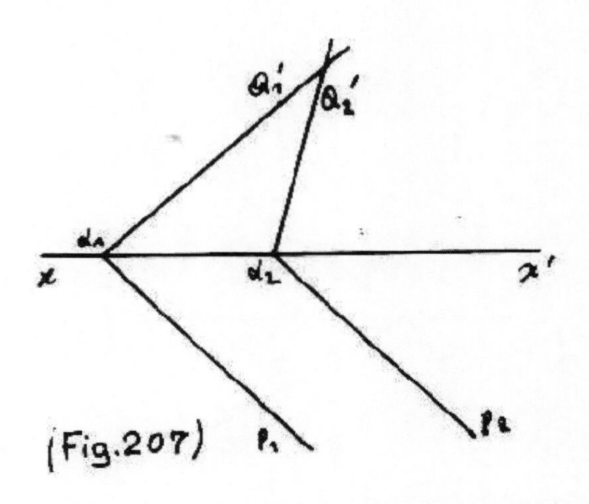

(Fig.207)

12.3.8. Déterminer la vraie grandeur du triangle ABC par rabattement sur le plan horizontal sur la Fig.208.

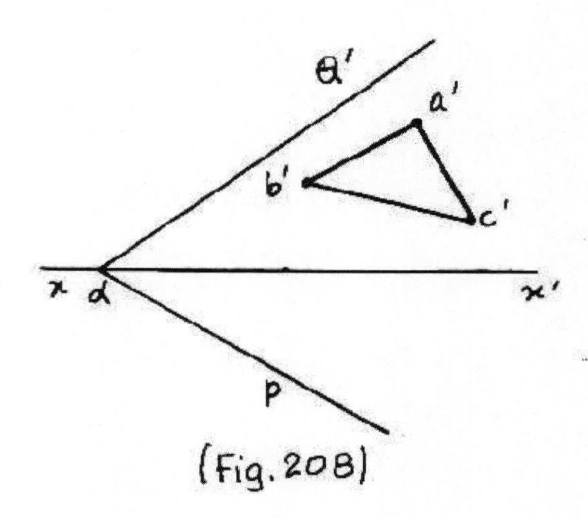

(Fig.208)

12.3.9. Déterminer les projections horizontale et frontale d'un segment AB appartenant à un plan connaissant les traces de ce plan et le rabattement arbr de ce segment sur le plan frontal suivant la (Fig.209).

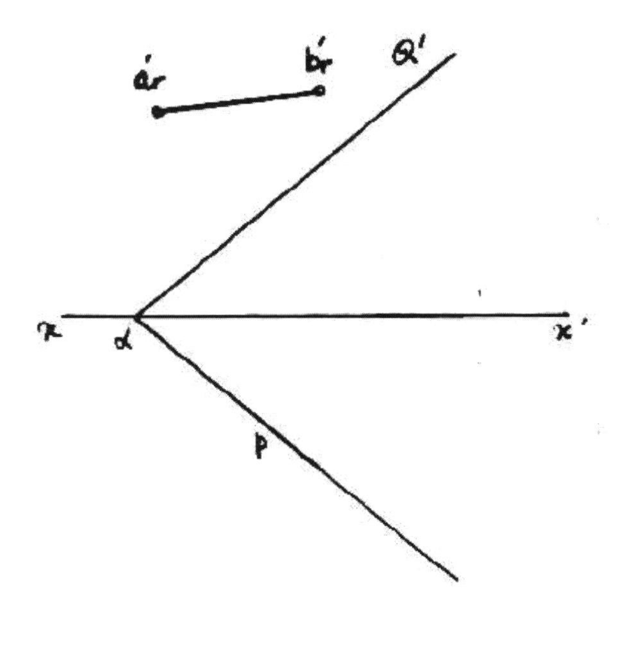

(Fig.209)

13. LES POLYEDRES.

13.1. Projection des polyèdres.

Sur les Figures suivantes, déterminer :

a)- la troisième projection de chaque solide.

b)- les projections des points situés sur les surfaces de ces solides.

Figures: 210, 211, 212, 213, 214, 215, 216 et 217.

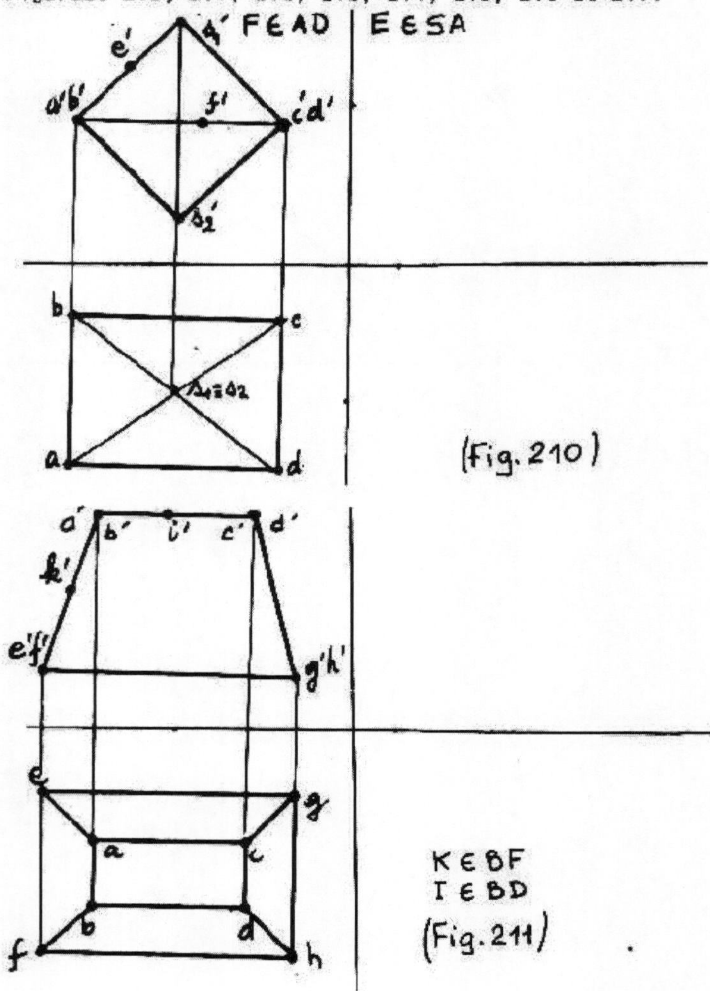

(Fig. 210)

(Fig. 211)

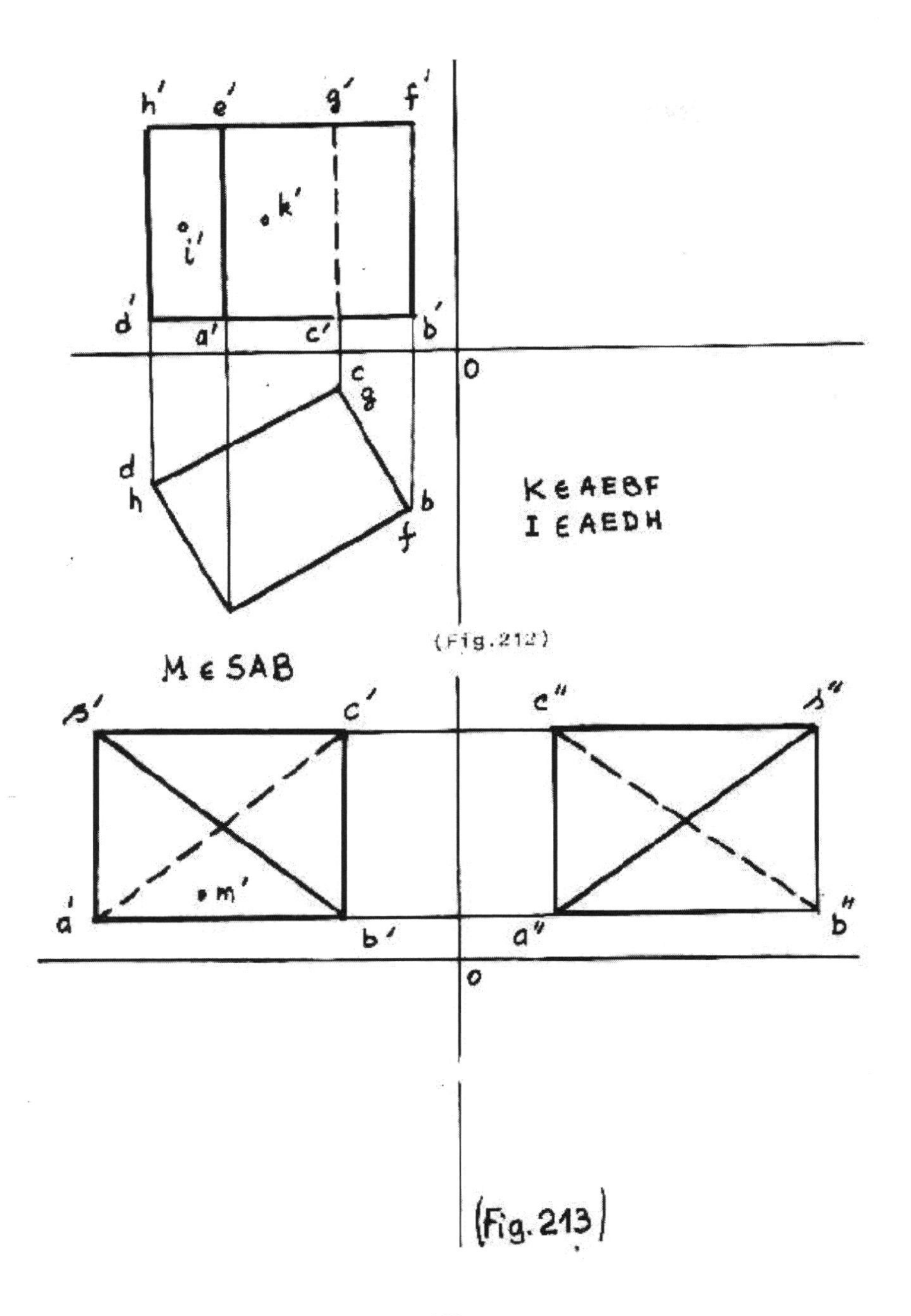

(Fig.212)

(Fig.213)

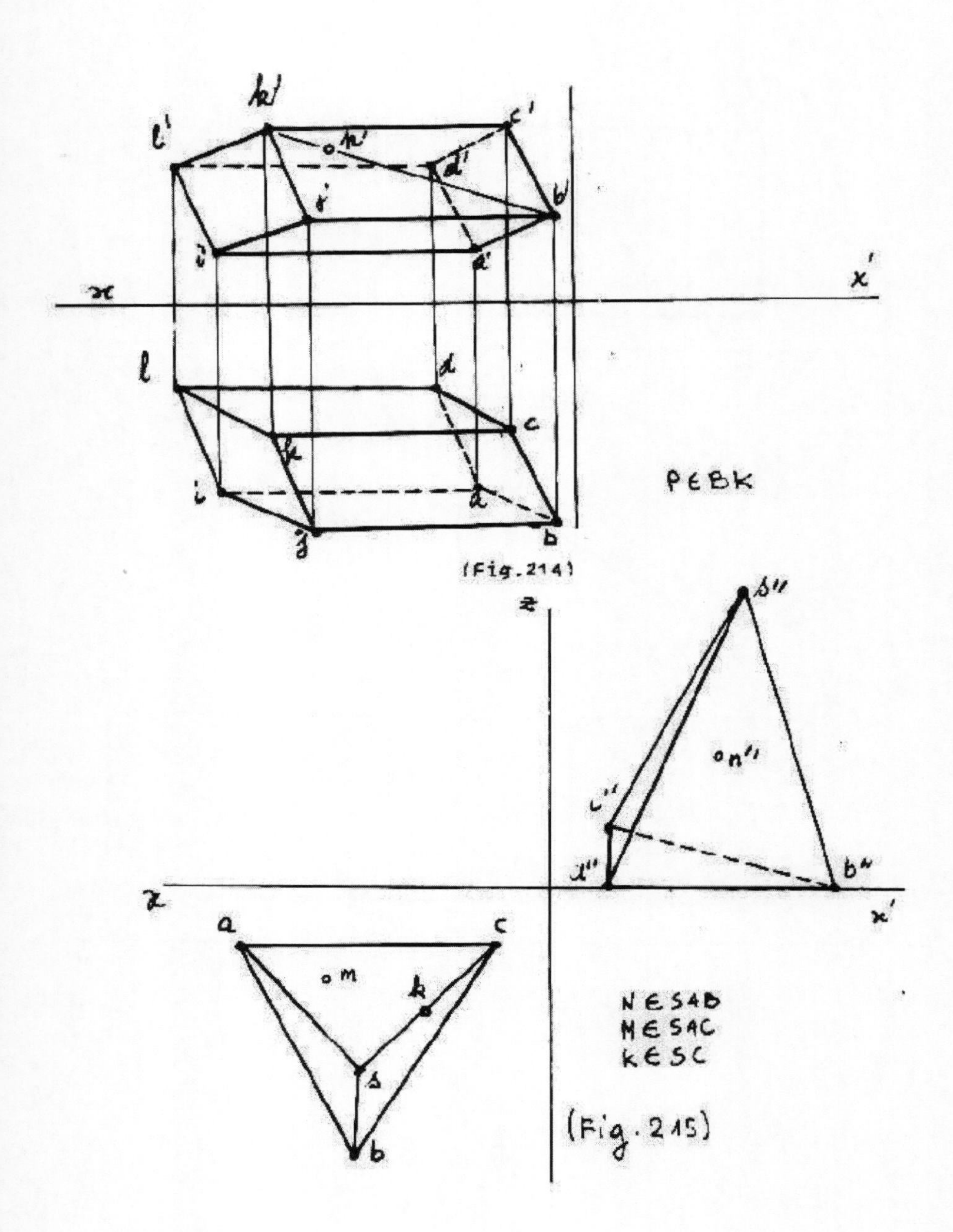

(Fig.214)

(Fig.215)

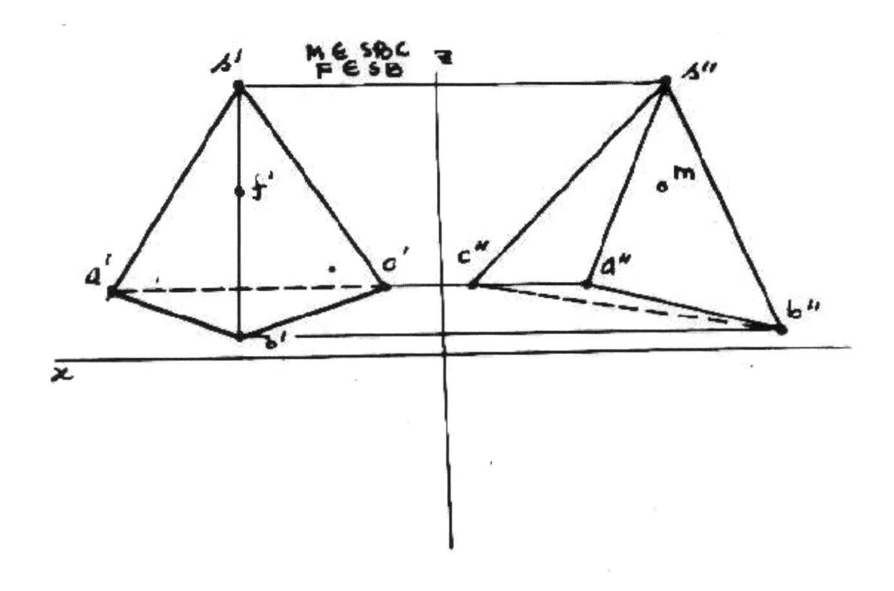

(Fig.216)

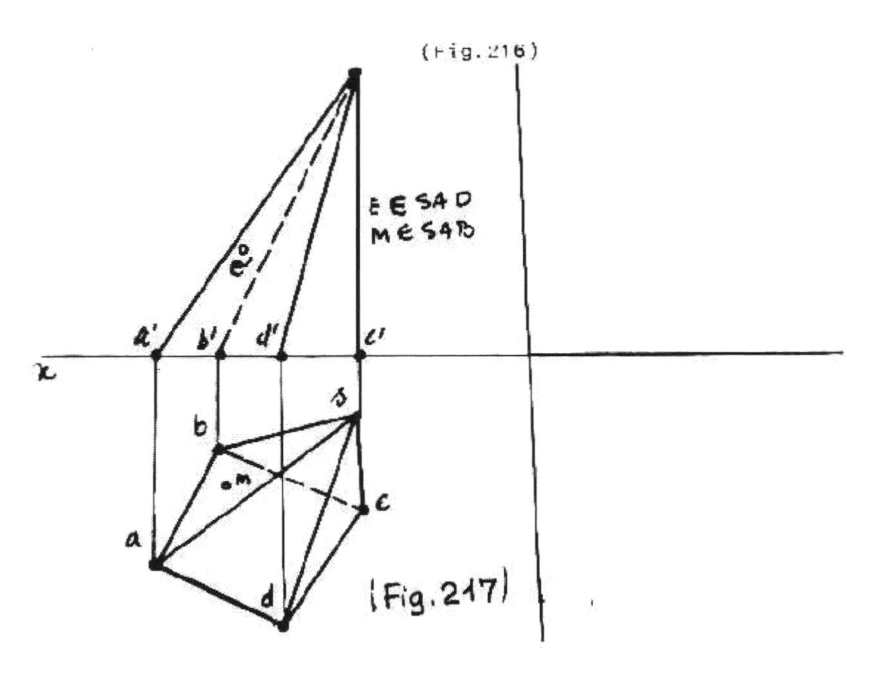

(Fig.217)

13.2. Intersection d'un polyèdre avec une droite.

Sur les Fig.218, 219 et 220, déterminer l'intersection de la droite D(d, d') avec le polyèdre donné.

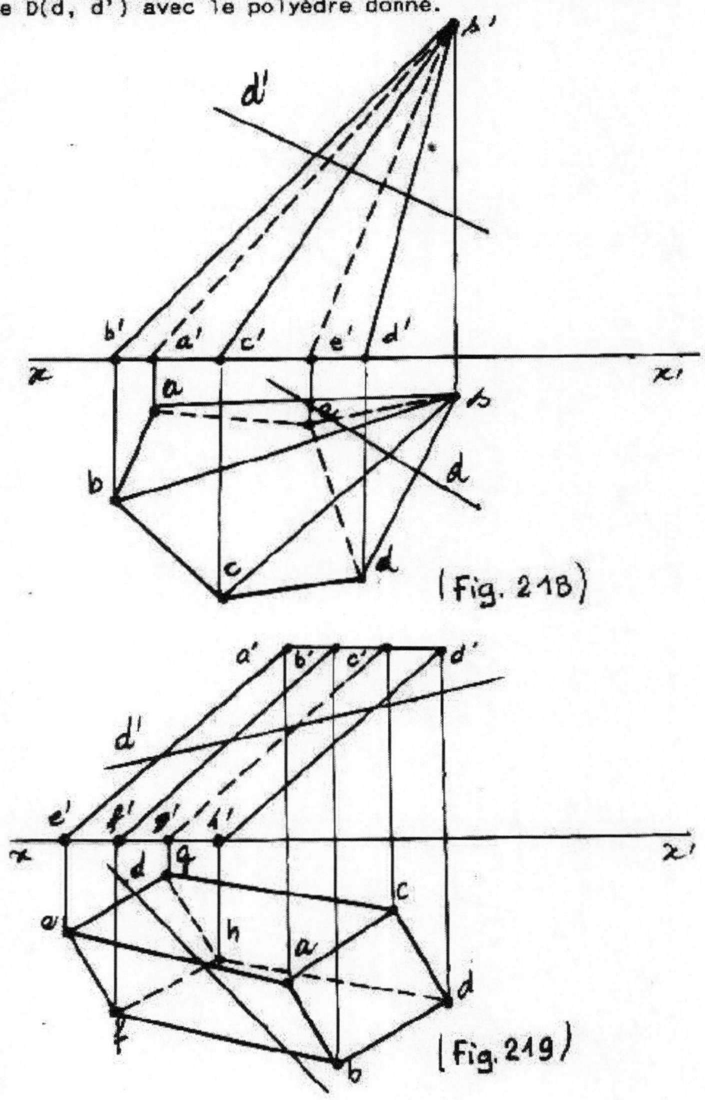

(Fig. 218)

(Fig. 219)

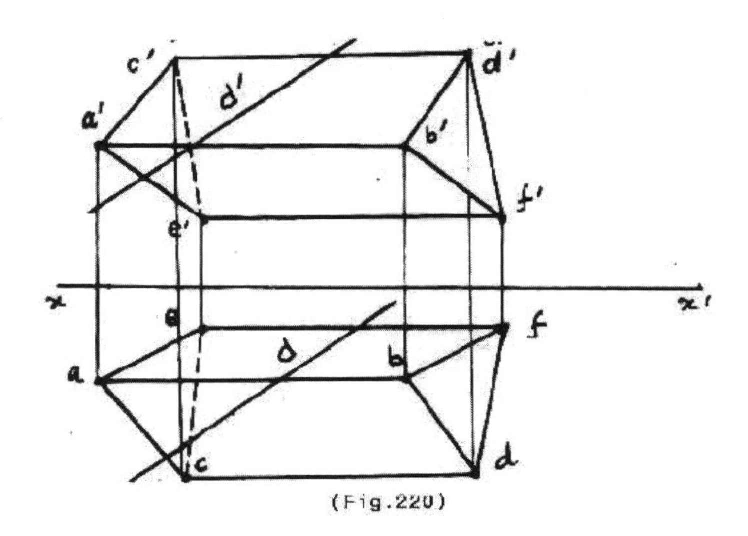

(Fig.220)

13.3. Section plane d'un polyèdre.

Sur les Fig.221, 222, 223, 224, 225, 226, 227, 228, 229, 230, 231, 232, 233, 234 et 235 , déterminer la section plane du polyèdre avec le plan.

Pour les Figures 222 et 223, déterminer la vraie grandeur de la section plane par rabattement sur le plan horizontal.

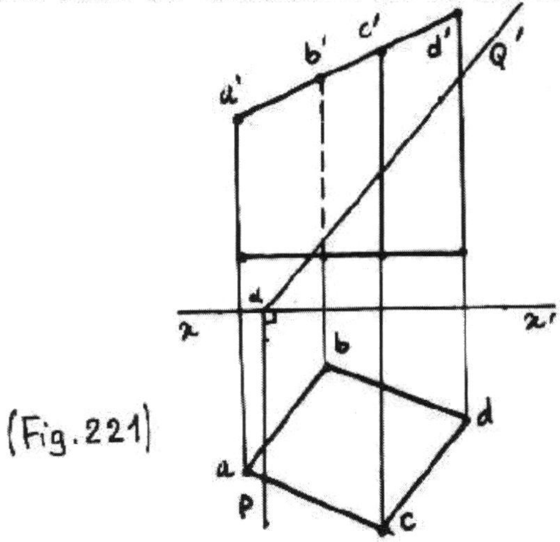

(Fig.221)

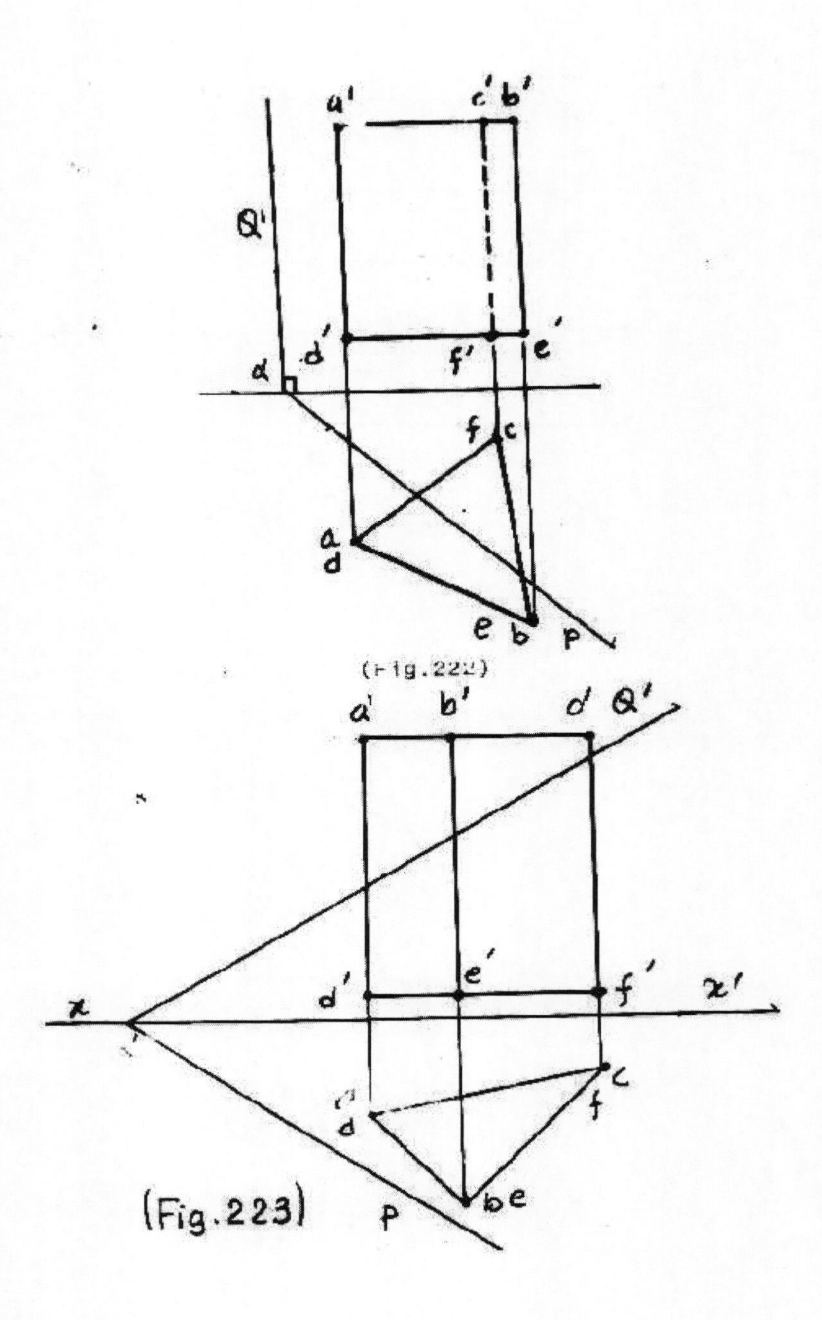

(Fig.222)

(Fig.223)

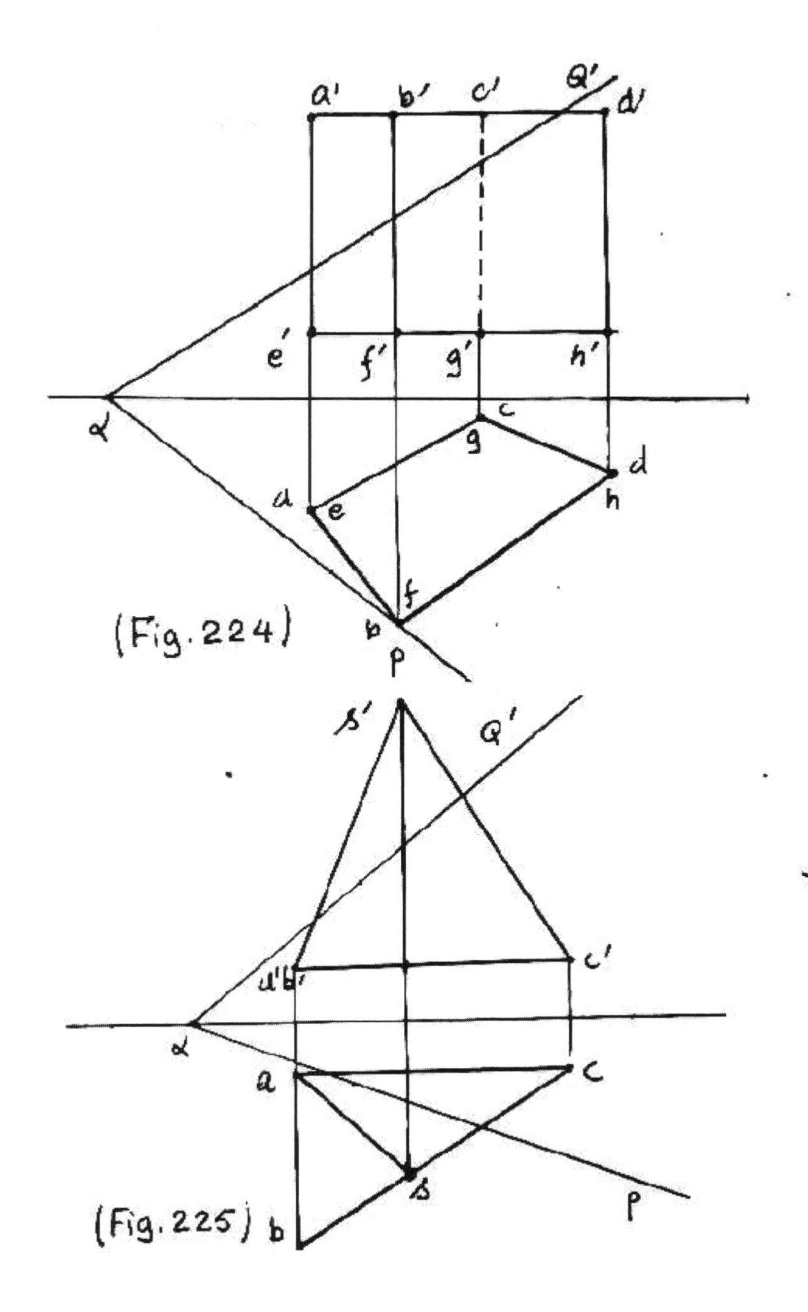

a'
b'
c'
Q'
d'
e'
f'
g'
h'
α
c
g
d
a
e
h
f
b
p
(Fig. 224)
s'
Q'
c'
a'b'
α
a
c
s
p
(Fig. 225)
b

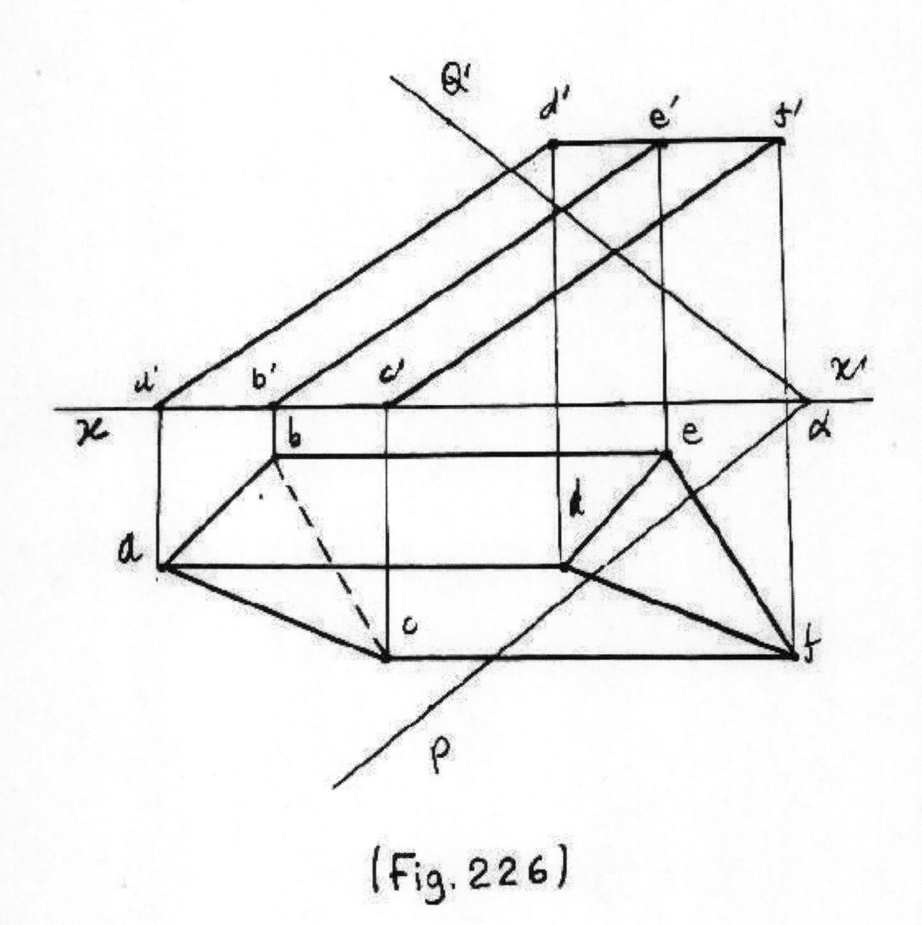

(Fig. 226)

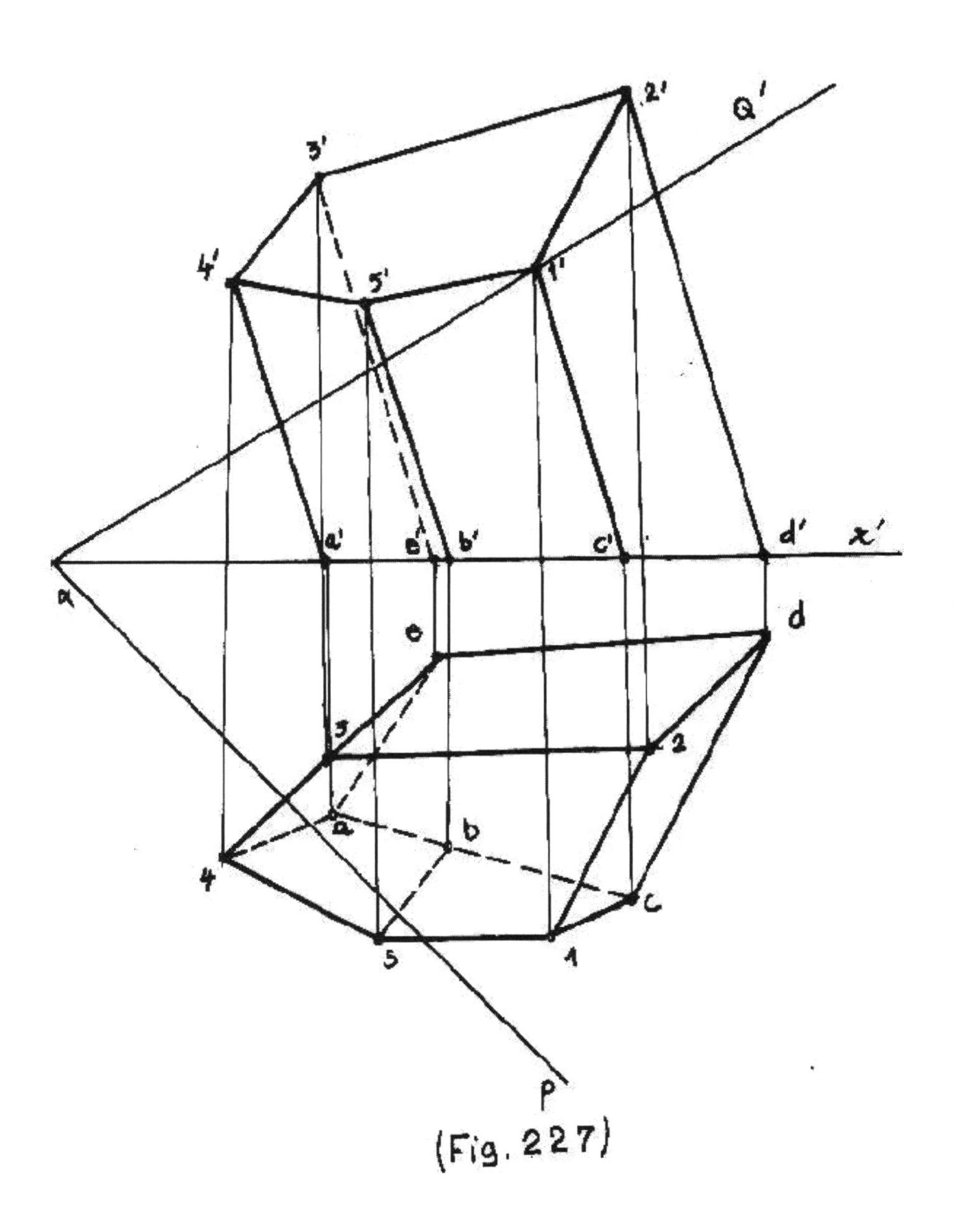

(Fig. 227)

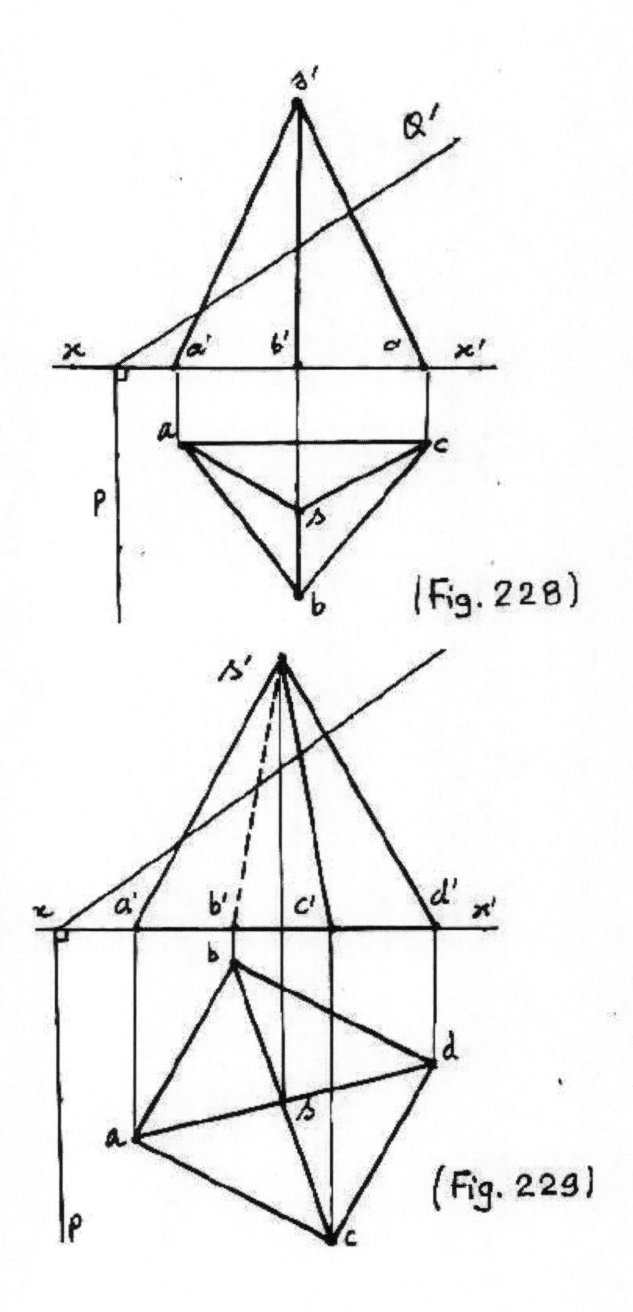
s'
Q'
x
a'
b'
c'
x'
a
c
p
s
b
(Fig. 228)
s'
x
a'
b'
c'
d'
x'
b
d
s
a
(Fig. 229)
p
c

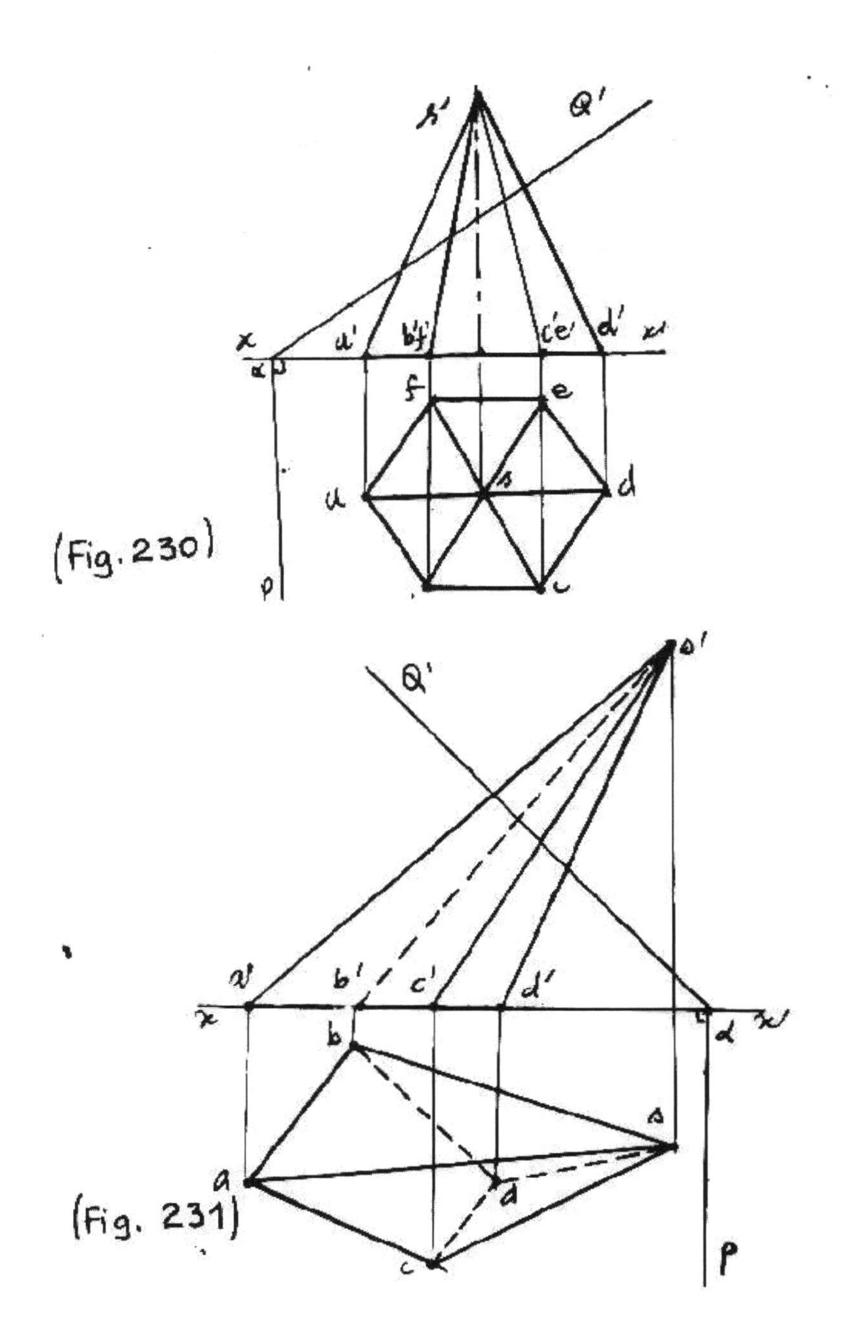

s'
Q'
x
a'
b'f'
c'e'
d'
x'
f
e
a
s
d
p
c
(Fig. 230)
s'
Q'
a'
b'
c'
d'
x
x'
b
s
a
d
c
p
(Fig. 231)

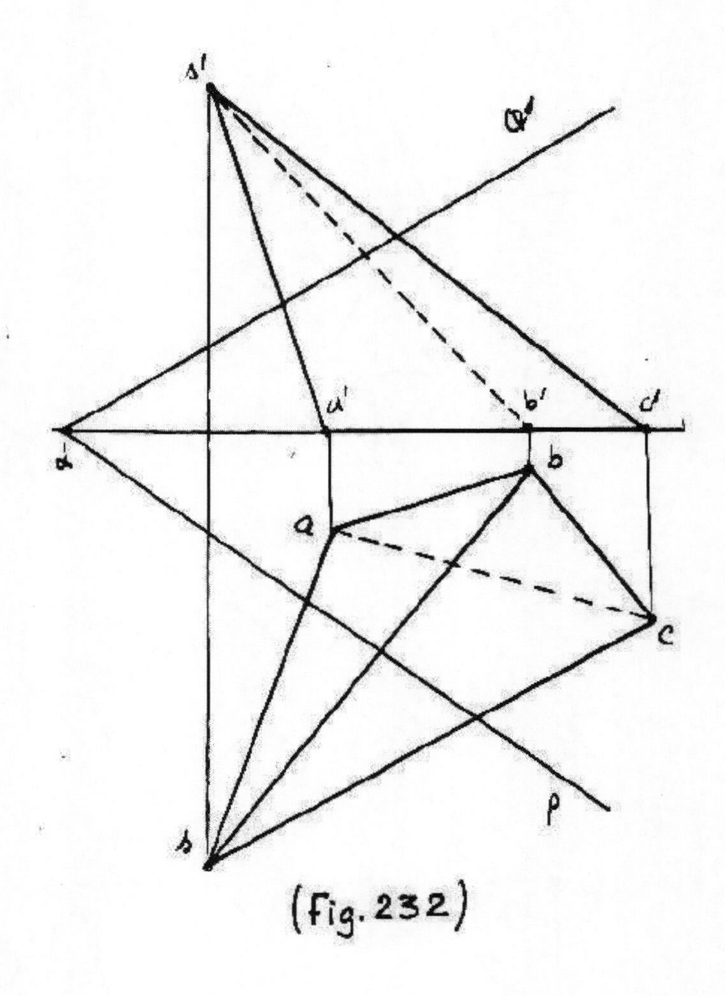

(Fig. 232)

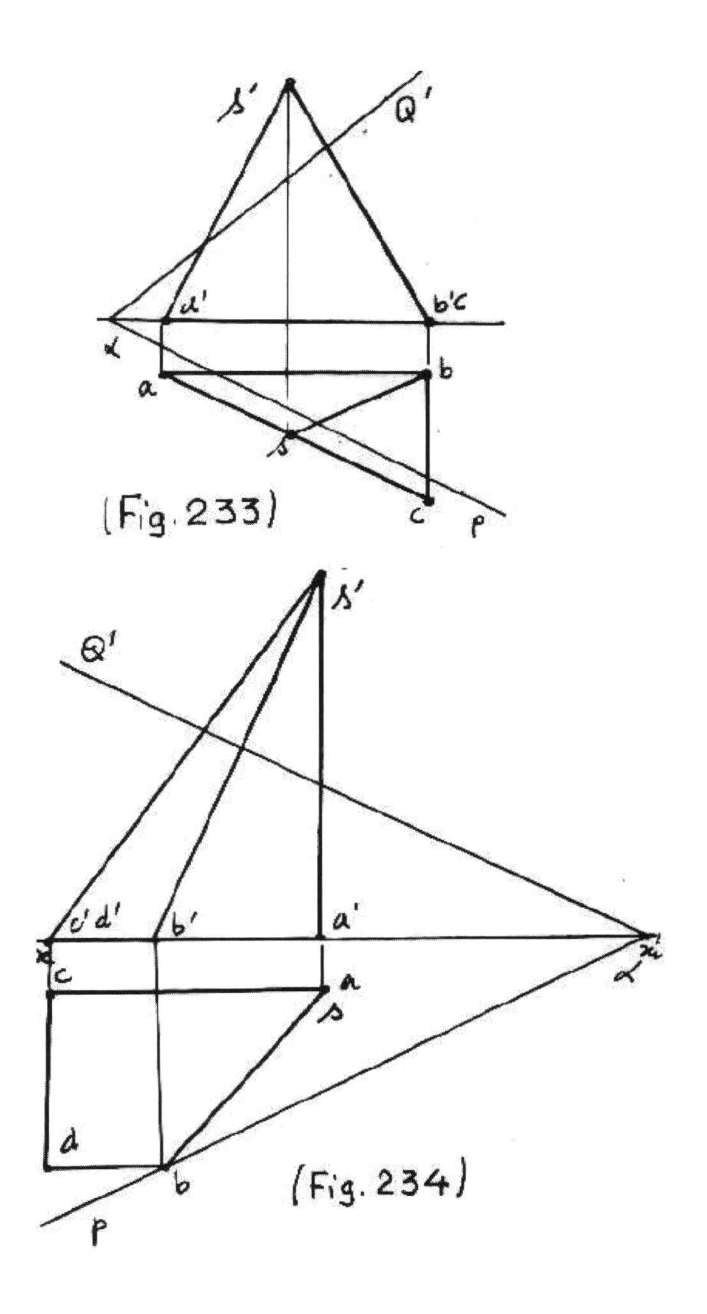

(Fig. 233)

(Fig. 234)

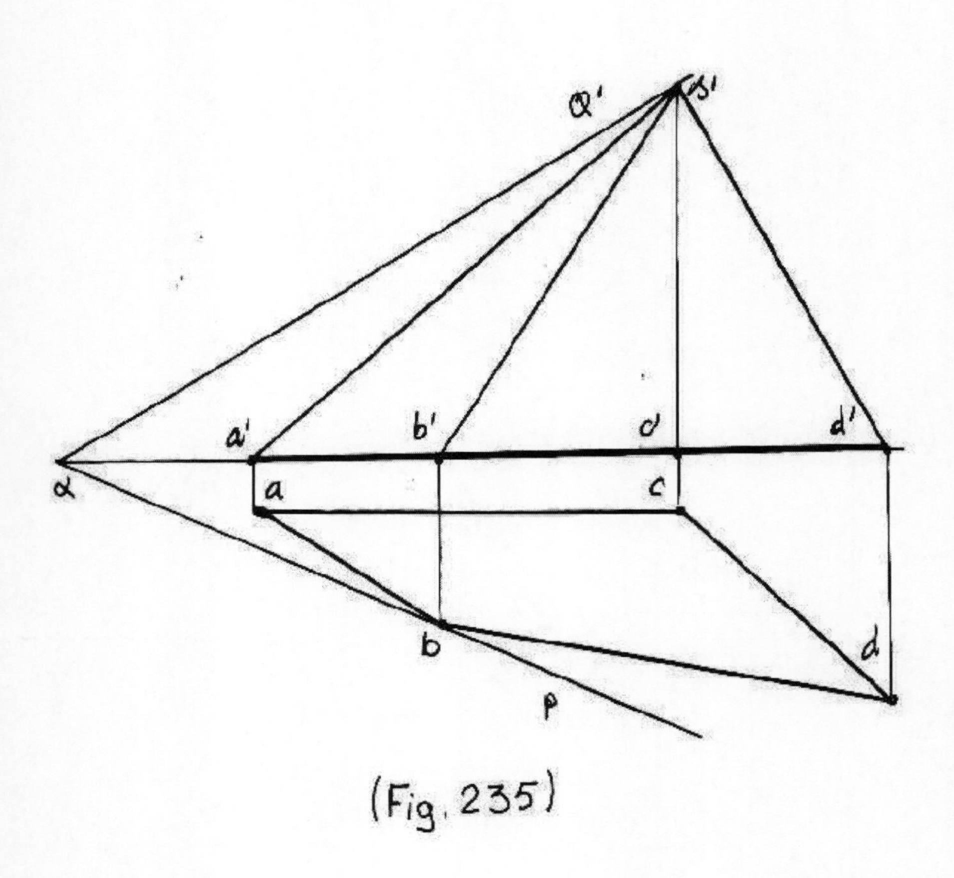

(Fig. 235)

14. SOLIDES DE REVOLUTION.

14.1. Projection des solides de révolution.

Déterminer sur les Figures 236, 234, 235, 236, 237, 238, 239, 240, 241, 242 et 243.

a)- la troisième projection des solides.

b)- les projections des points situés sur leur surface.

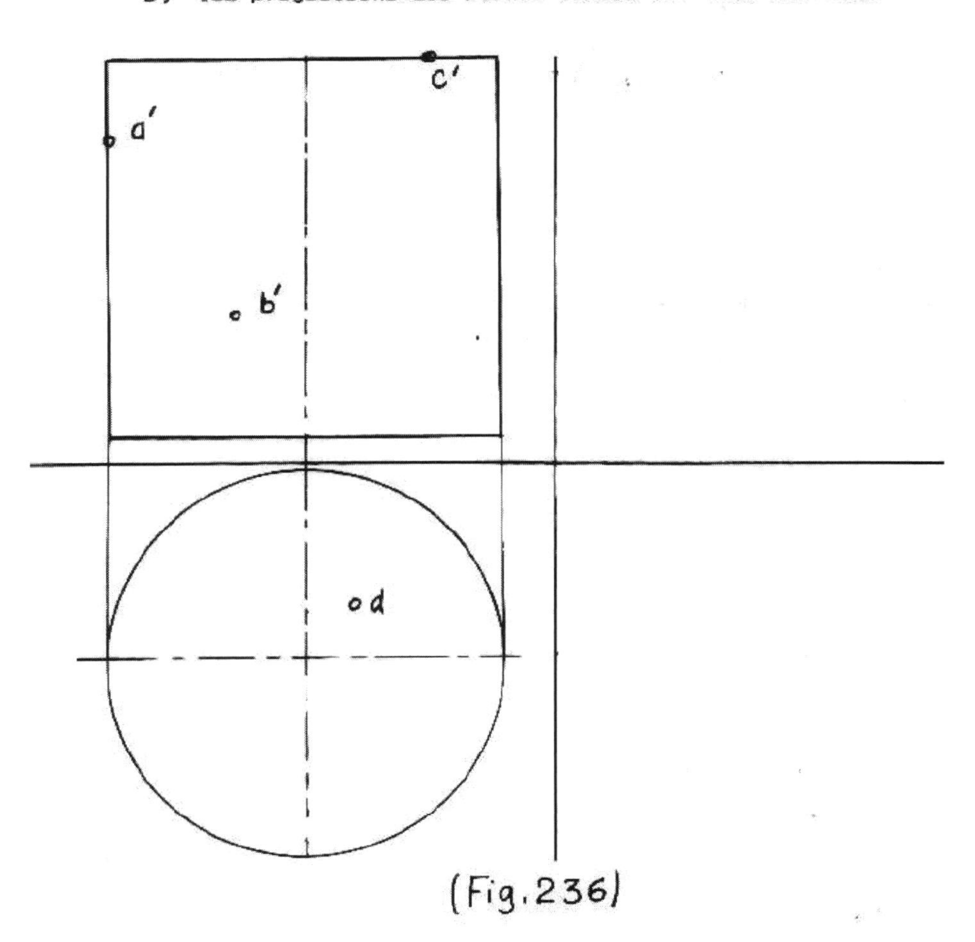

(Fig.236)

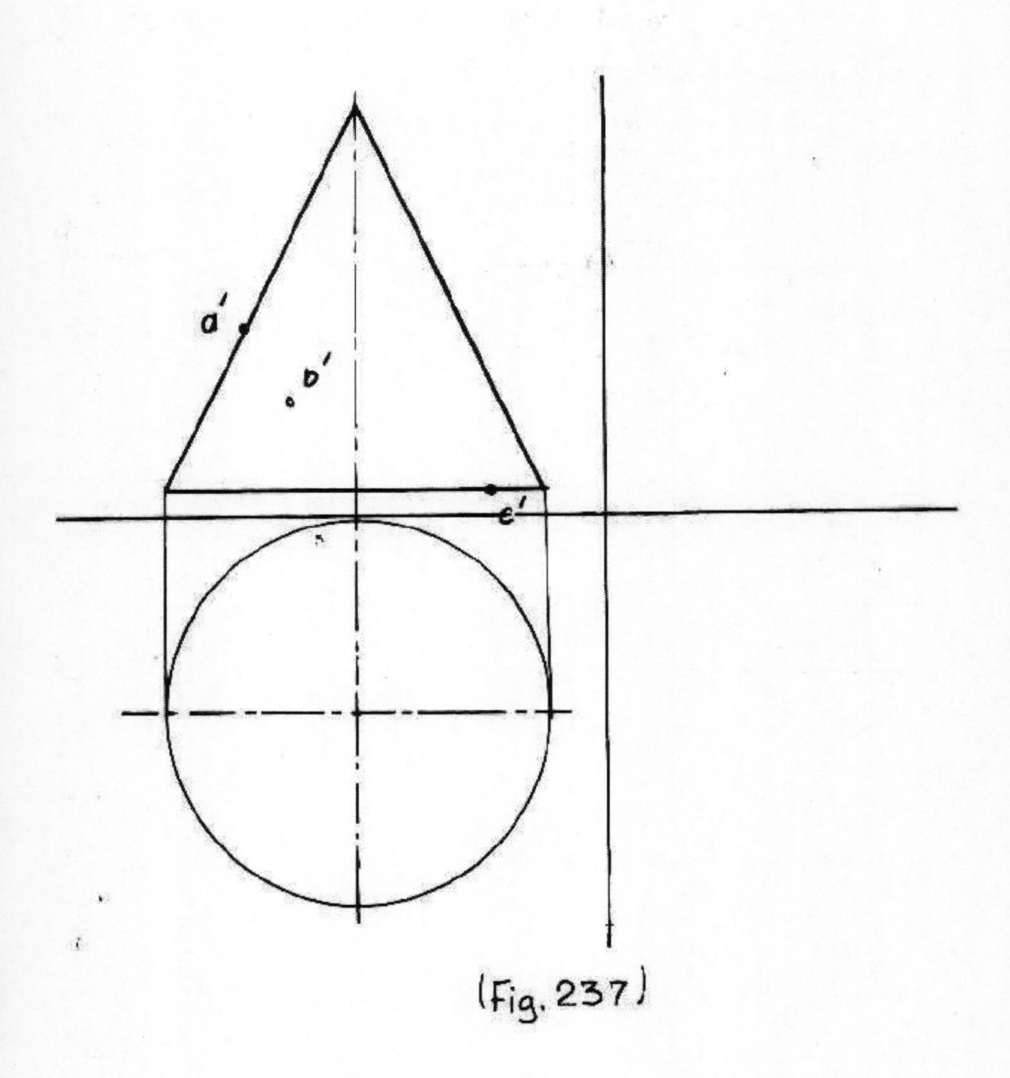

(Fig. 237)

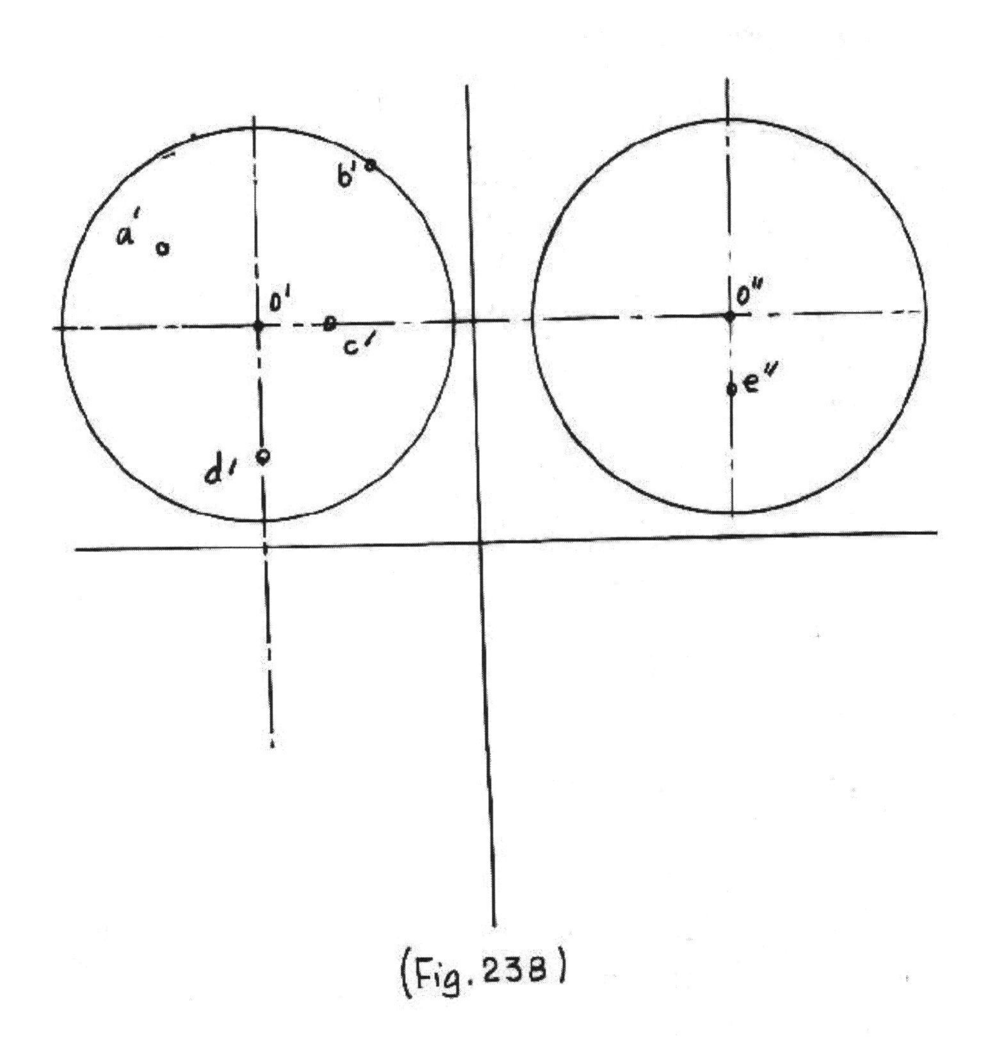

(Fig. 238)

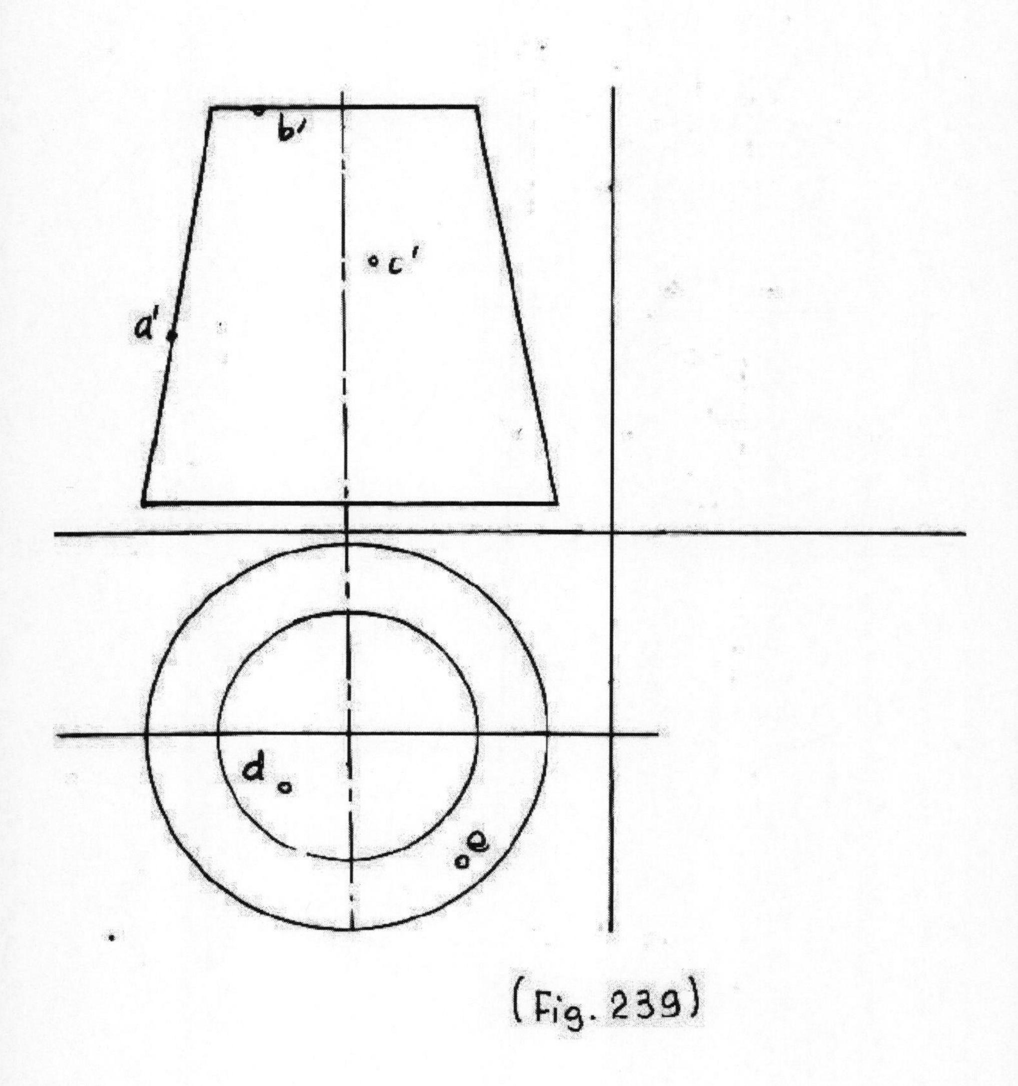

(Fig. 239)

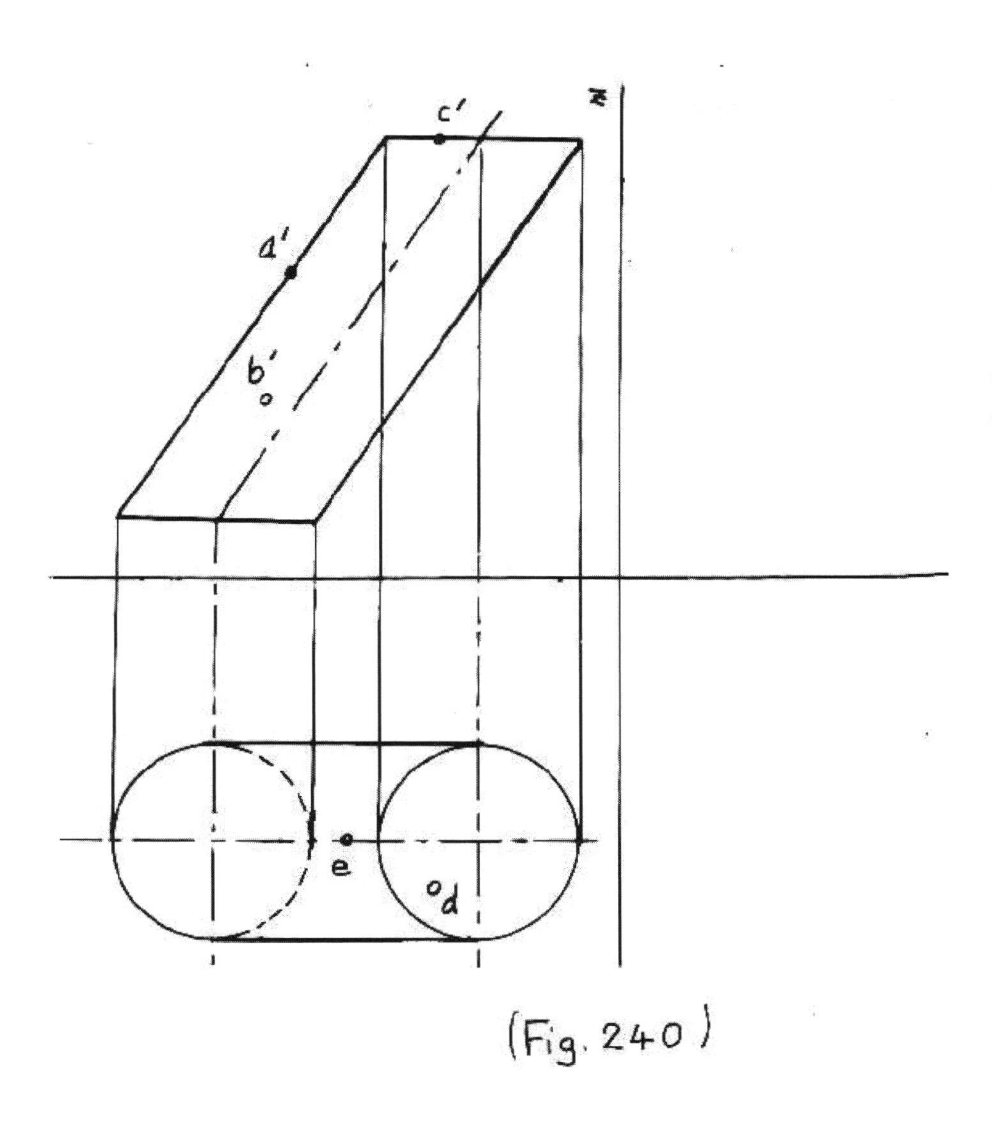

(Fig. 240)

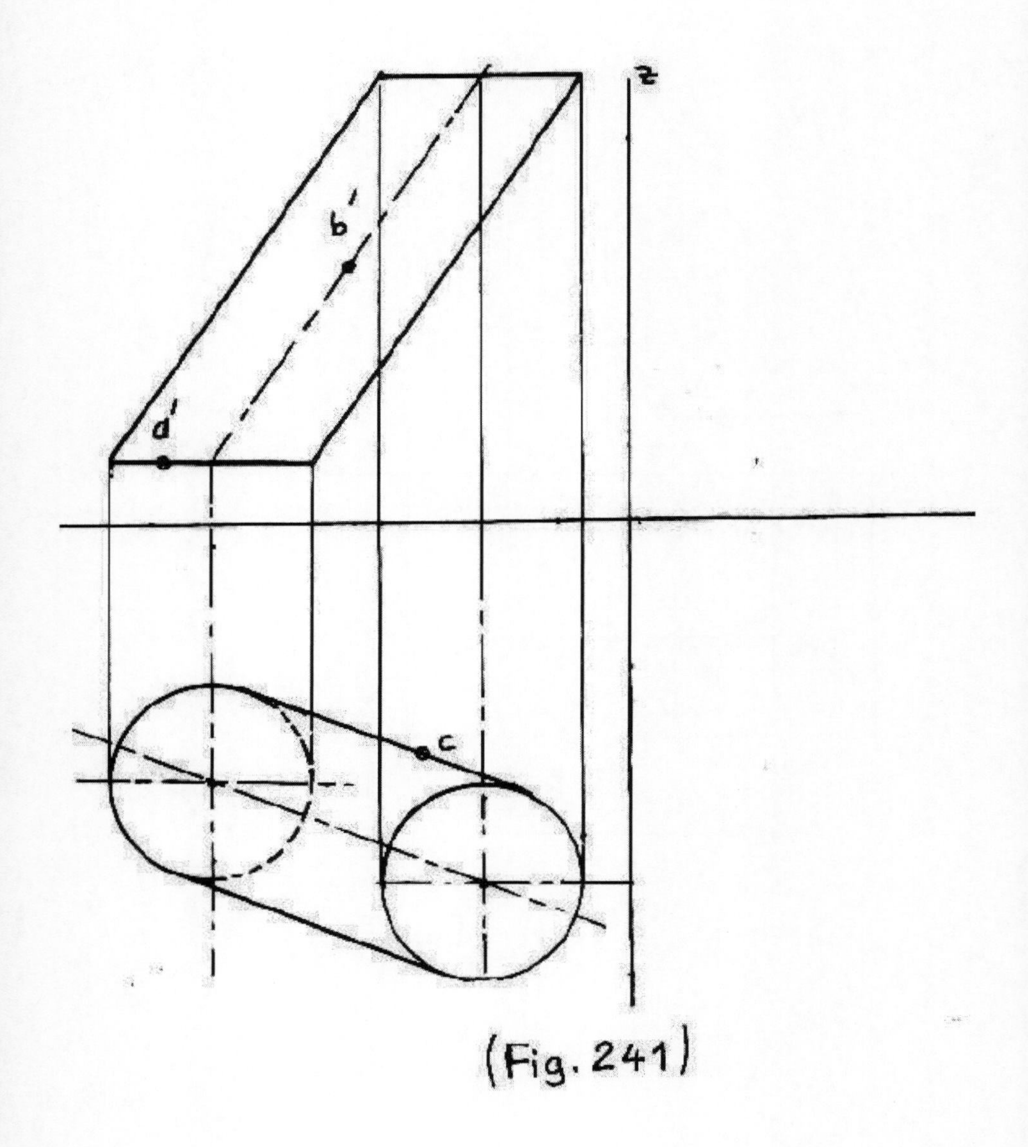

(Fig. 241)

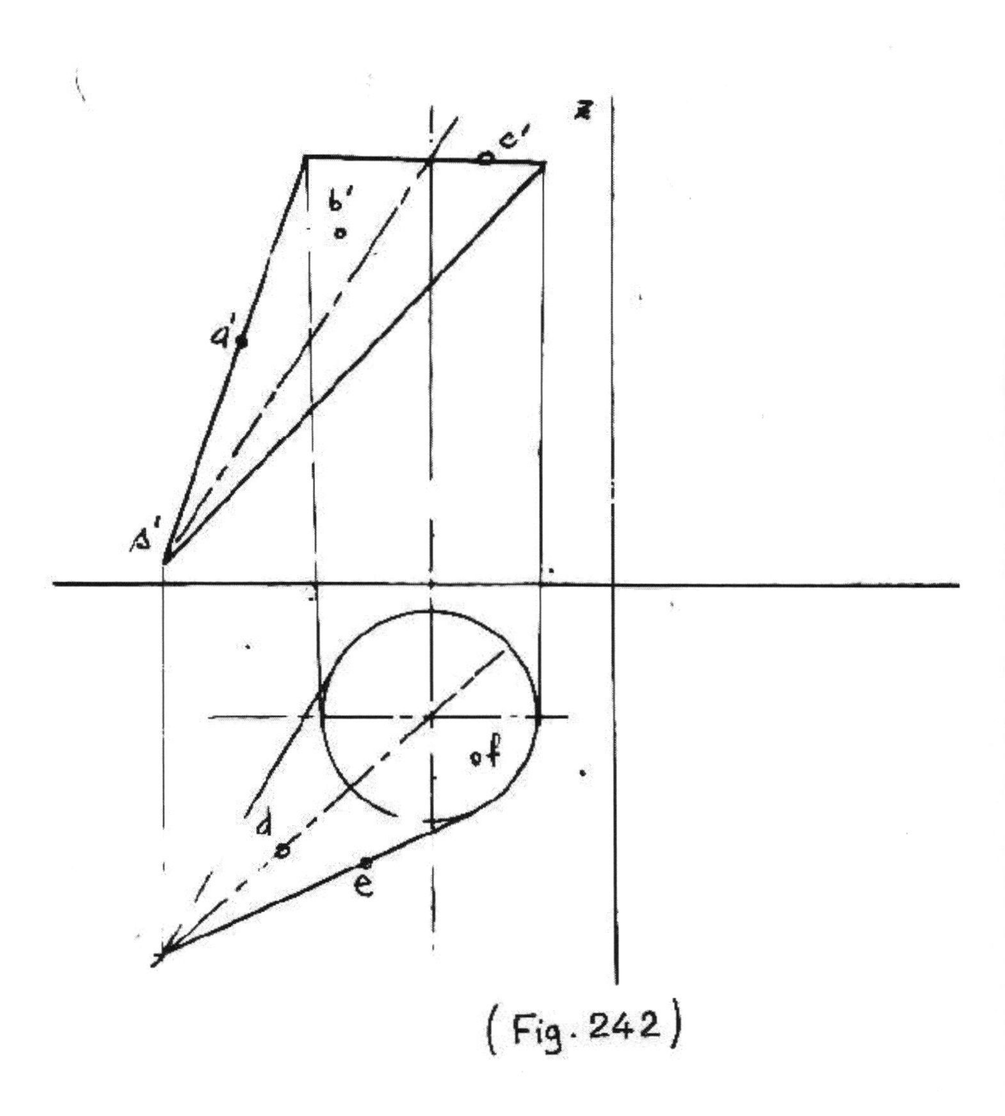

(Fig. 242)

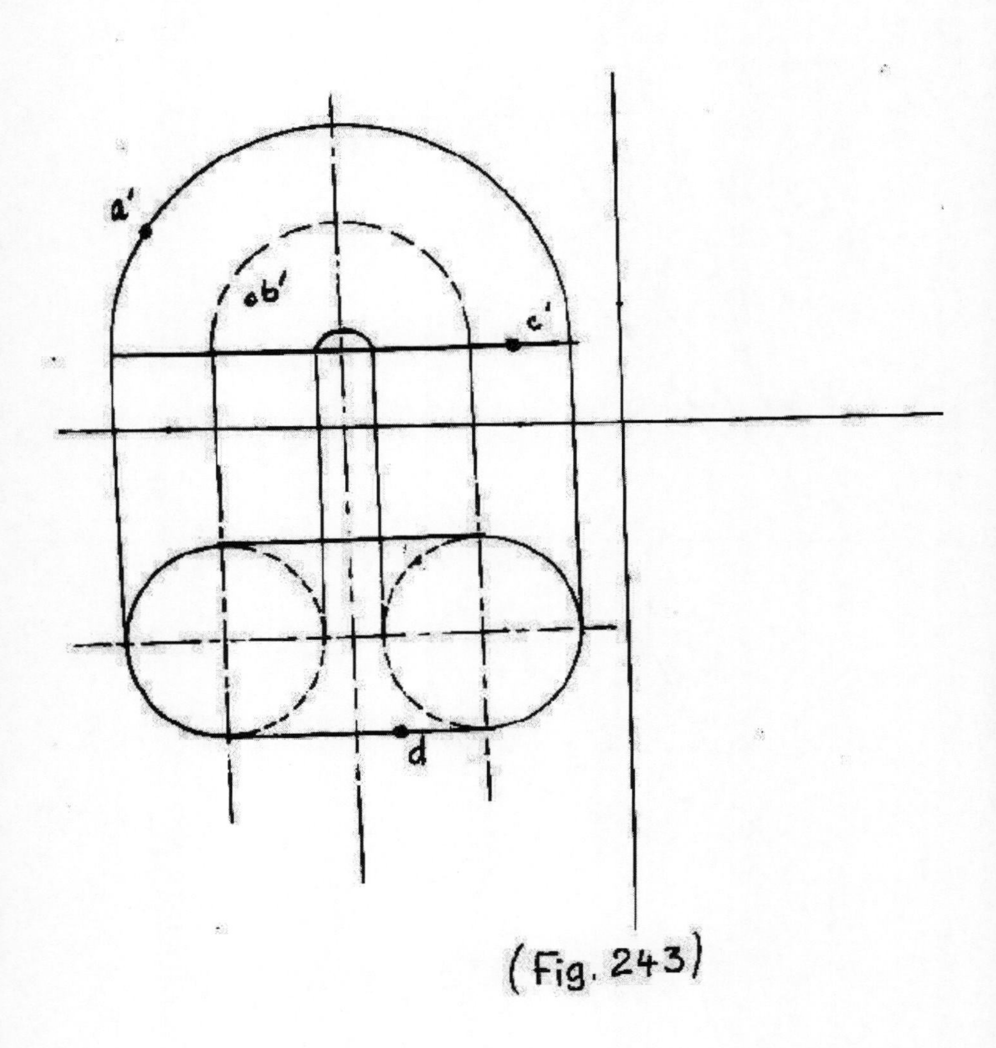

(Fig. 243)

14.2. Intersection d'une droite avec un solide de révolution.

Déterminer sur les Figures: 244, 245 et 246 les points d'intersection de la droite avec le solide de révolution.

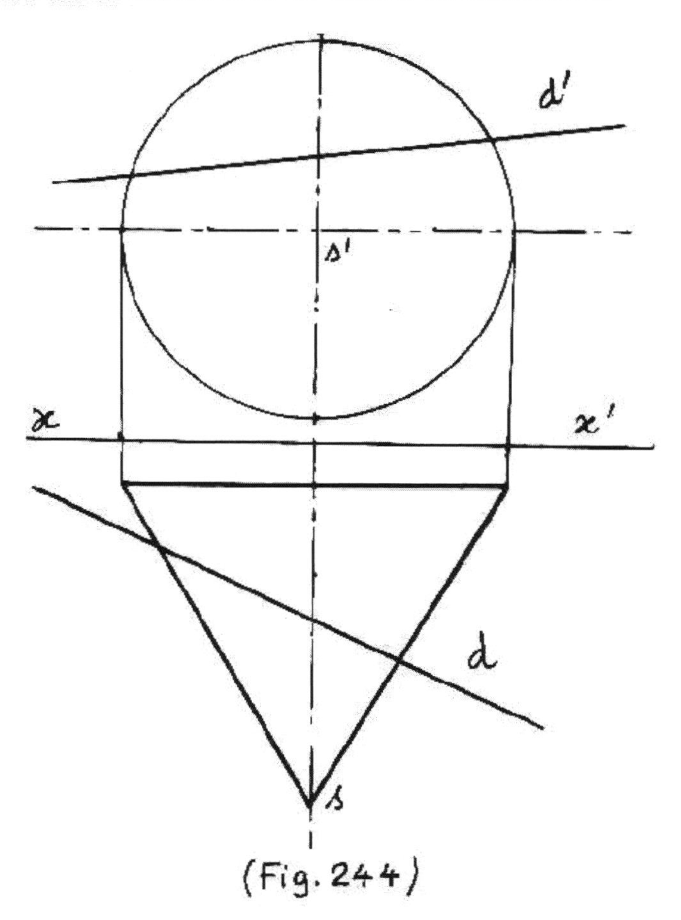

(Fig. 244)

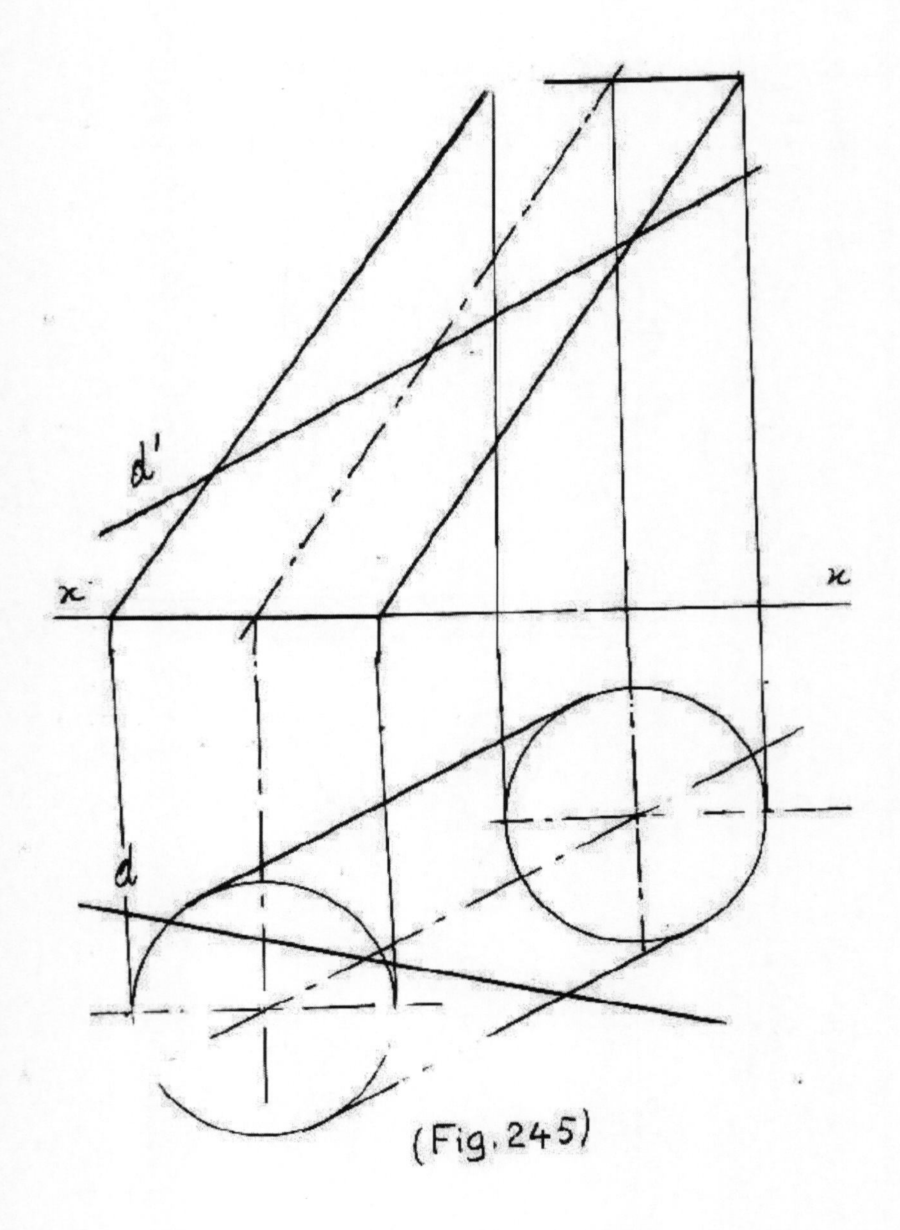

(Fig. 245)

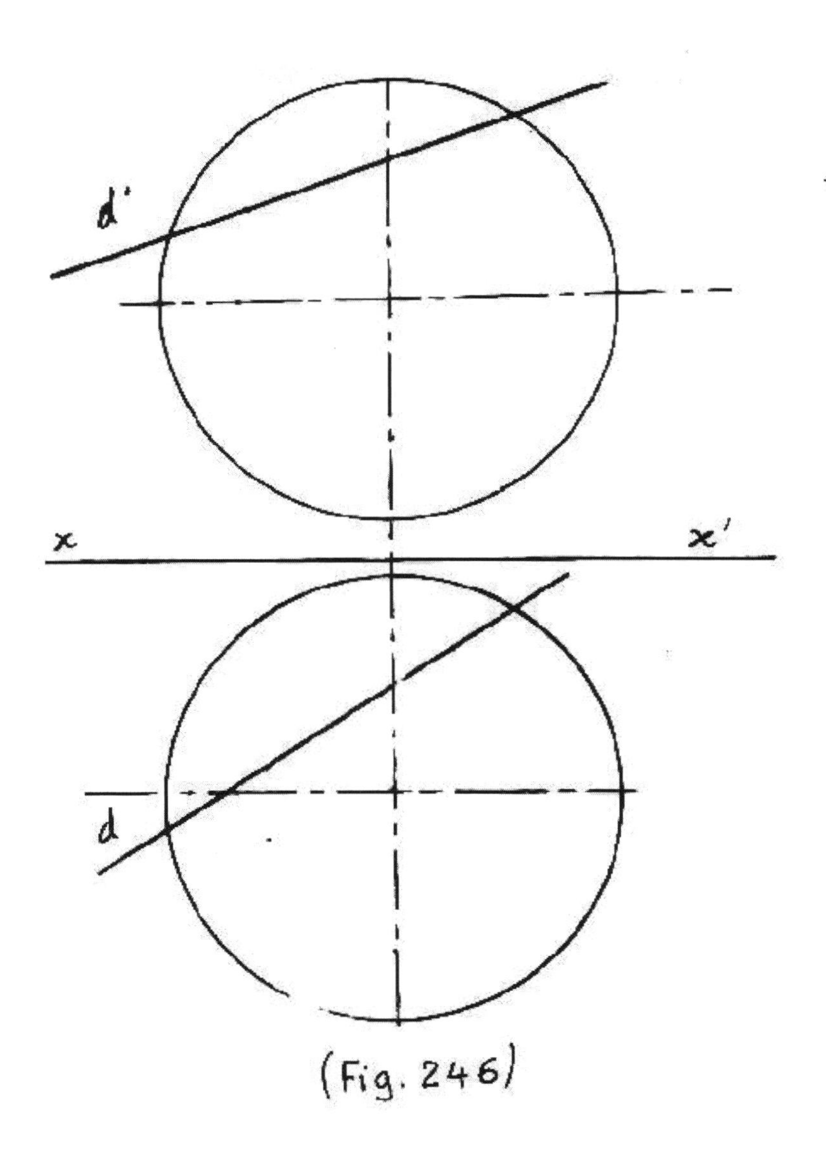

(Fig. 246)

14.3. Section plane des solides de révolution.

Construire l'intersection des solides de révolution avec le plan sur les Figures: 247, 248, 249, 250, 251, 252, 253, 254, 255, 256, 257 et 258.

Sur les Figures 250 et 253, déterminer la vraie grandeur de la section plane.

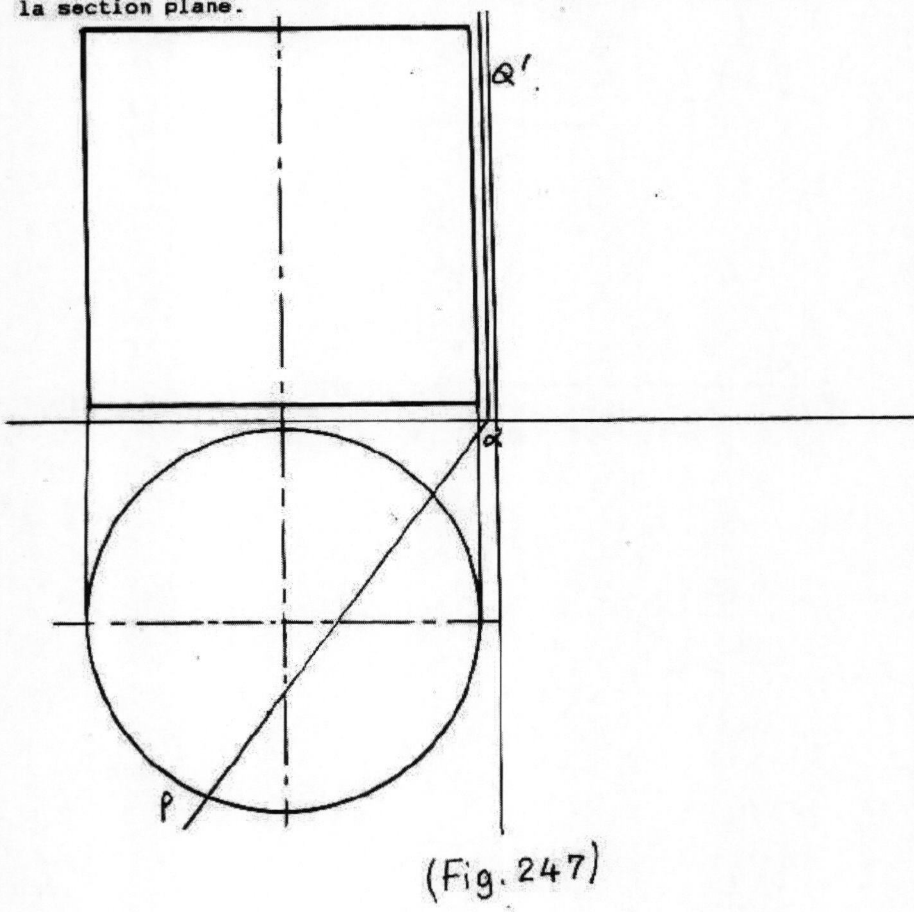

(Fig. 247)

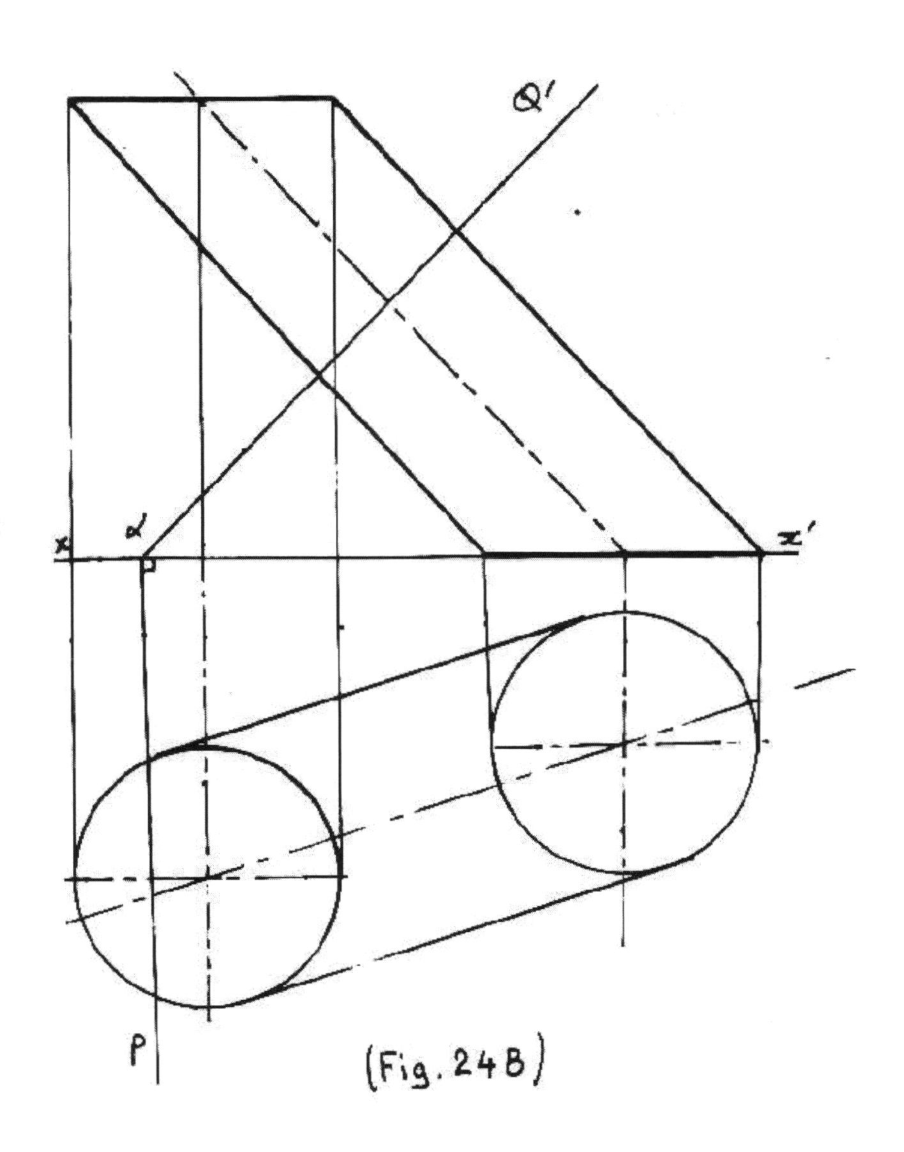

(Fig. 24B)

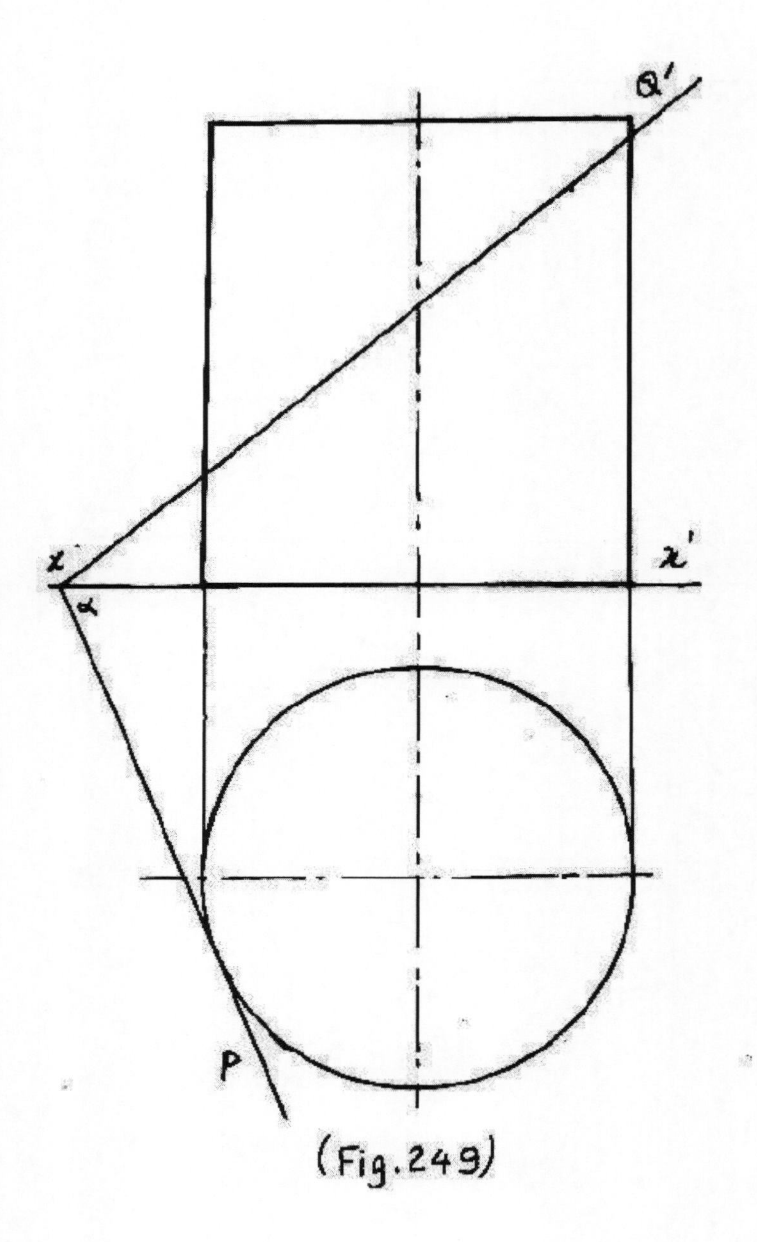

(Fig.249)

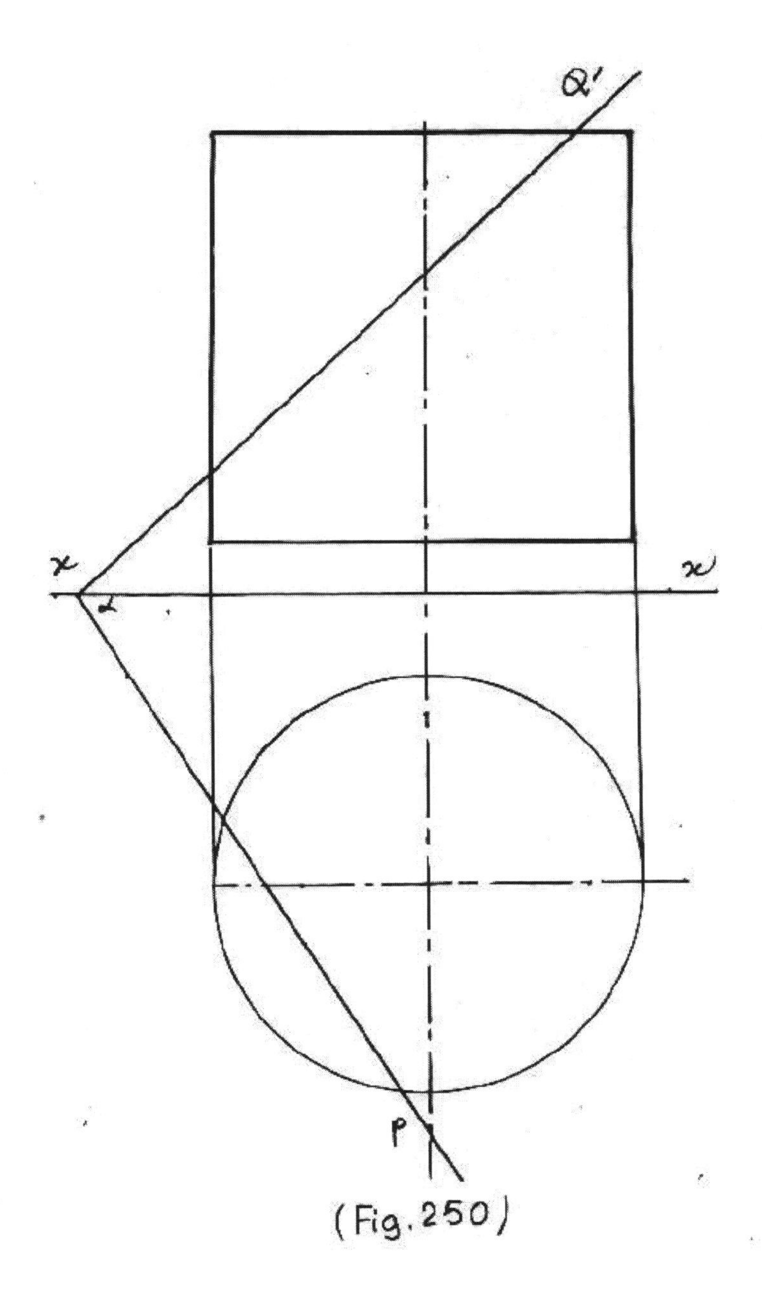

(Fig. 250)

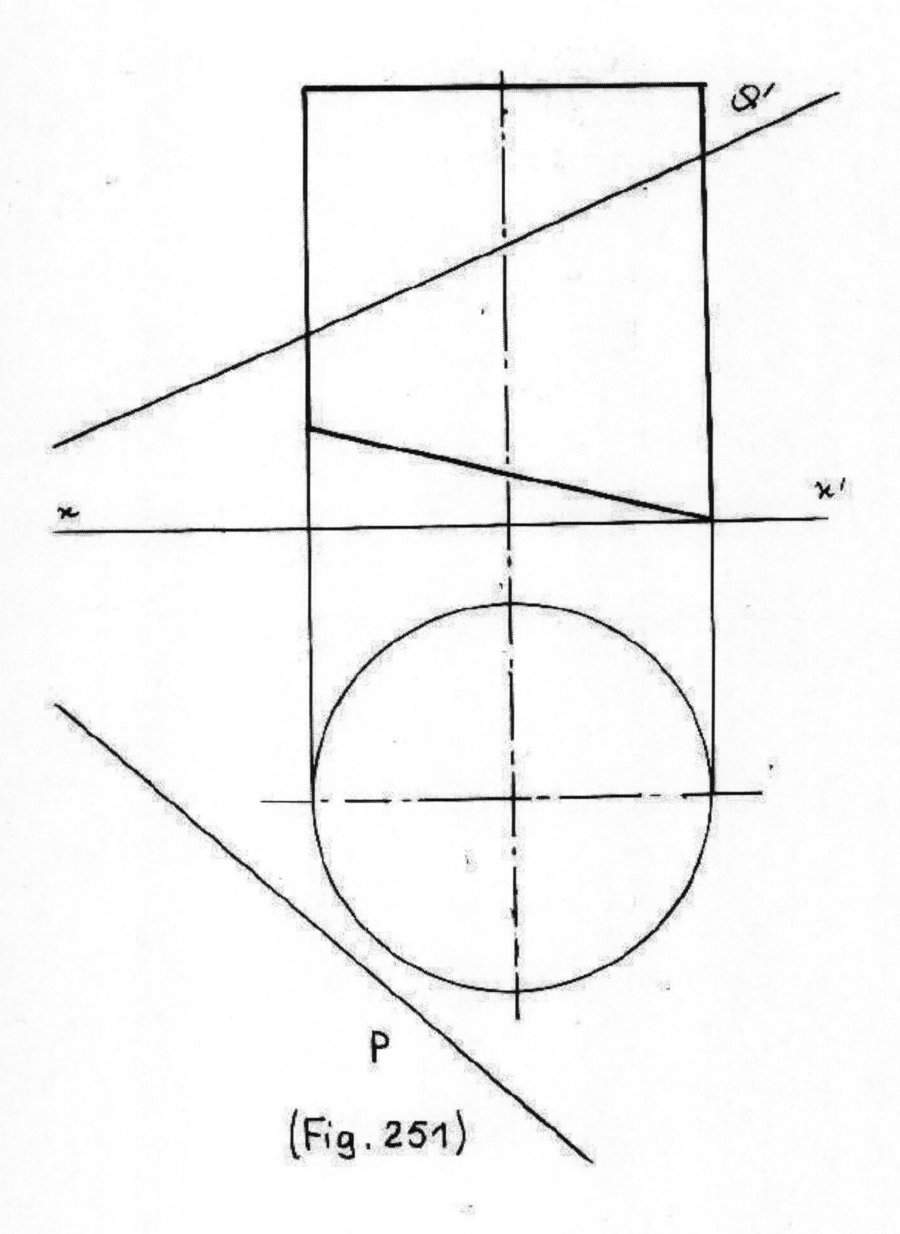

(Fig. 251)

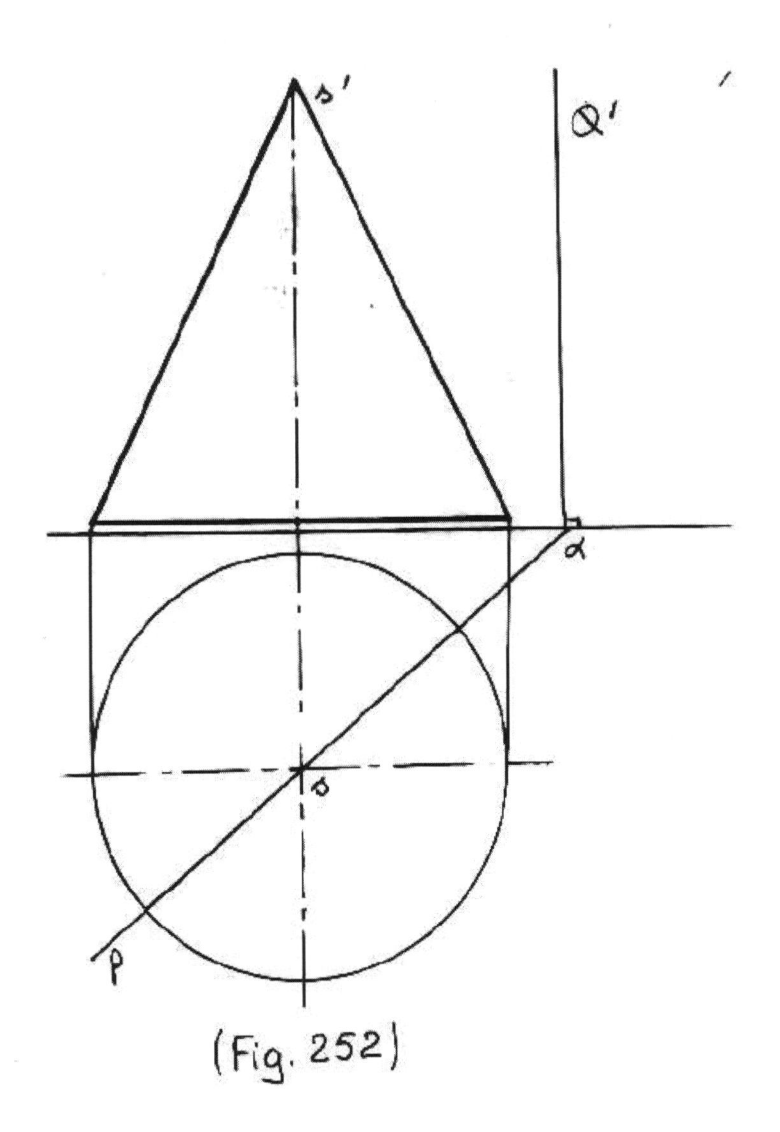

(Fig. 252)

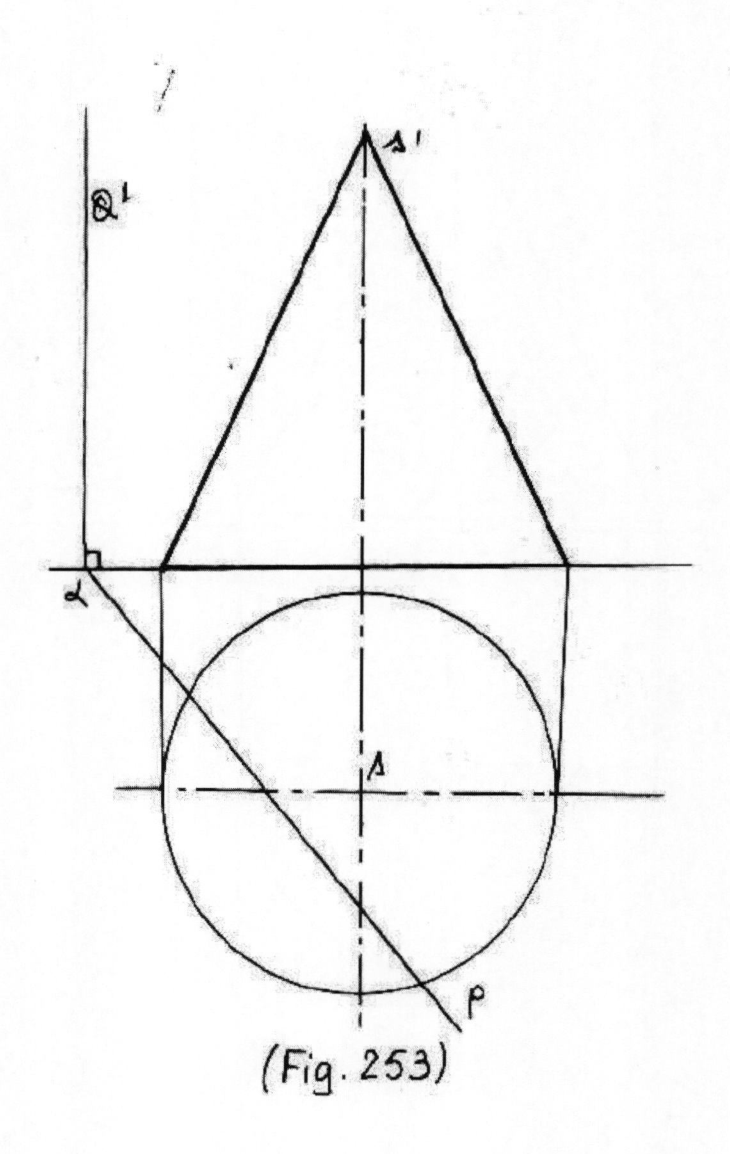

(Fig. 253)

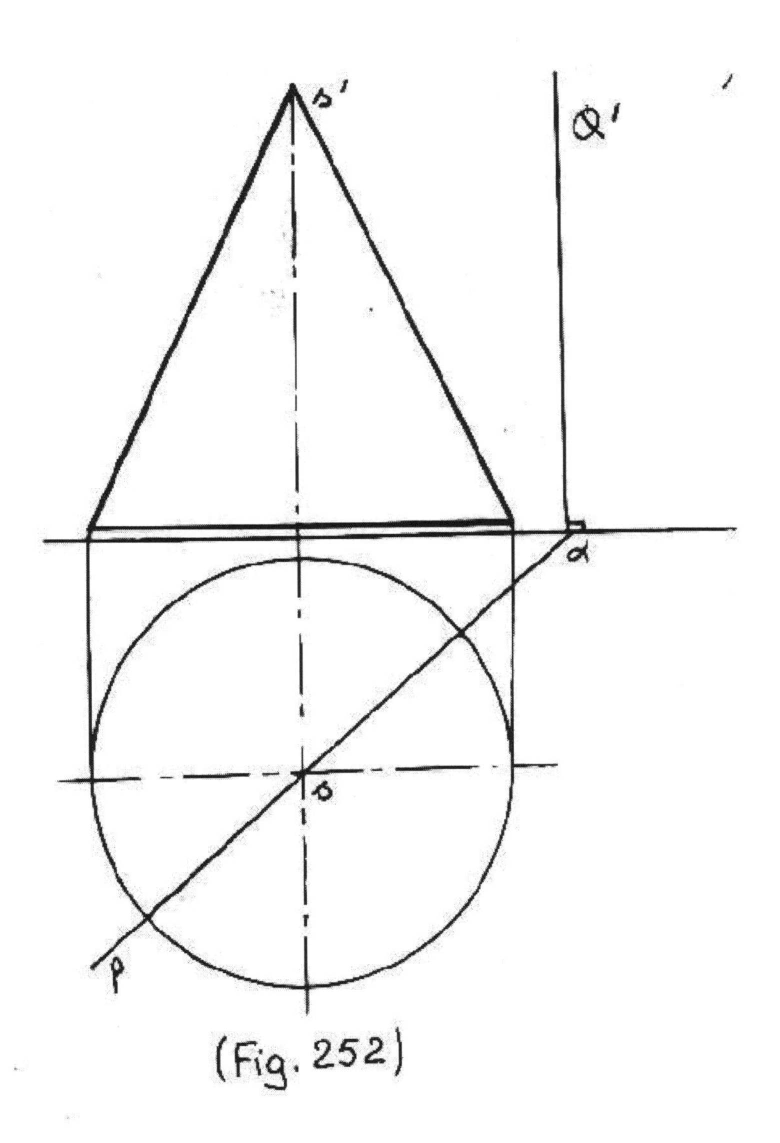

(Fig. 252)

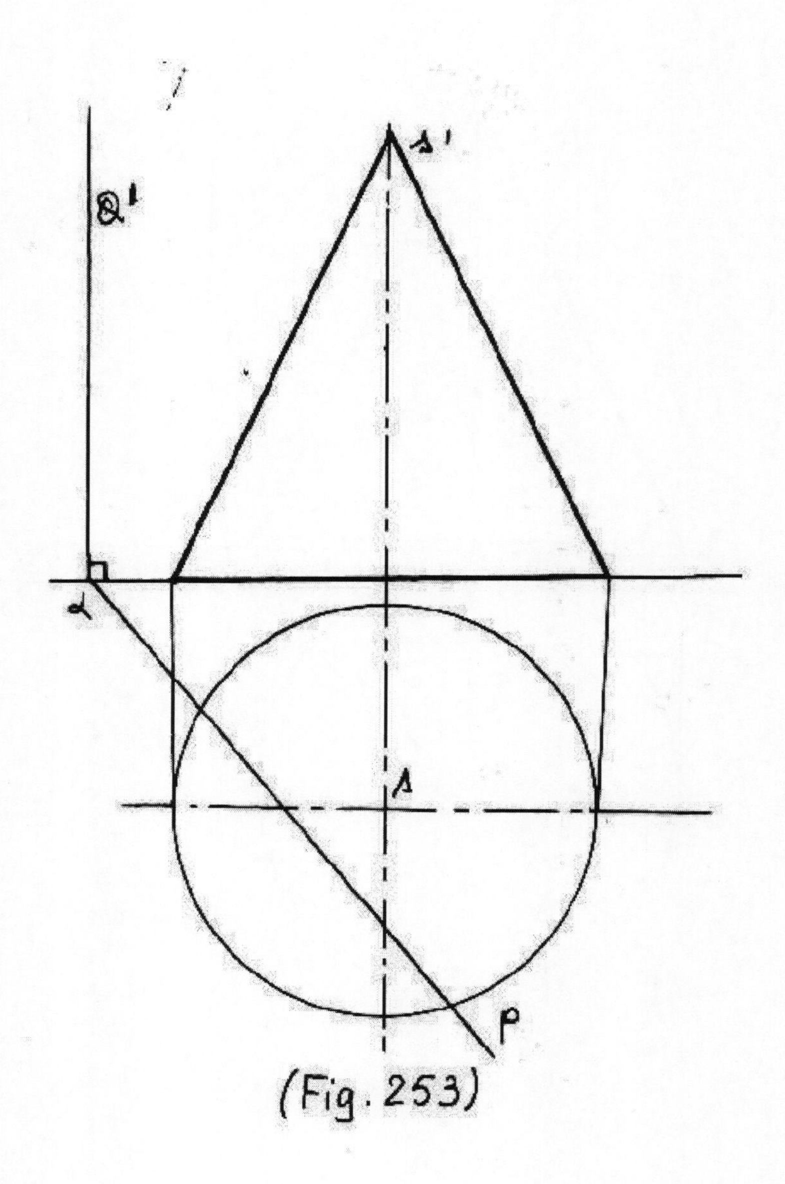

(Fig. 253)

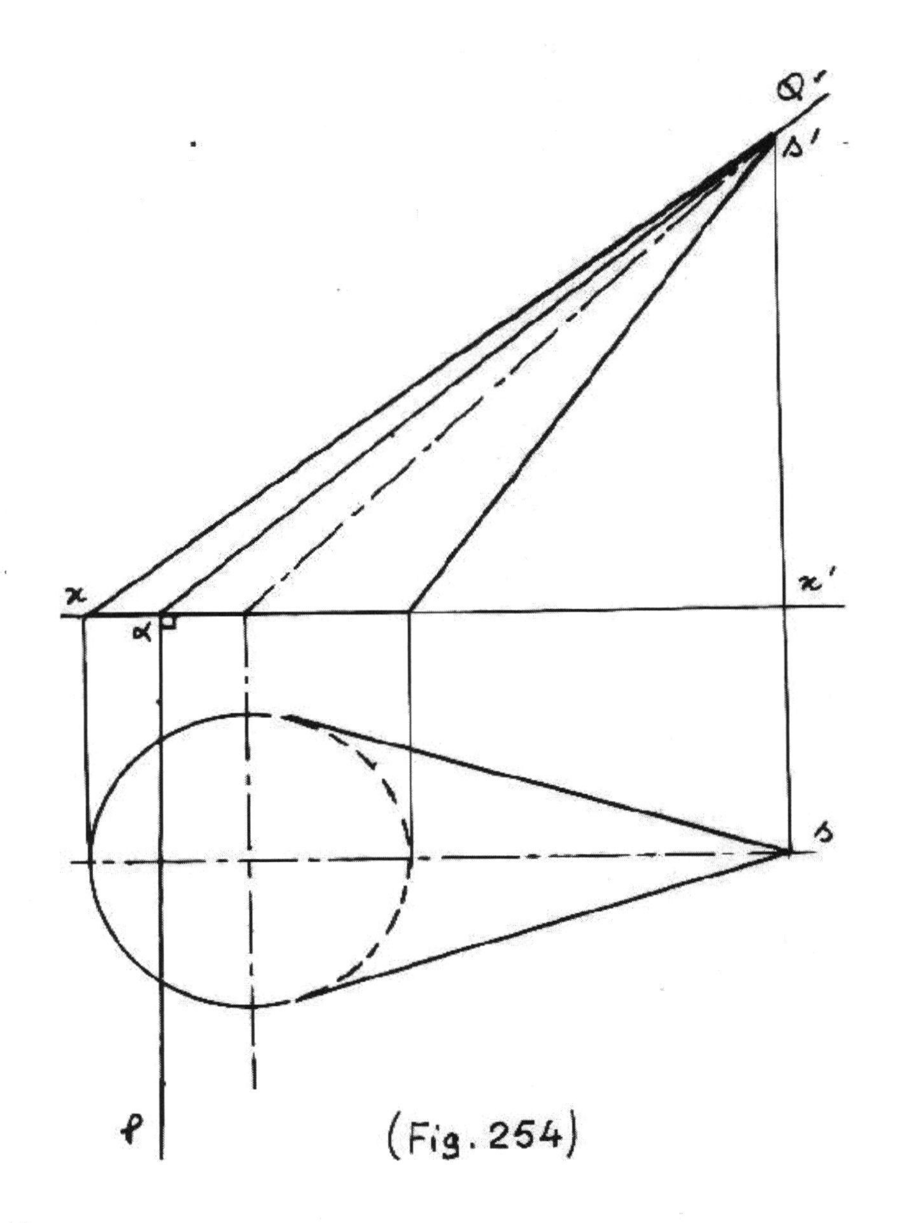

(Fig. 254)

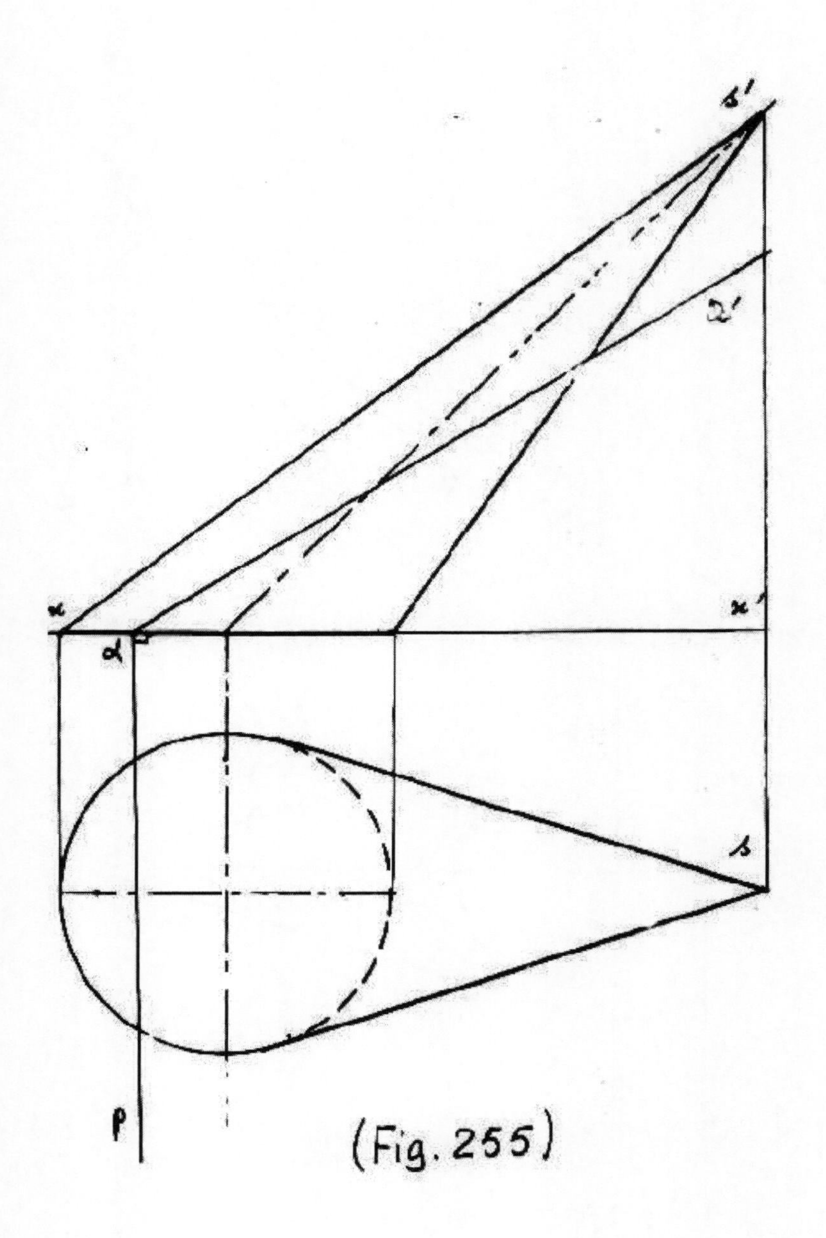

(Fig. 255)

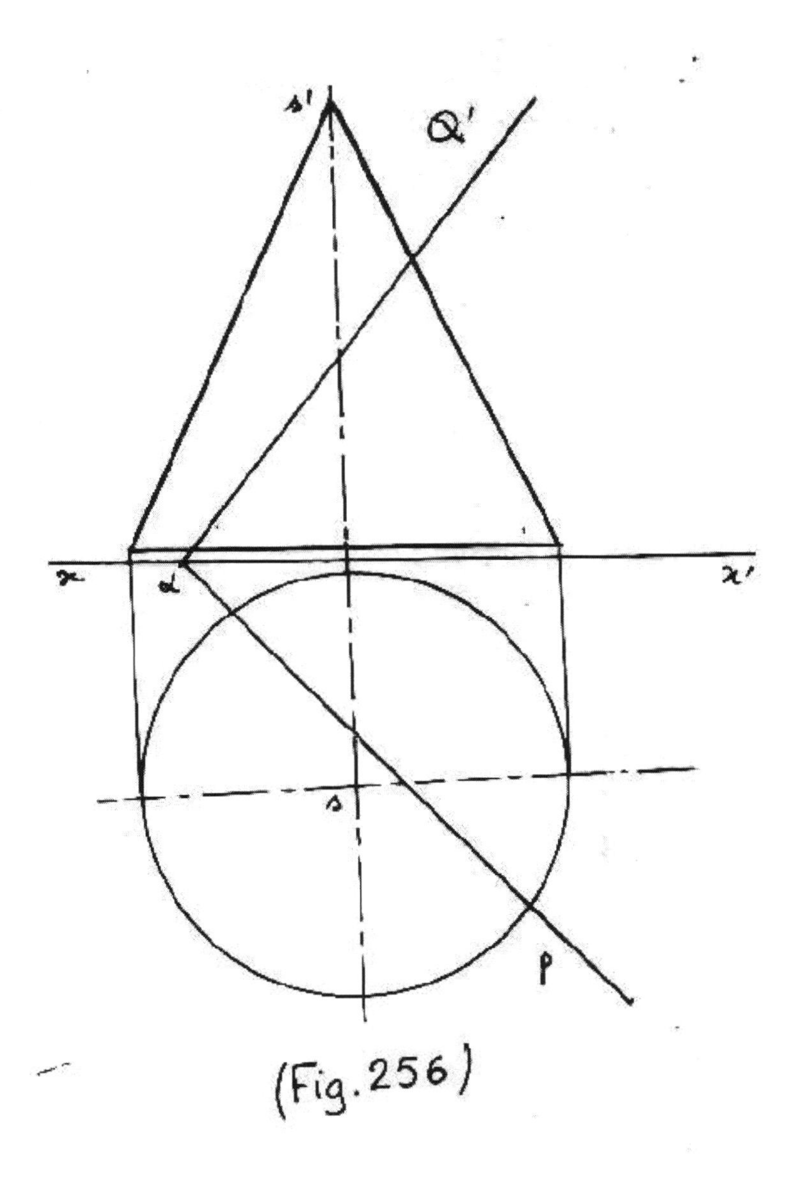

(Fig.256)

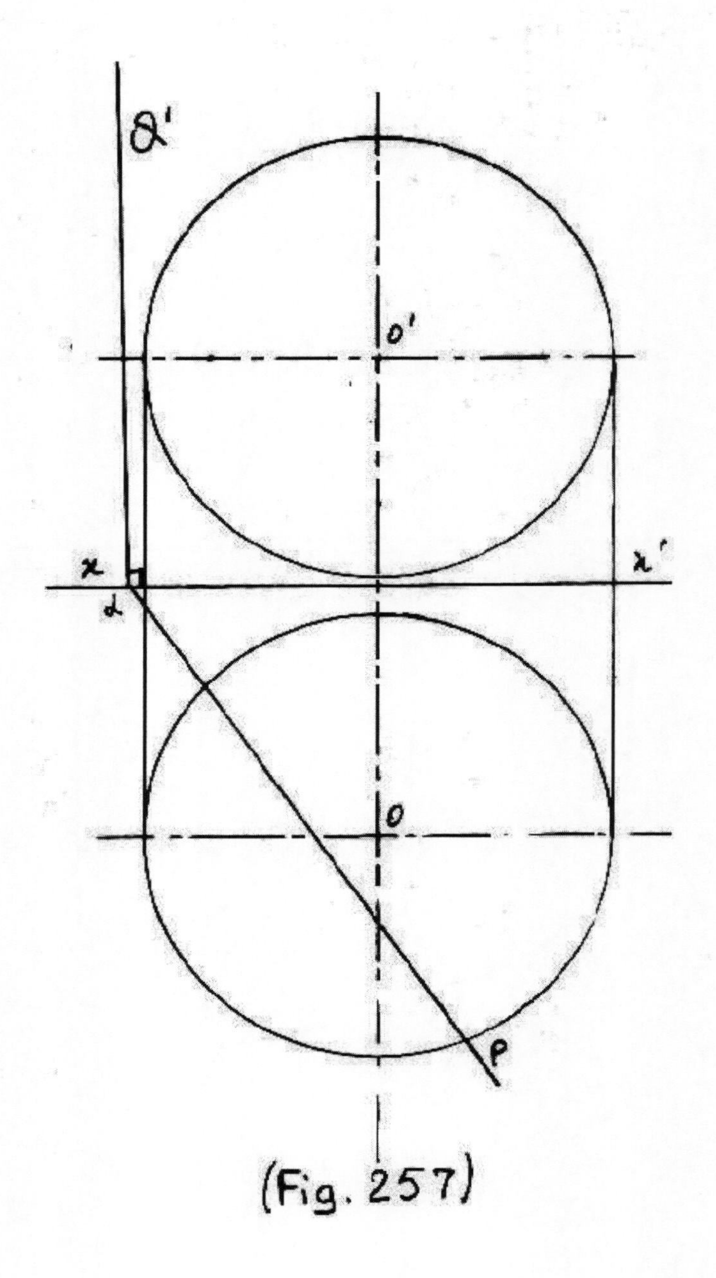

(Fig. 257)

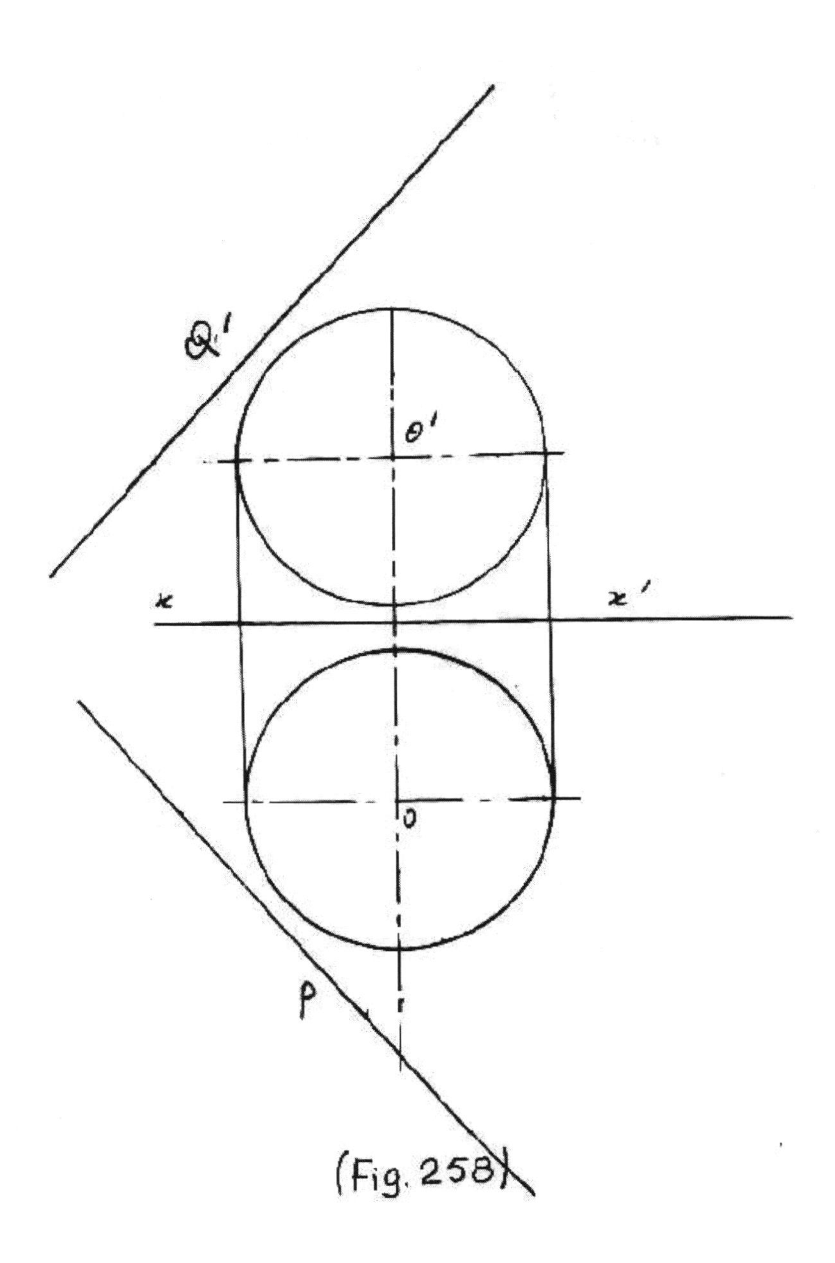

(Fig. 258)

15-SECTION PAR PLUSIEURS PLANS DES SOLIDES USUELS.

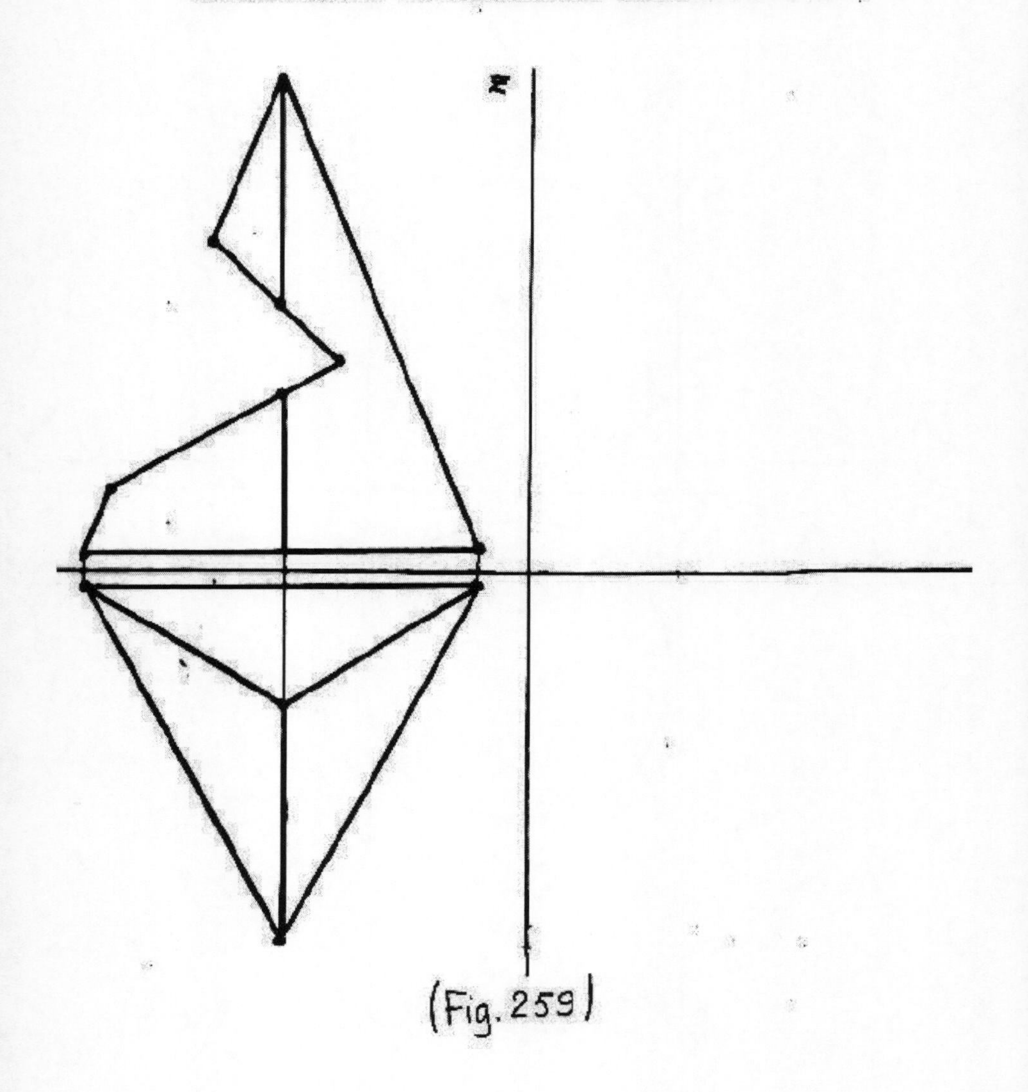

(Fig. 259)

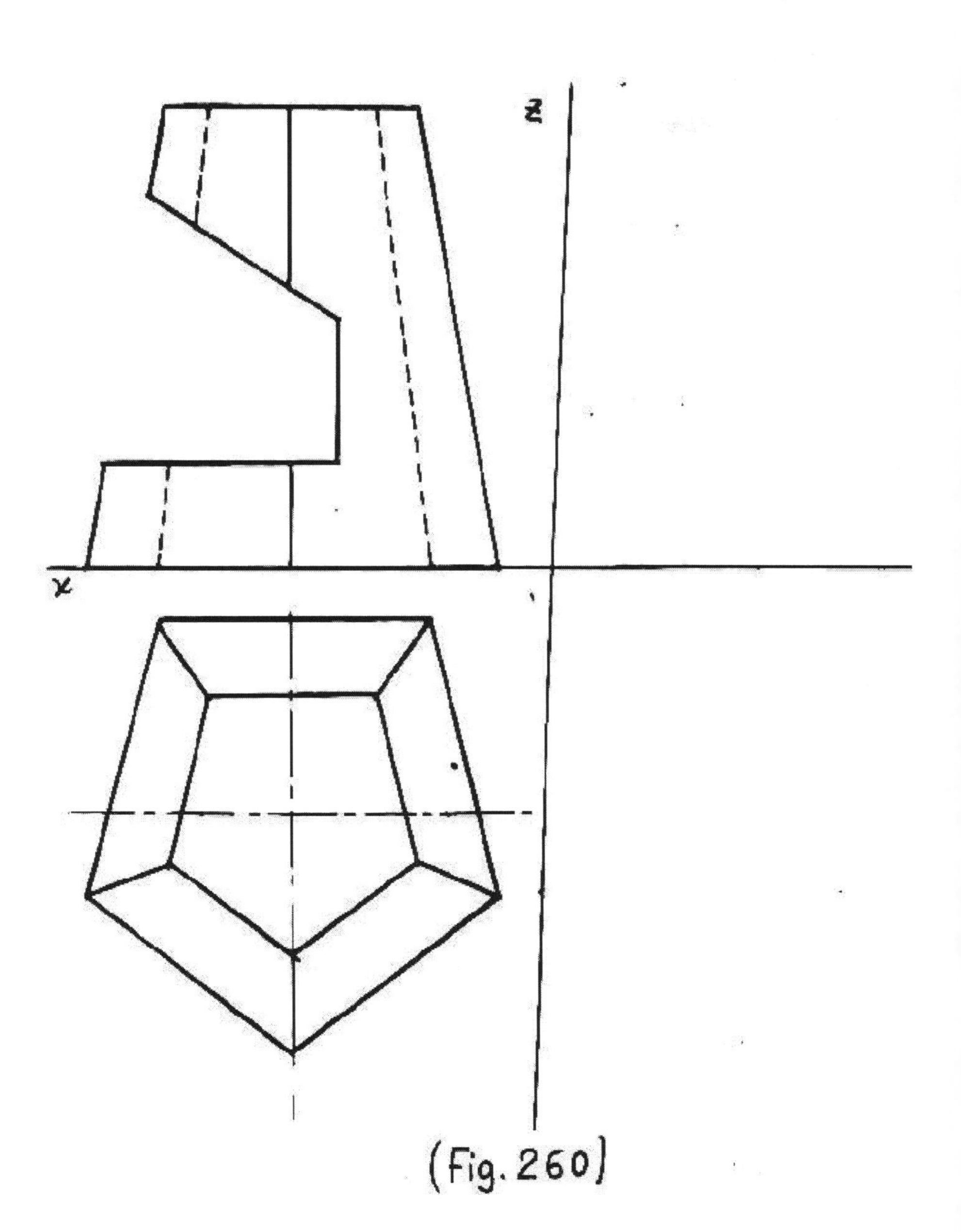

(Fig. 260)

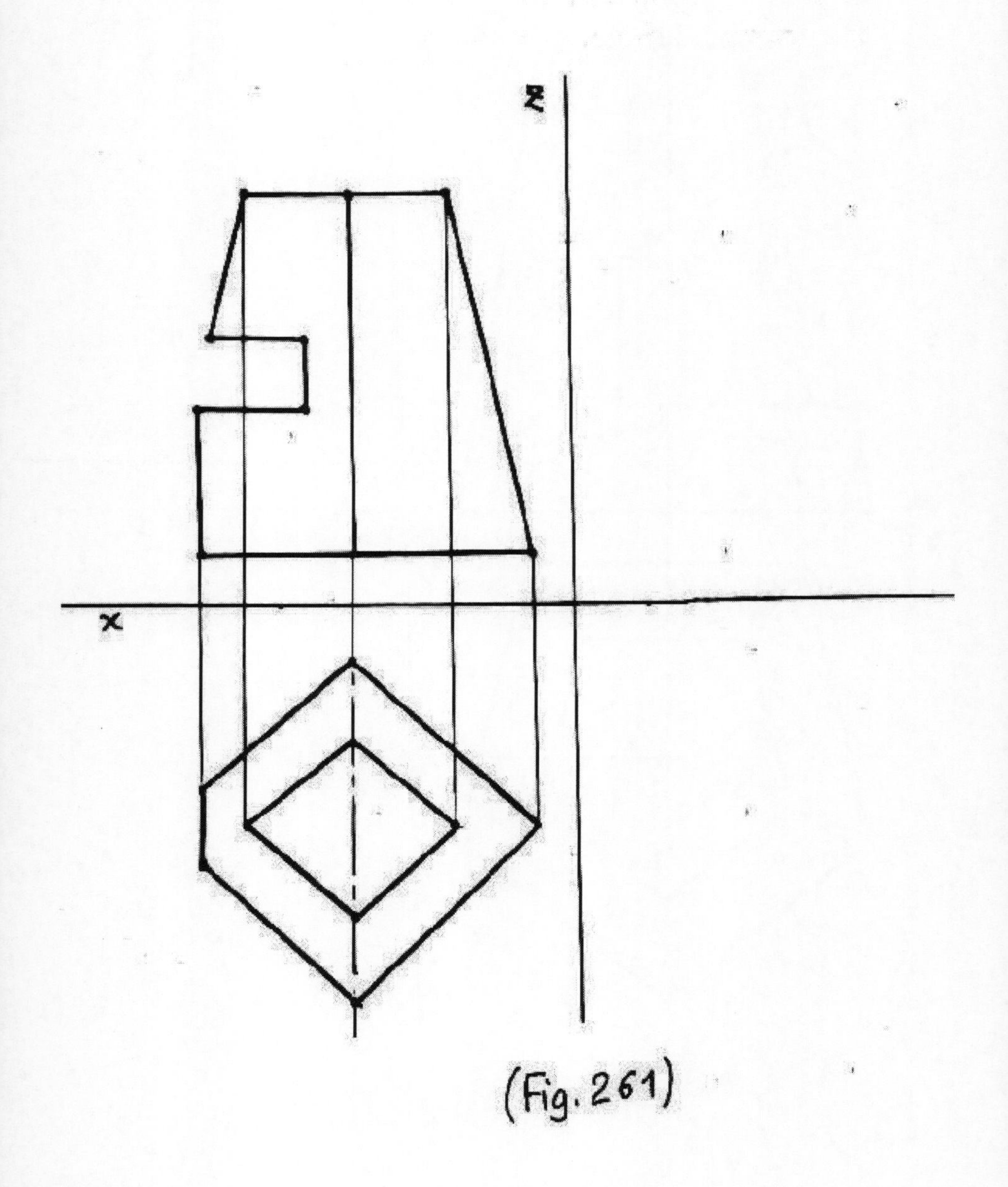

(Fig. 261)

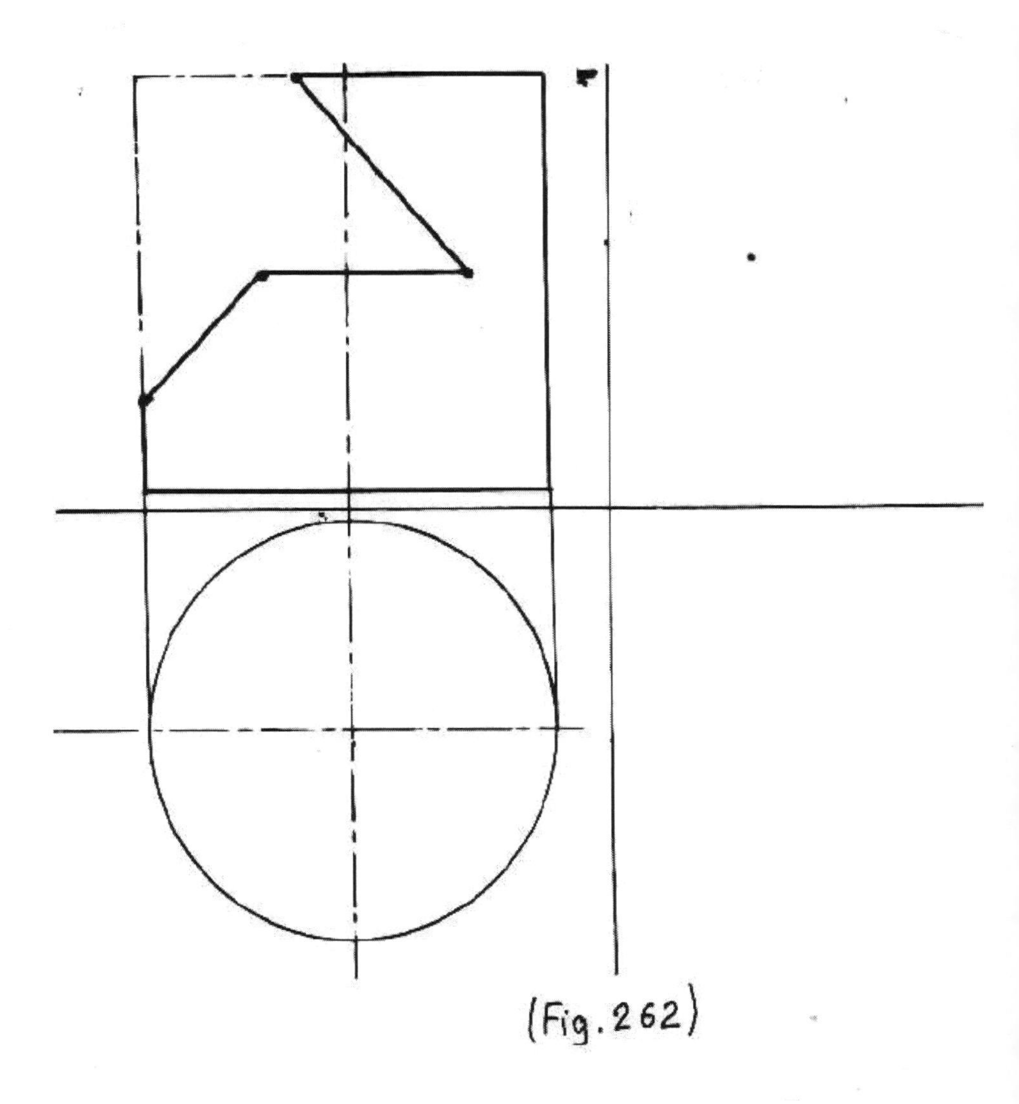

(Fig. 262)

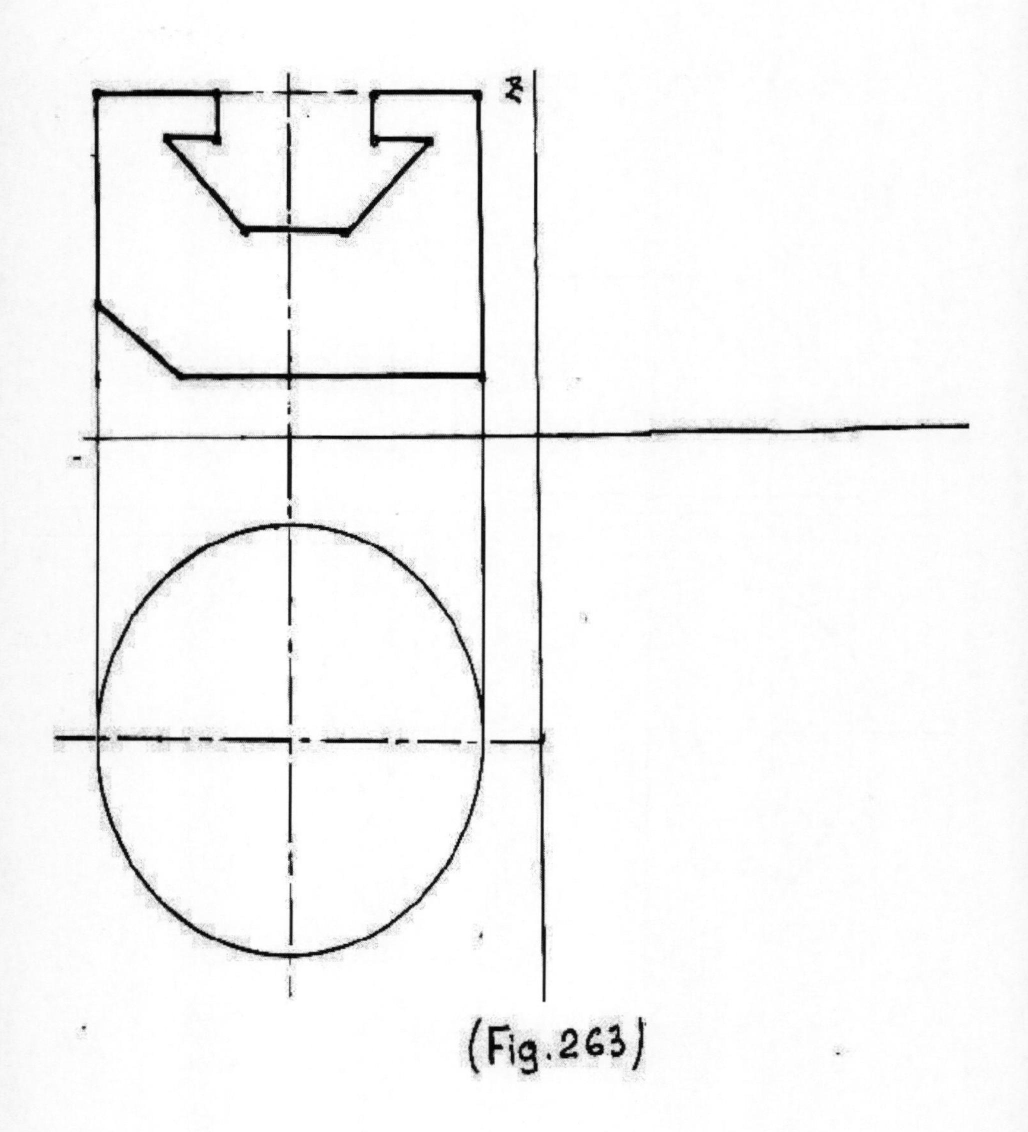

(Fig.263)

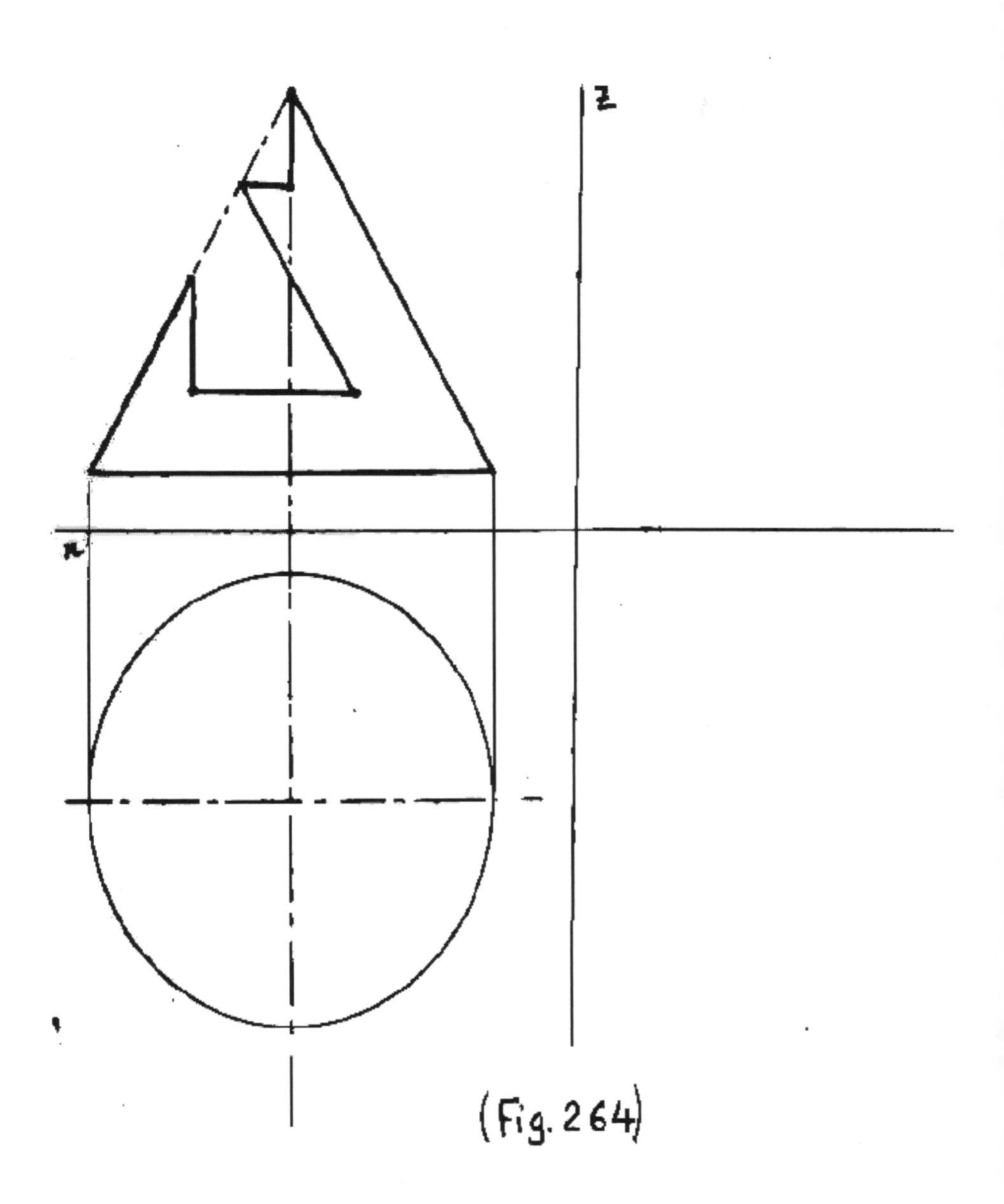

(Fig. 264)

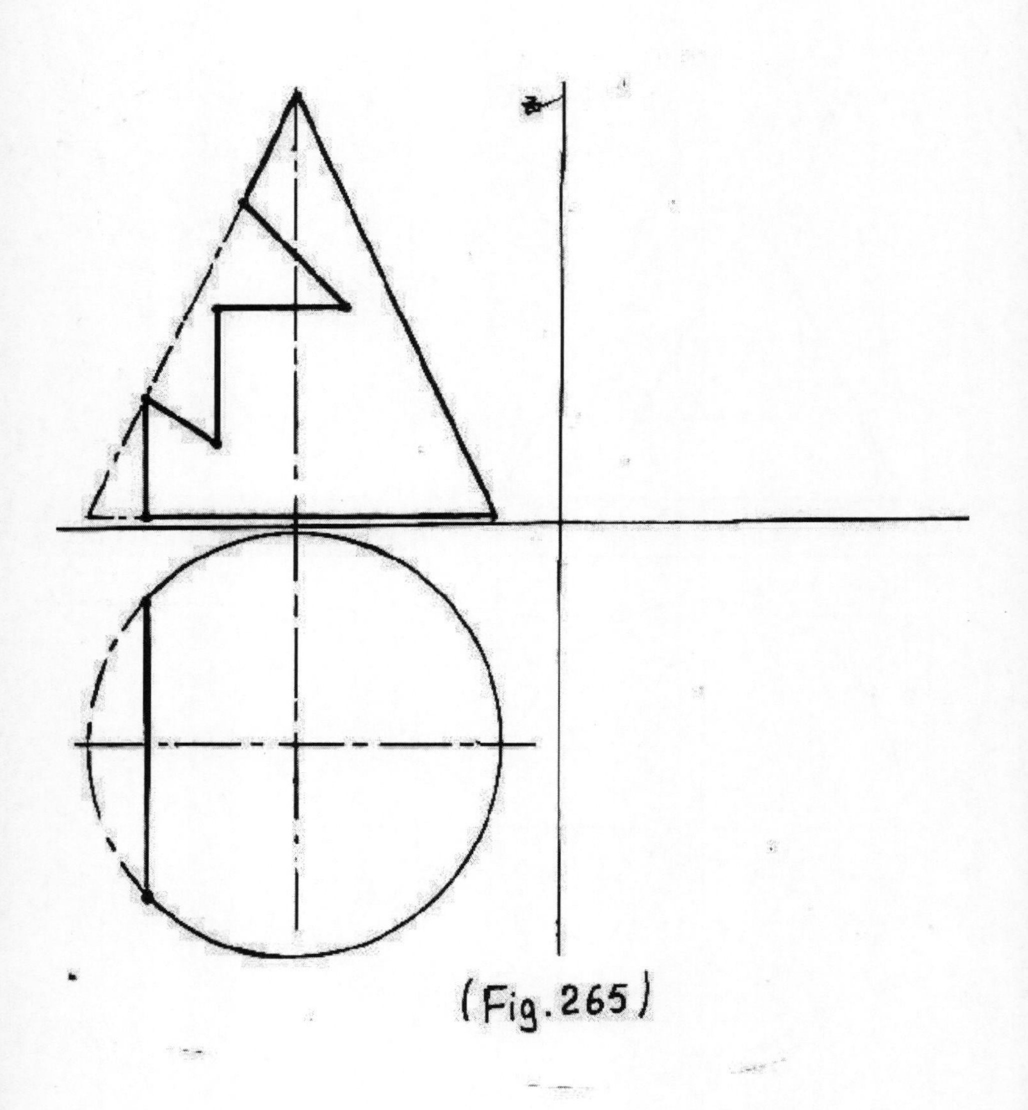

(Fig. 265)

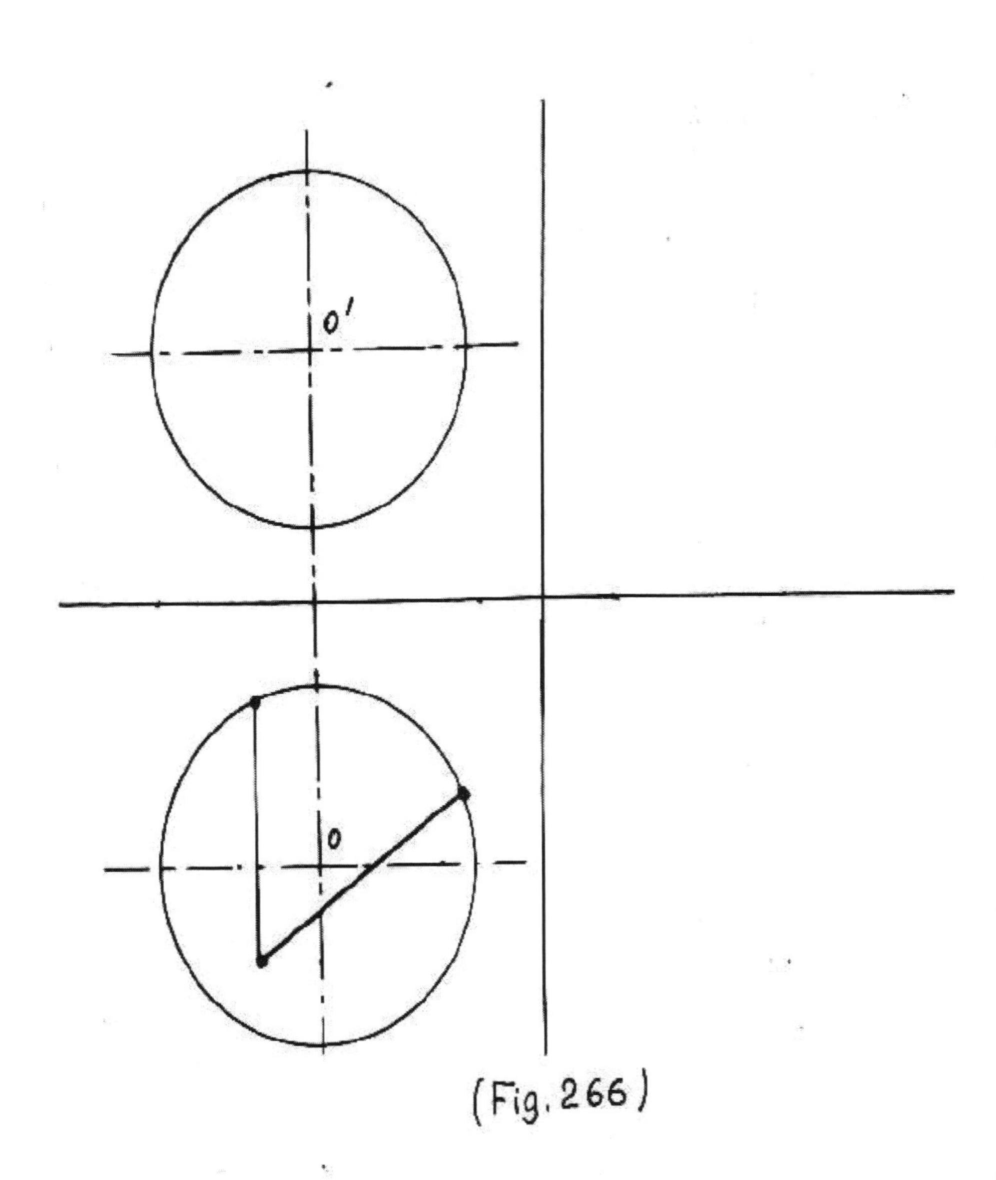

(Fig.266)

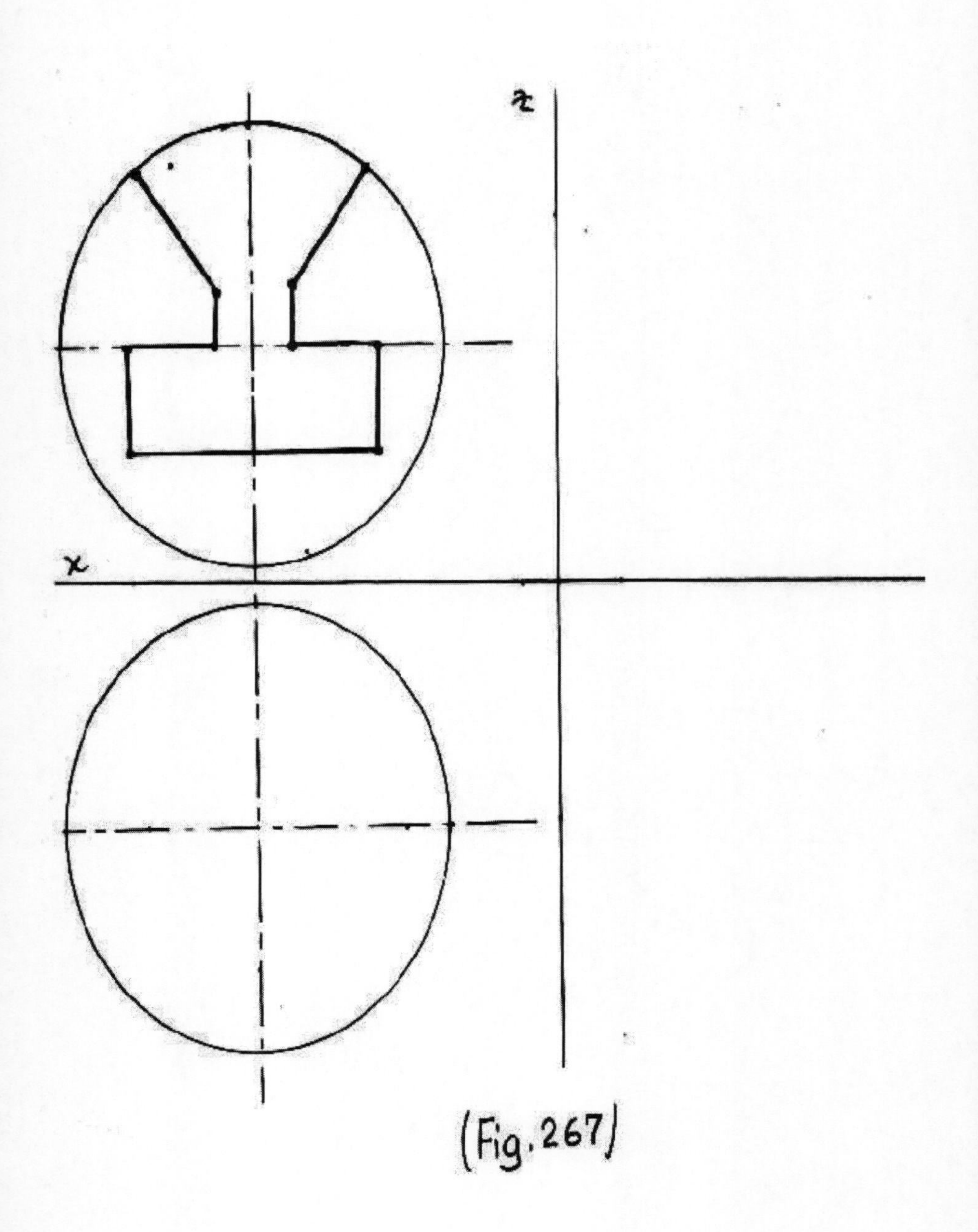

(Fig. 267)

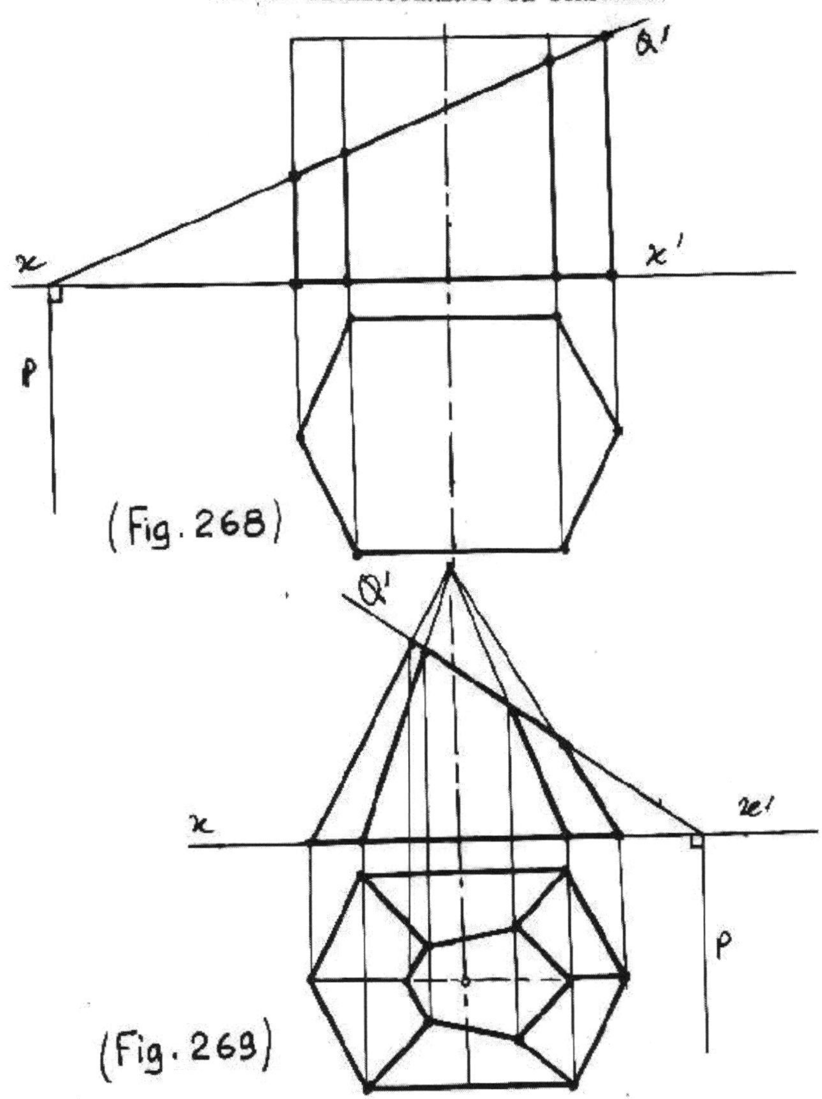

(Fig. 268)

(Fig. 269)

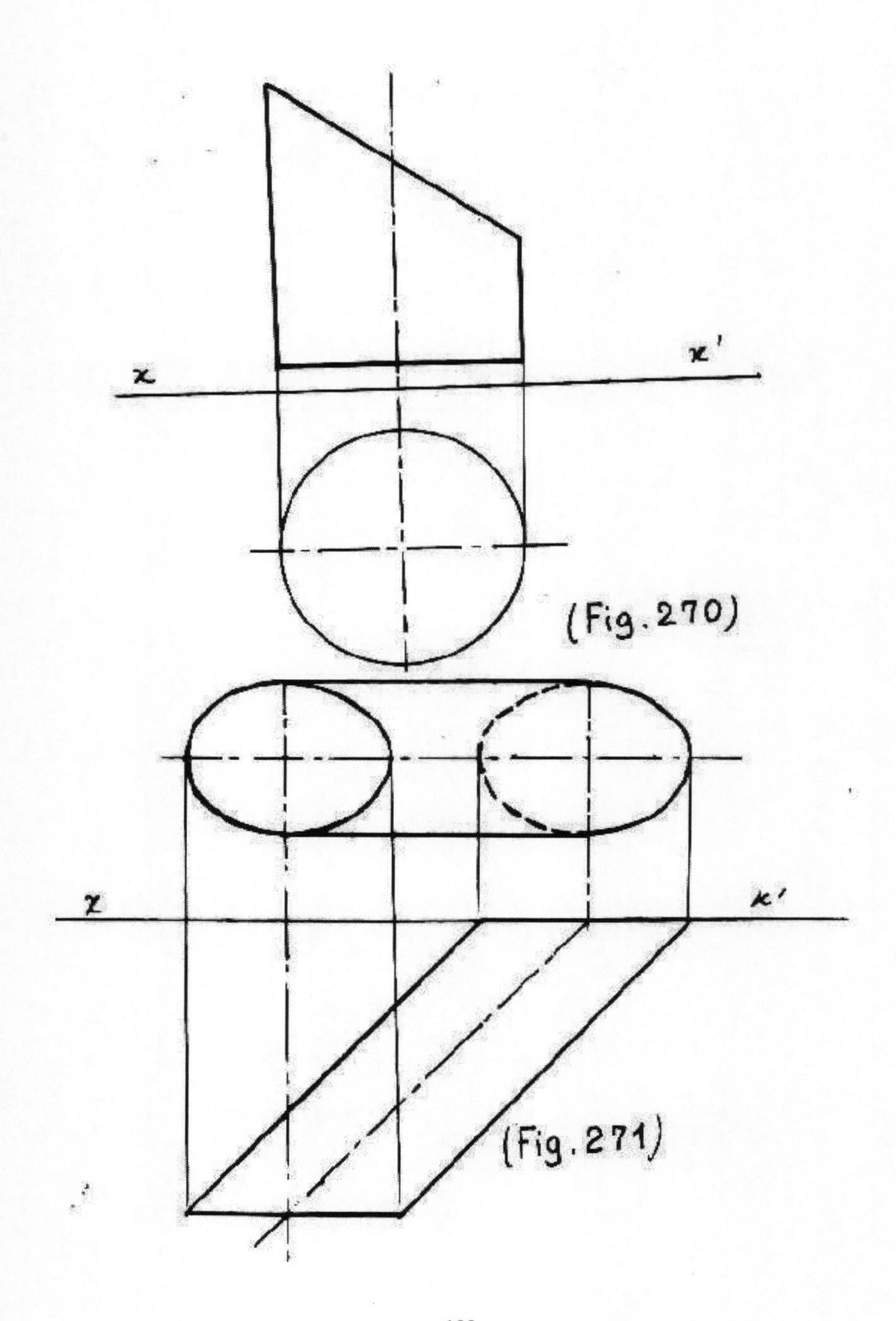
x
x'
(Fig. 270)
x
x'
(Fig. 271)

17-INTERSECTION DE DEUX SURFACES.

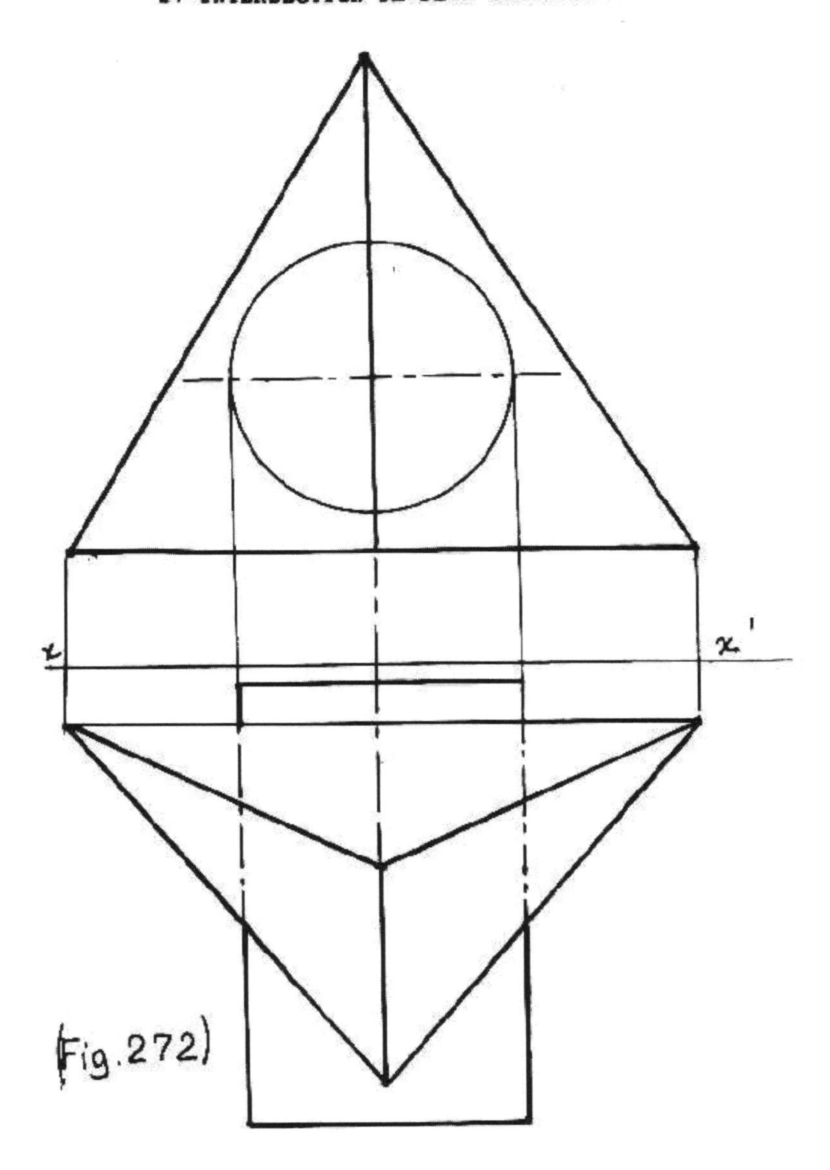

(Fig.272)

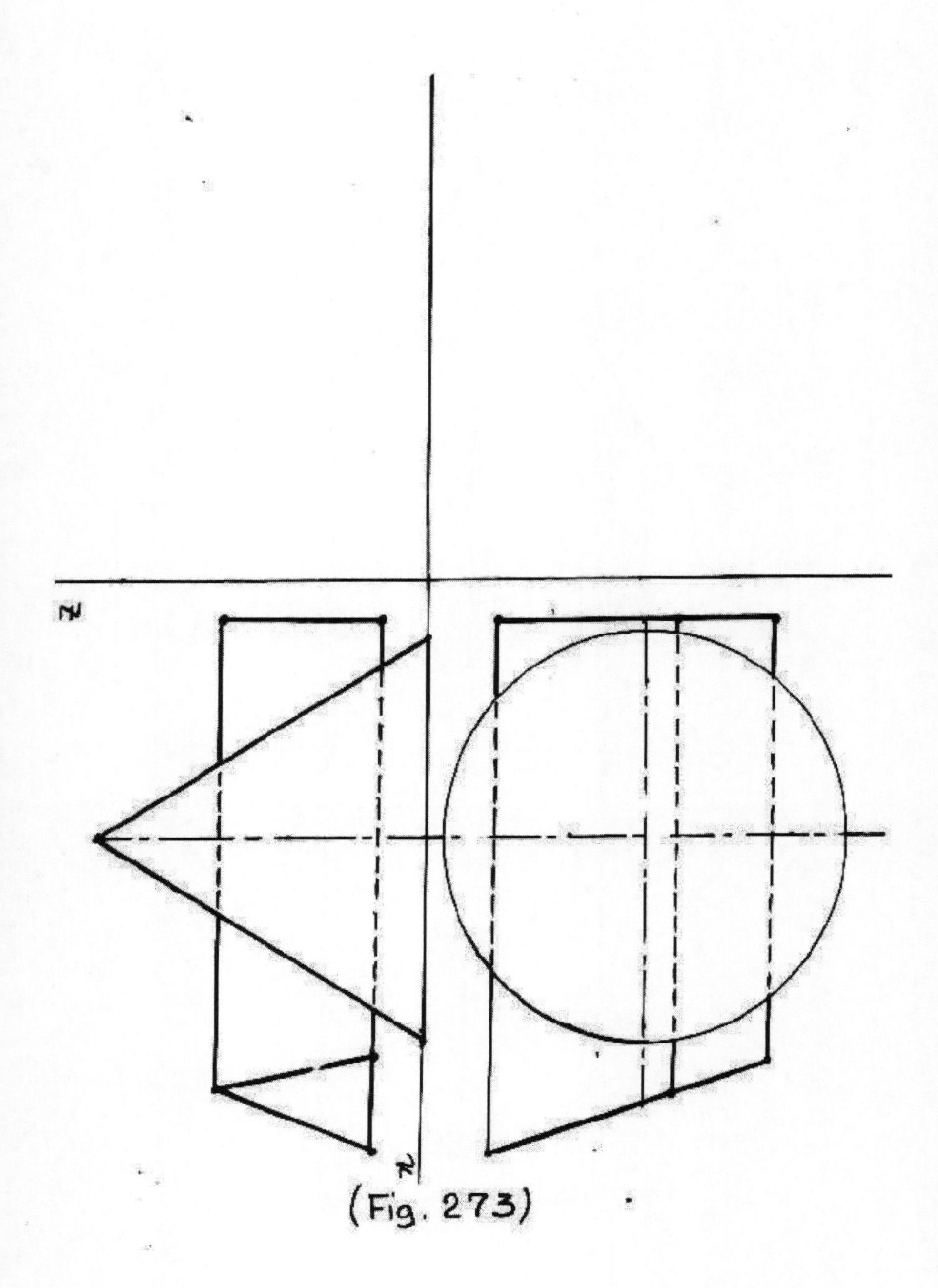

(Fig. 273)

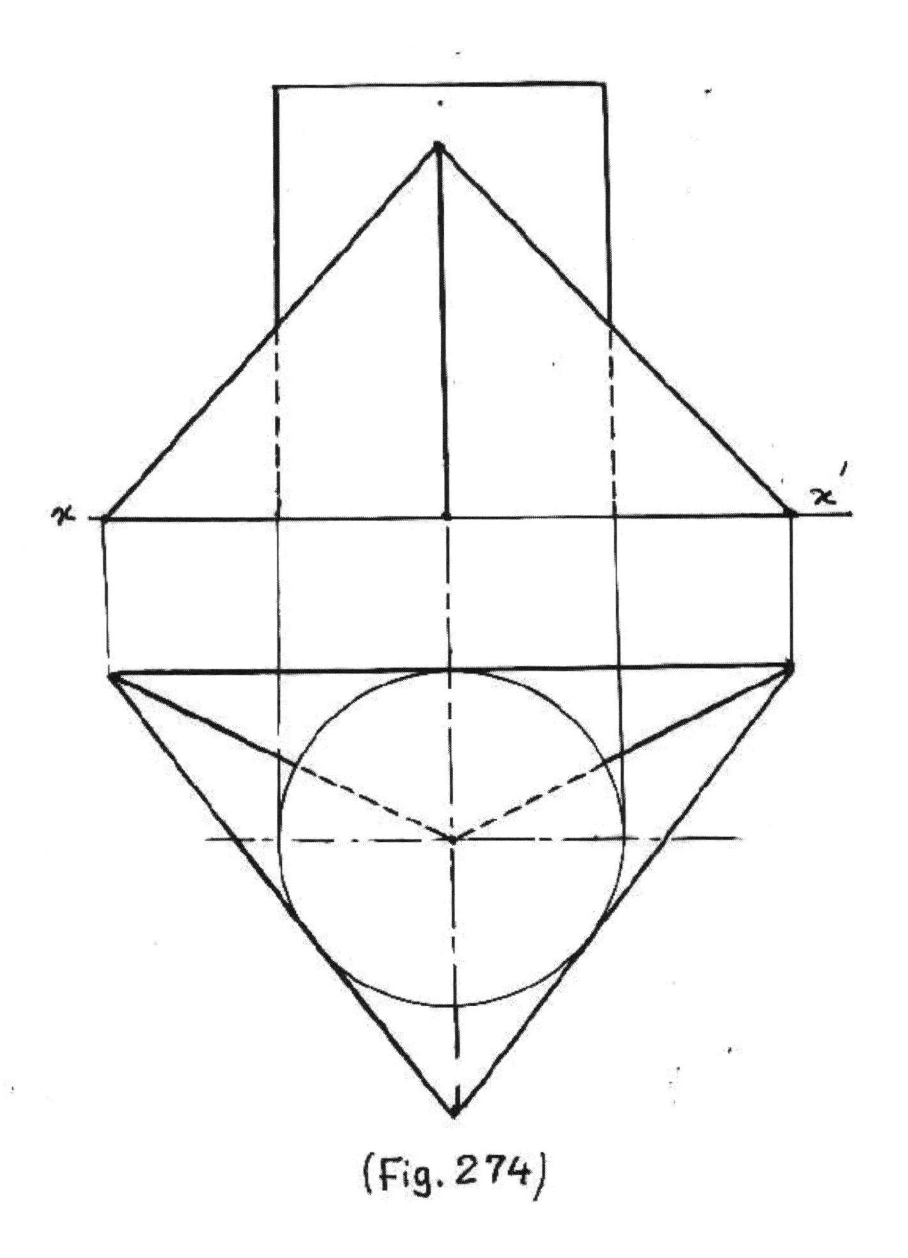

(Fig. 274)

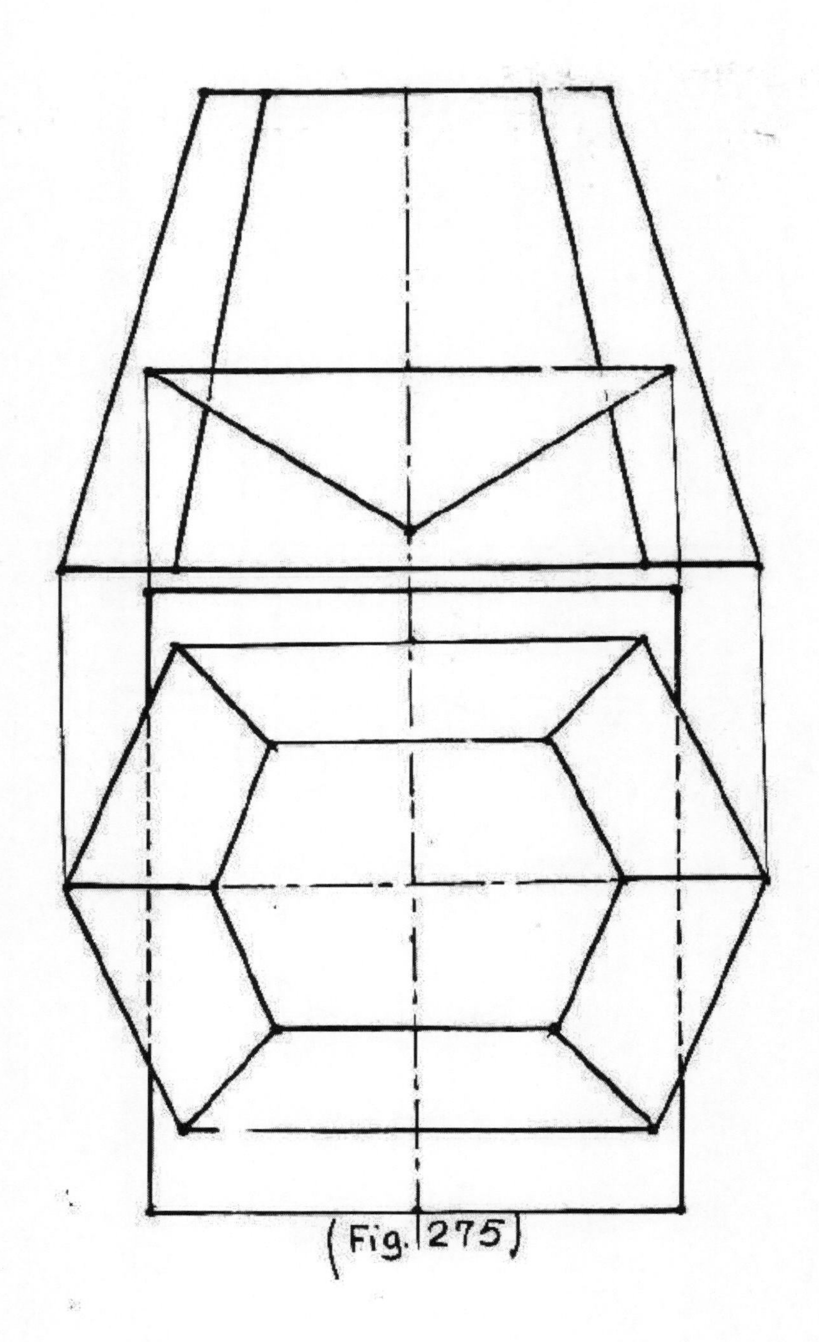

(Fig. 275)

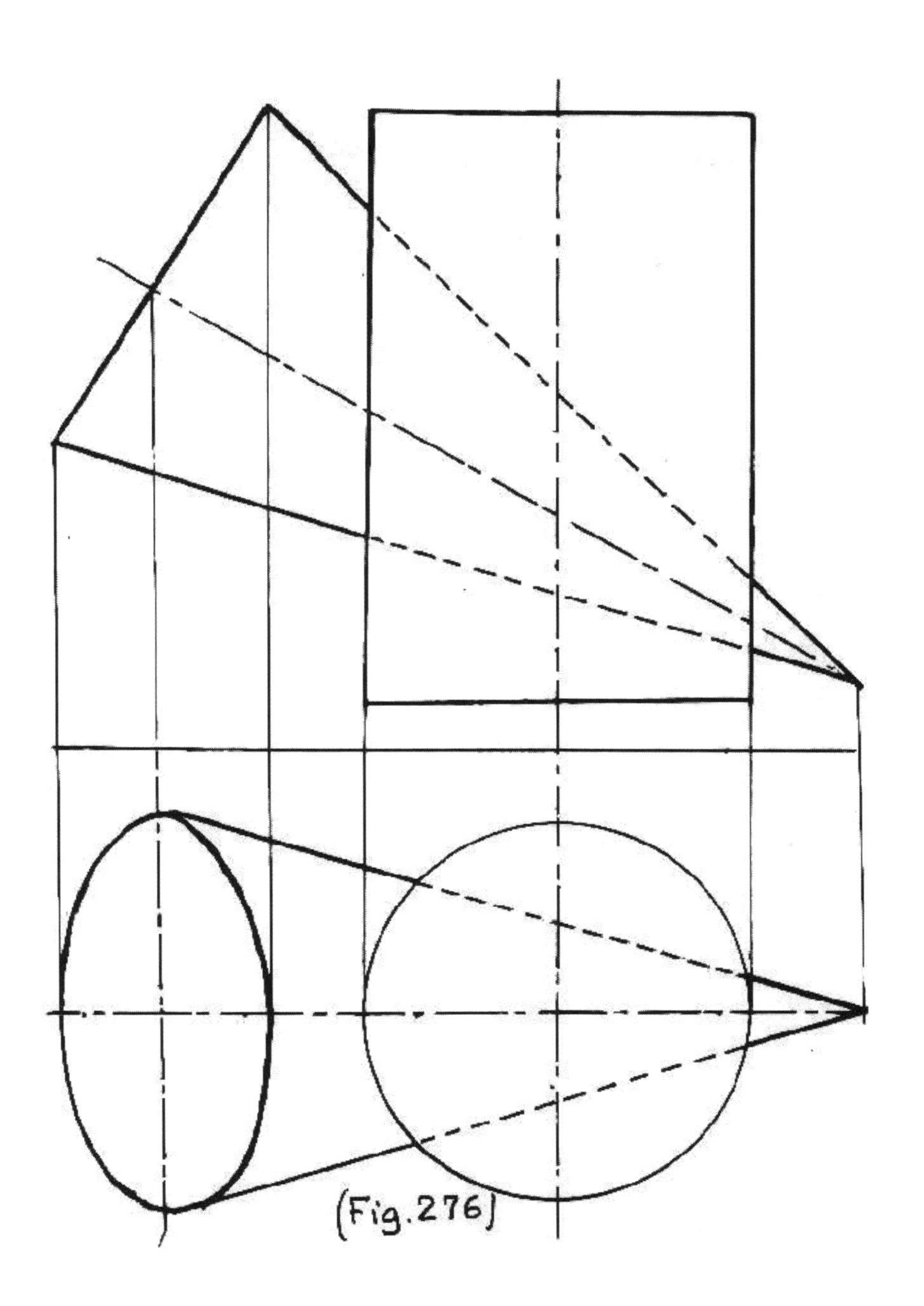

(Fig.276)

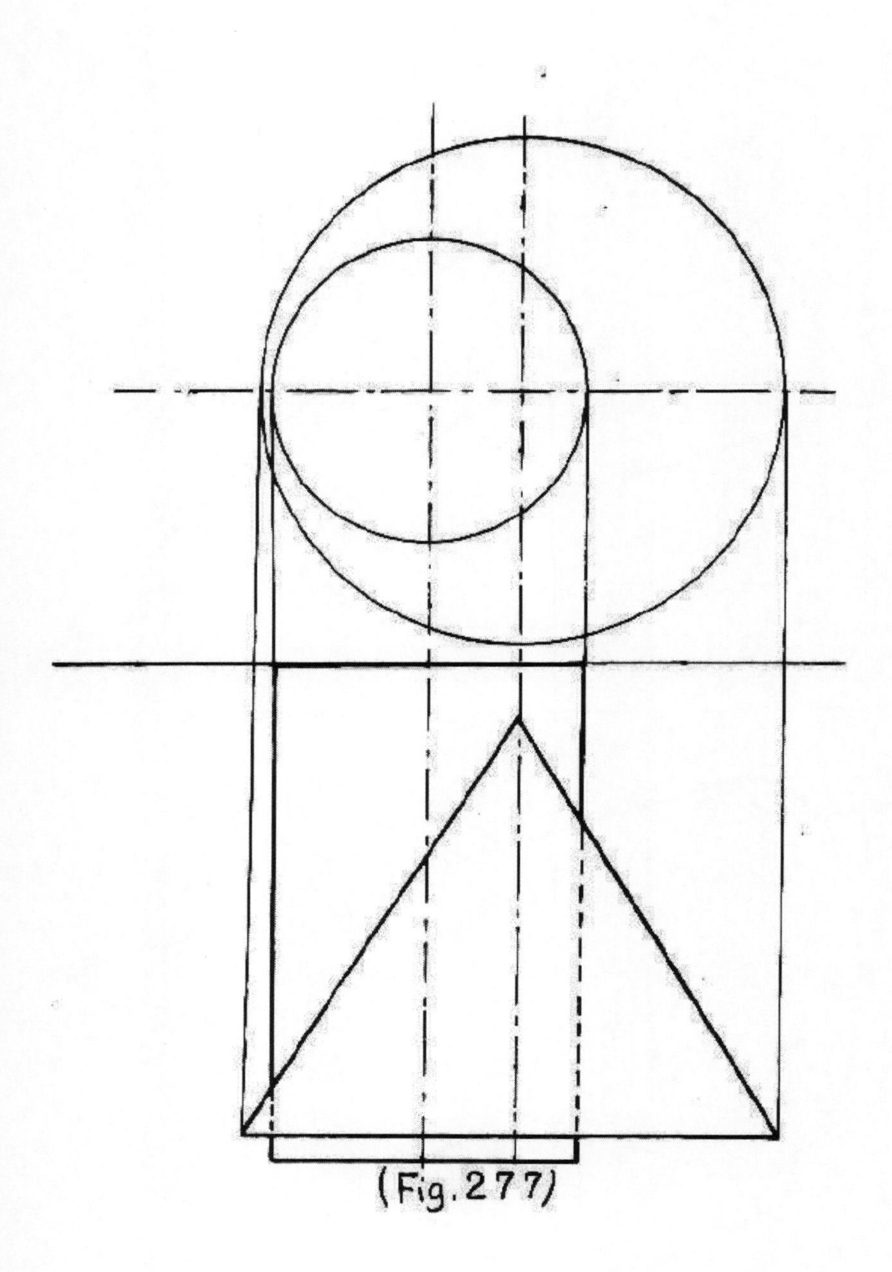

(Fig. 277)

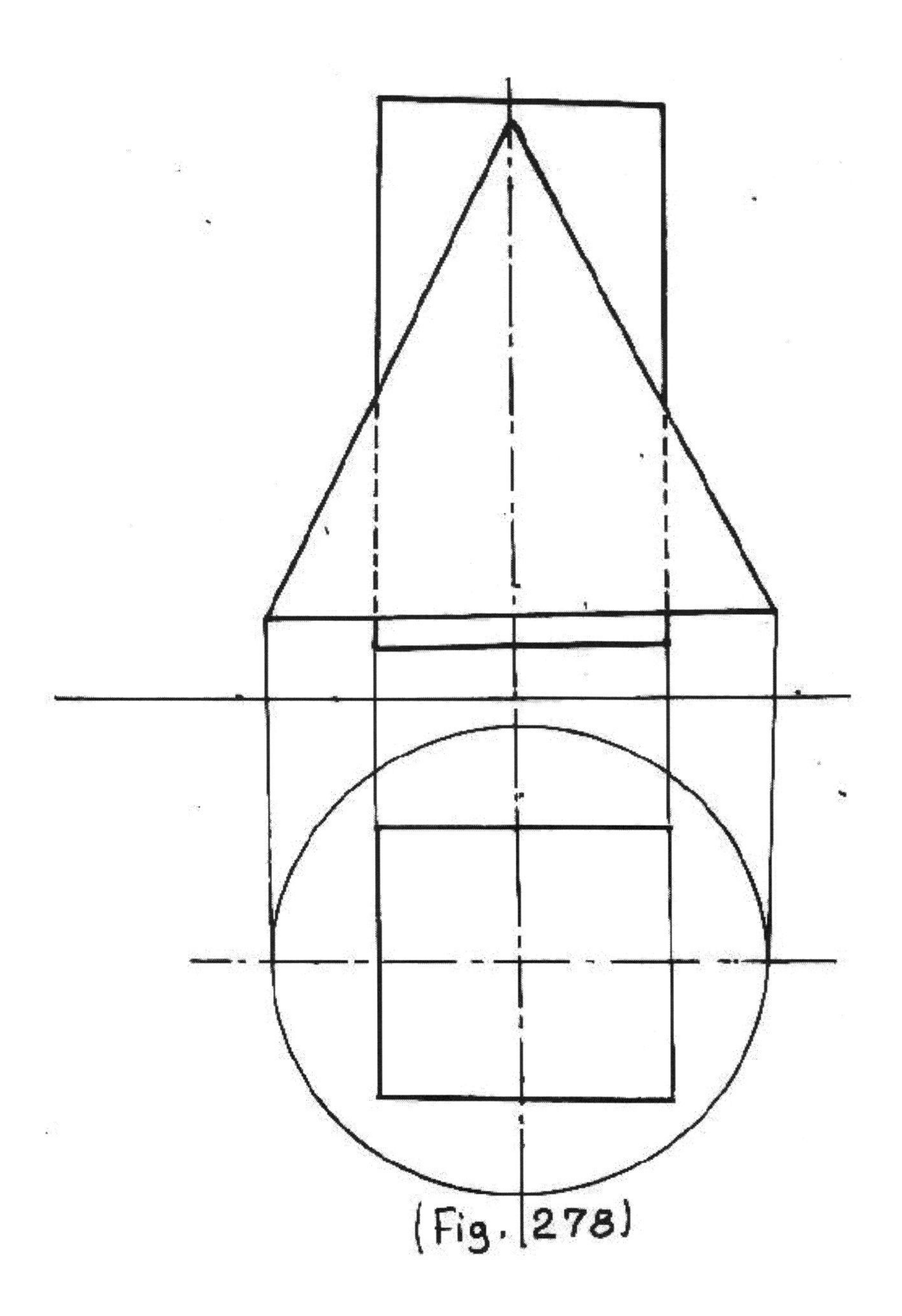

(Fig. 278)

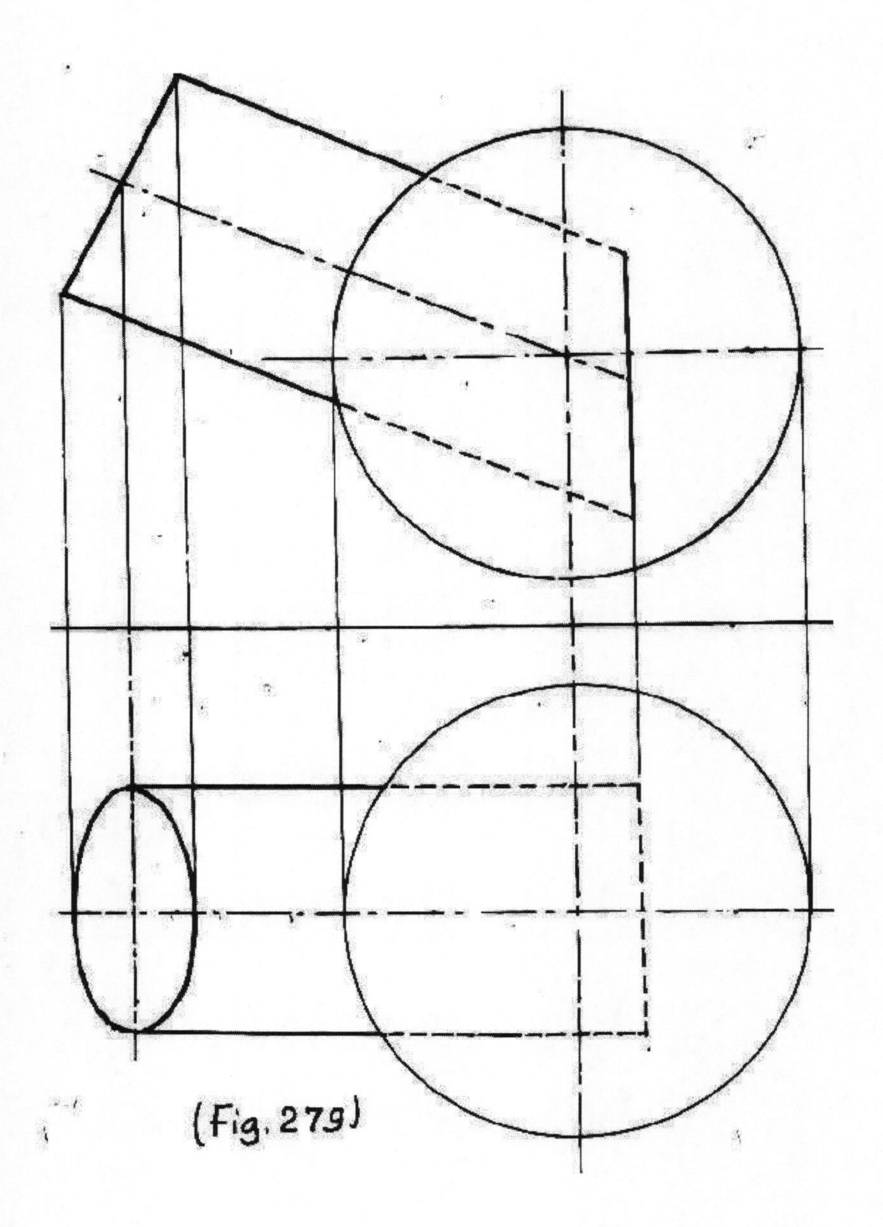

(Fig. 279)

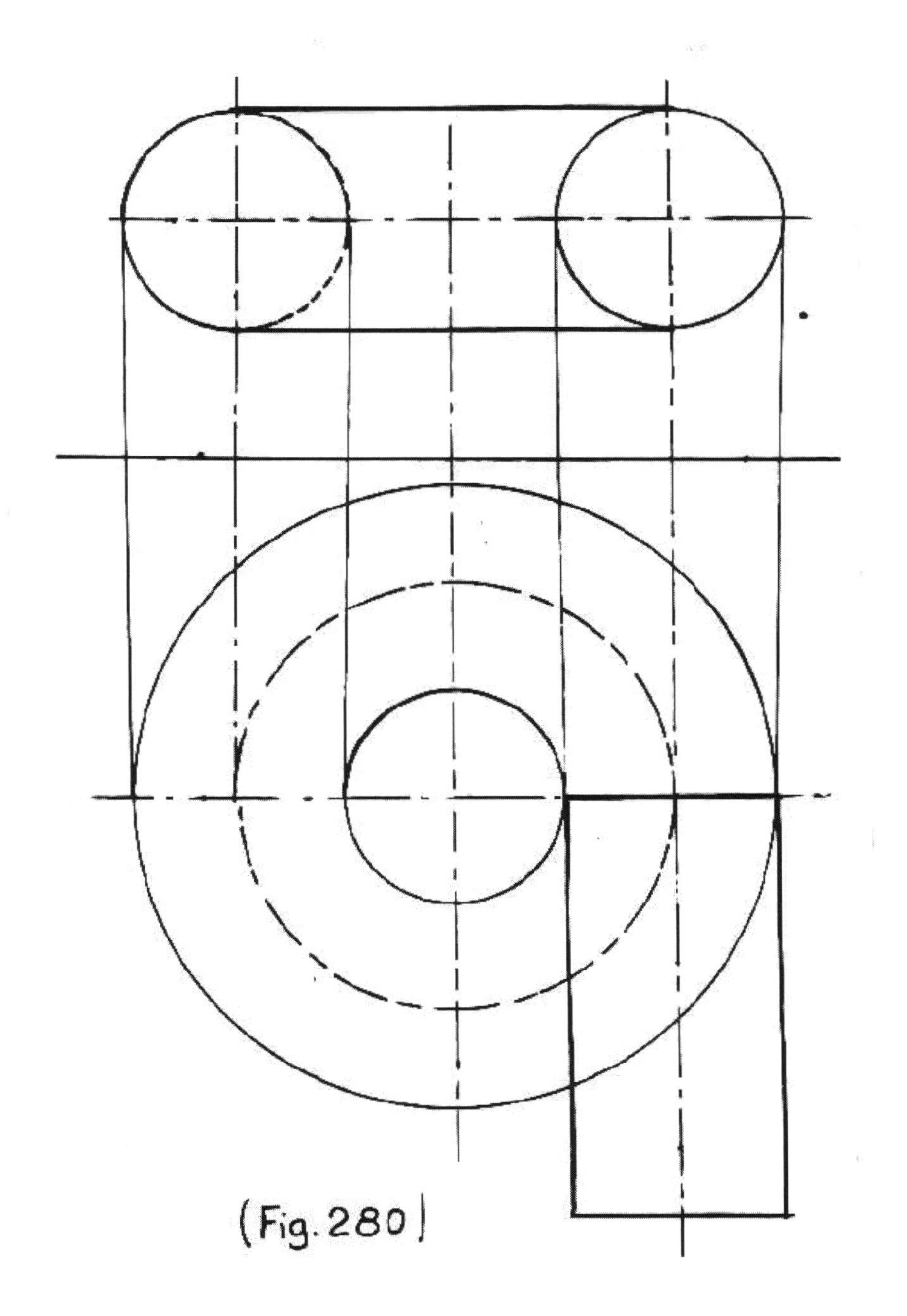

(Fig. 280)

Troisième partie

CORRIGES EXERCICES

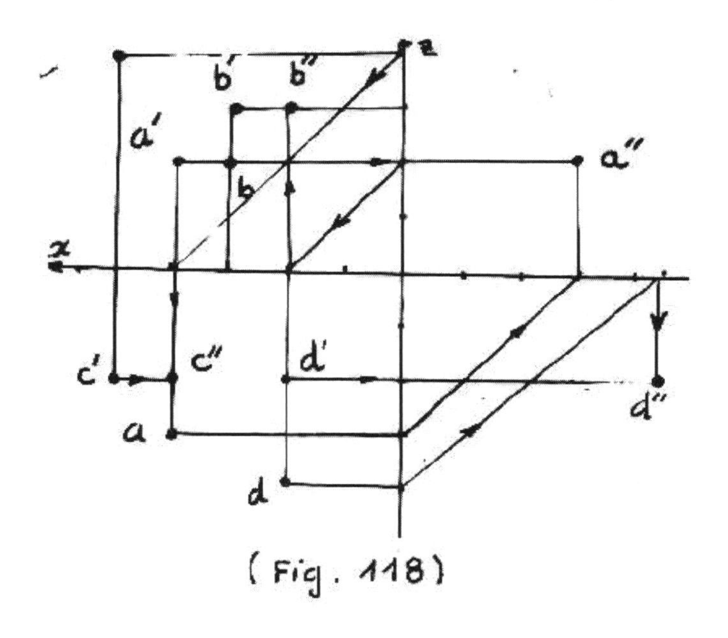

(Fig. 118)

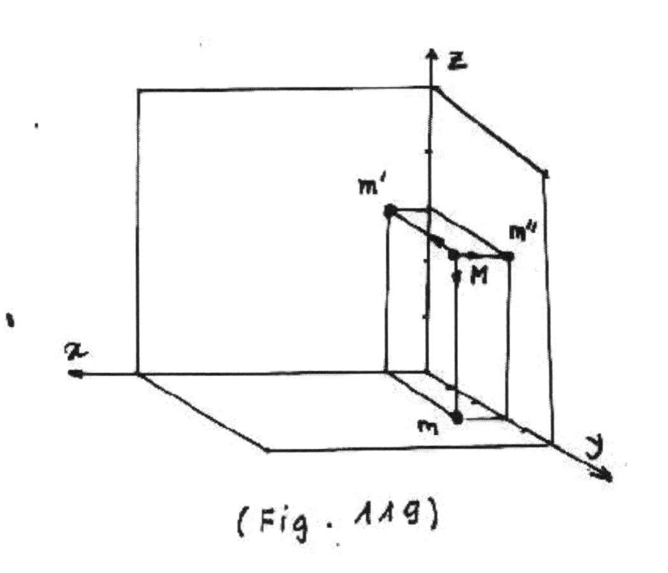

(Fig. 119)

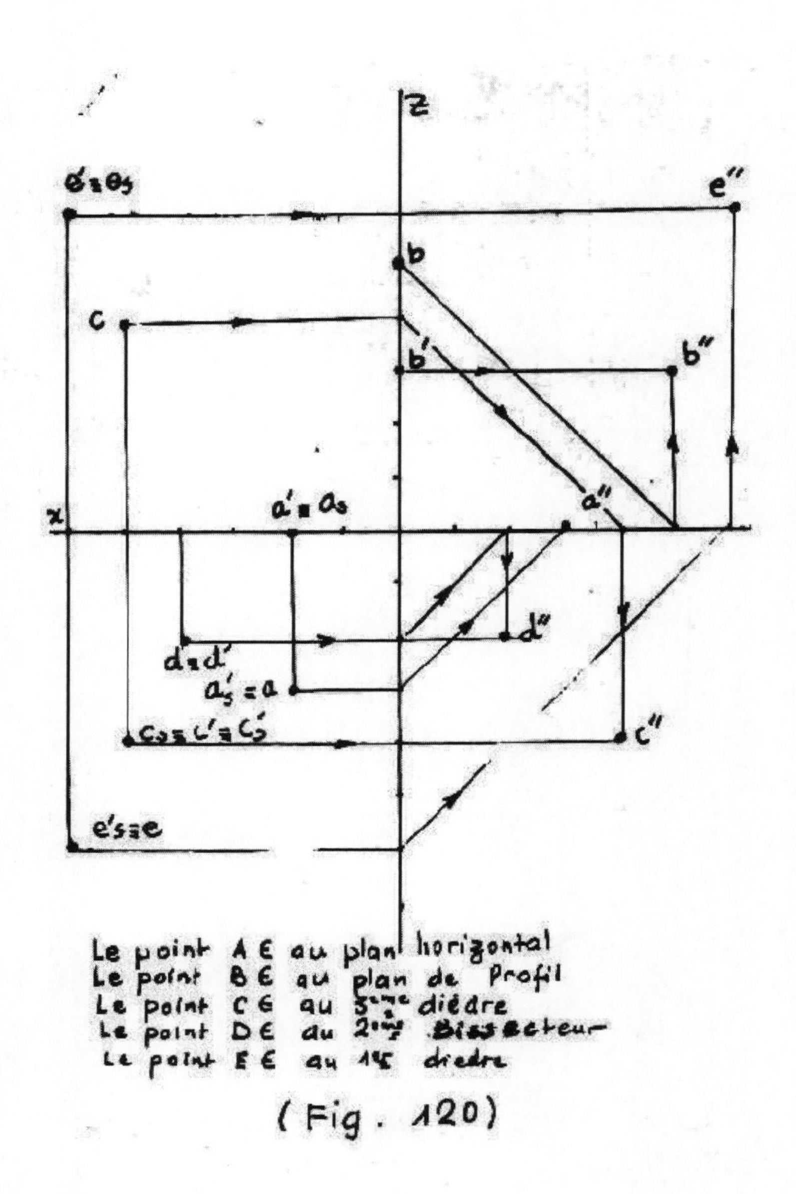
z
x
e''
b
b'
b''
c
a''
d''
c''
Le point A ∈ au plan horizontal
Le point B ∈ au plan de Profil
Le point C ∈ au 3ème dièdre
Le point D ∈ au 2ème Bissecteur
Le point E ∈ au 1er dièdre

(Fig. 120)

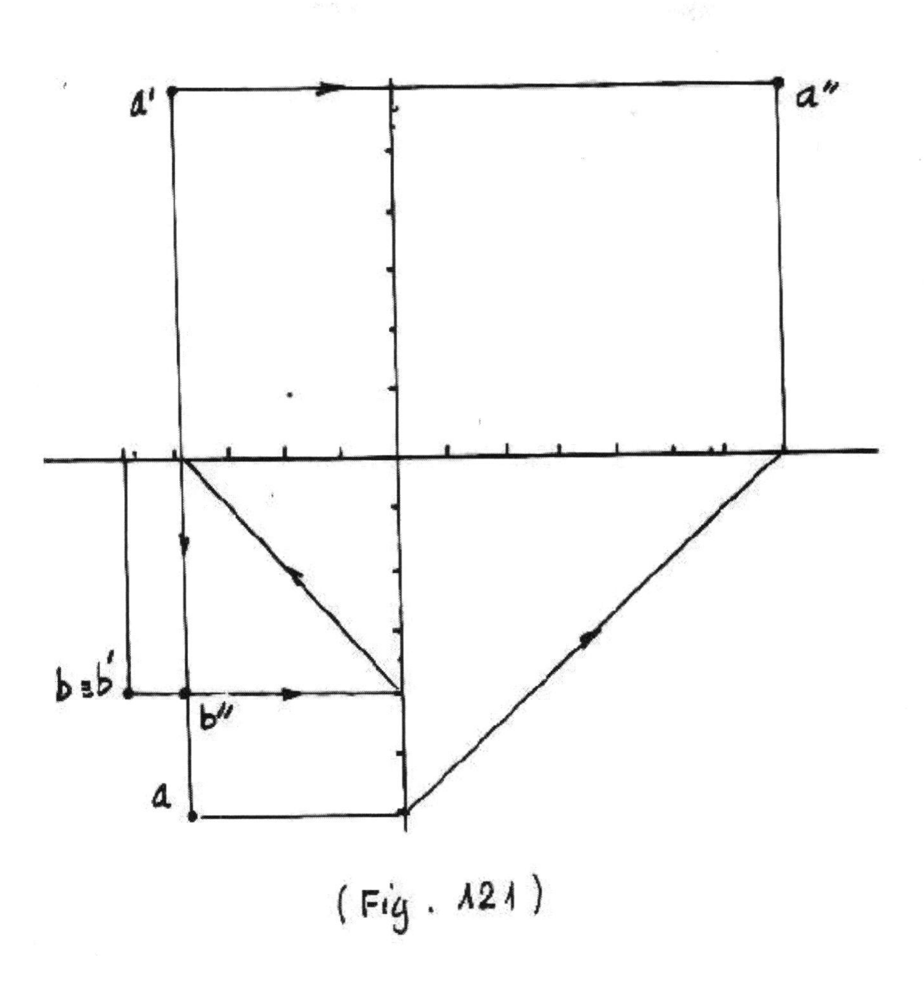

(Fig. 121)

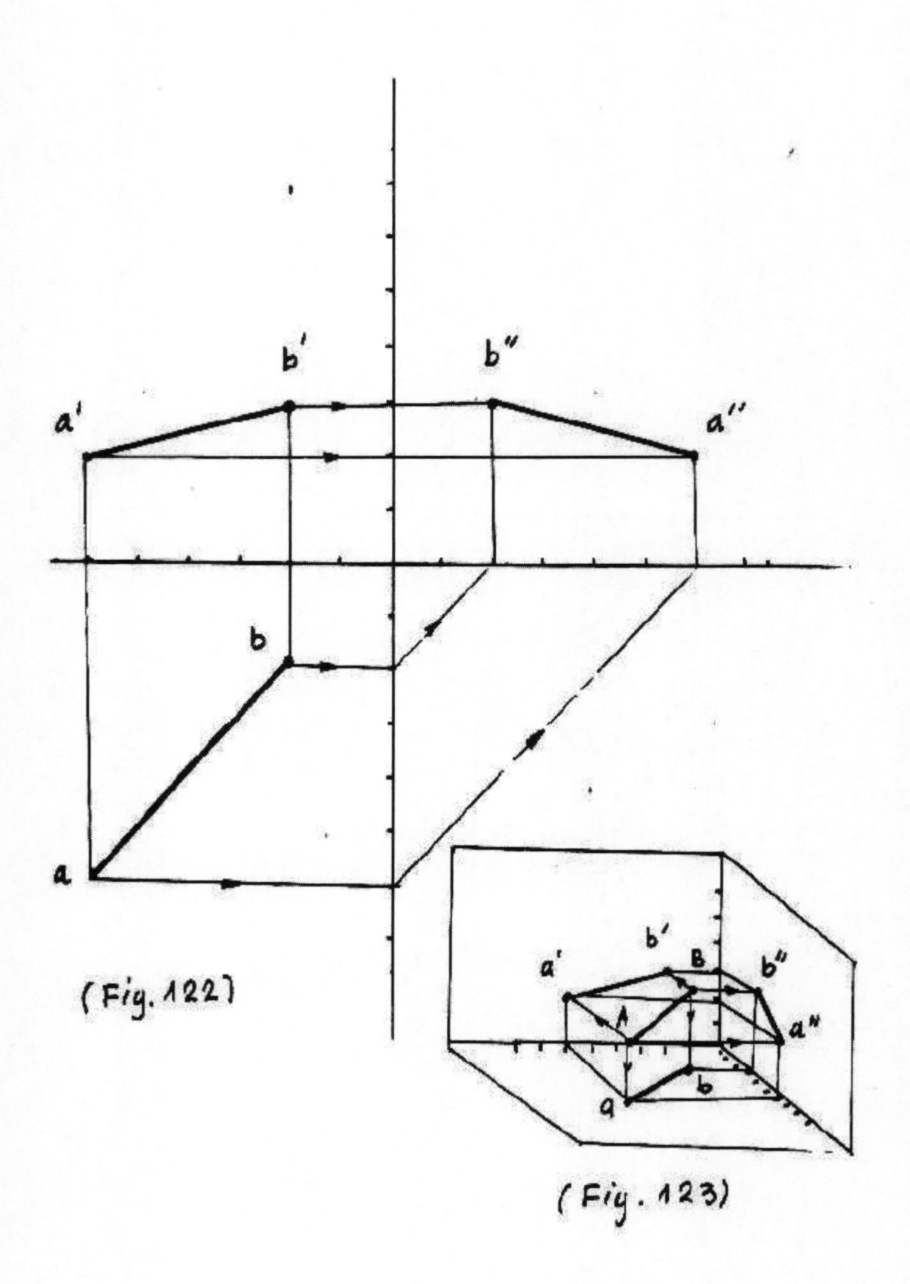
b'
b''
a'
a''
b
a
(Fig. 122)
a'
b'
B
b''
a''
b
a
(Fig. 123)

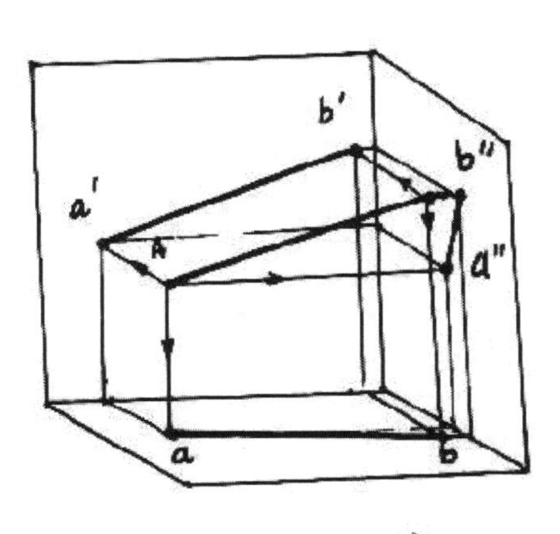

(Fig.124)

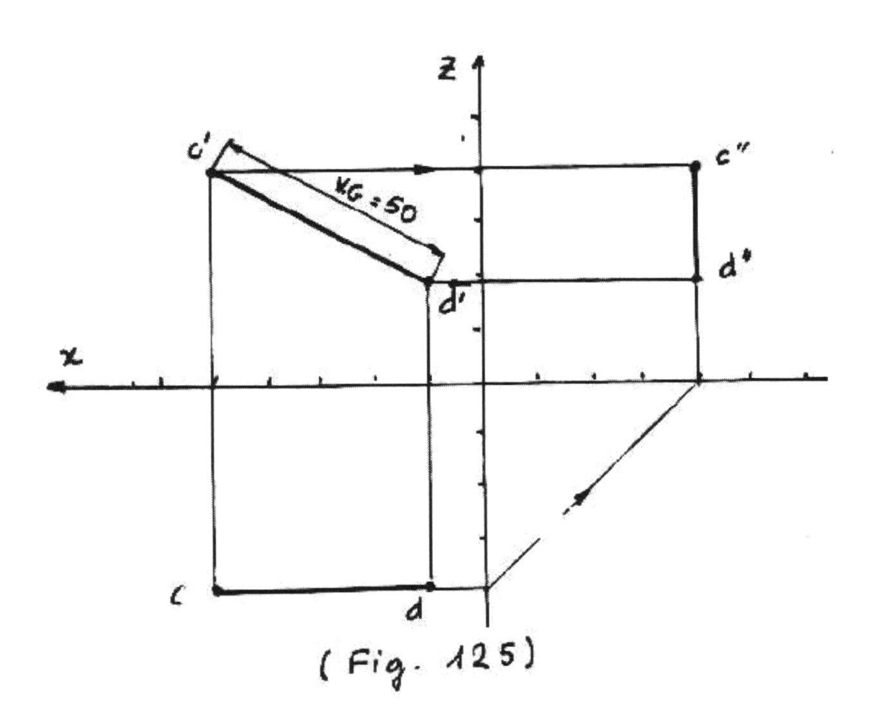

(Fig. 125)

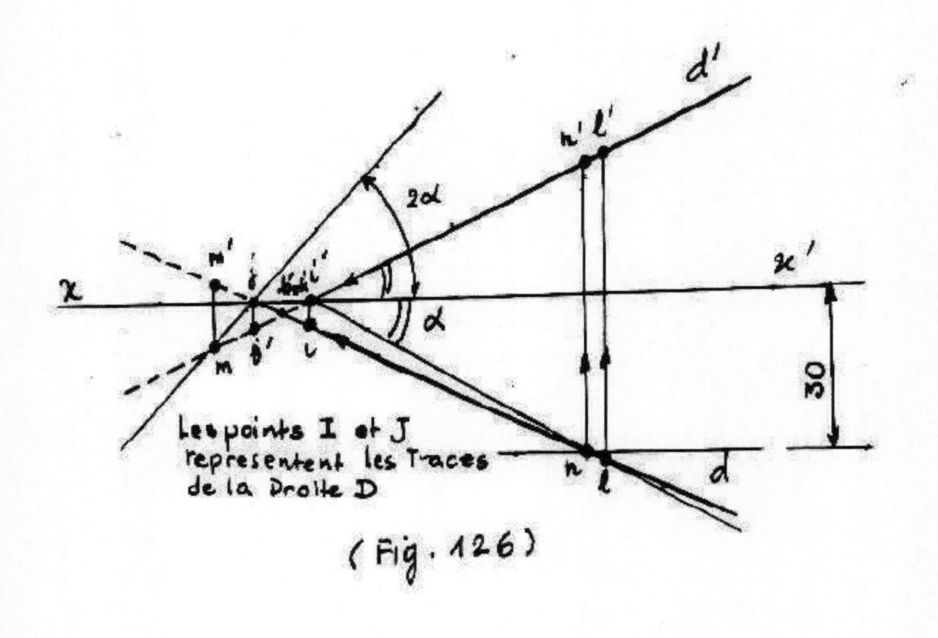

(Fig. 126)

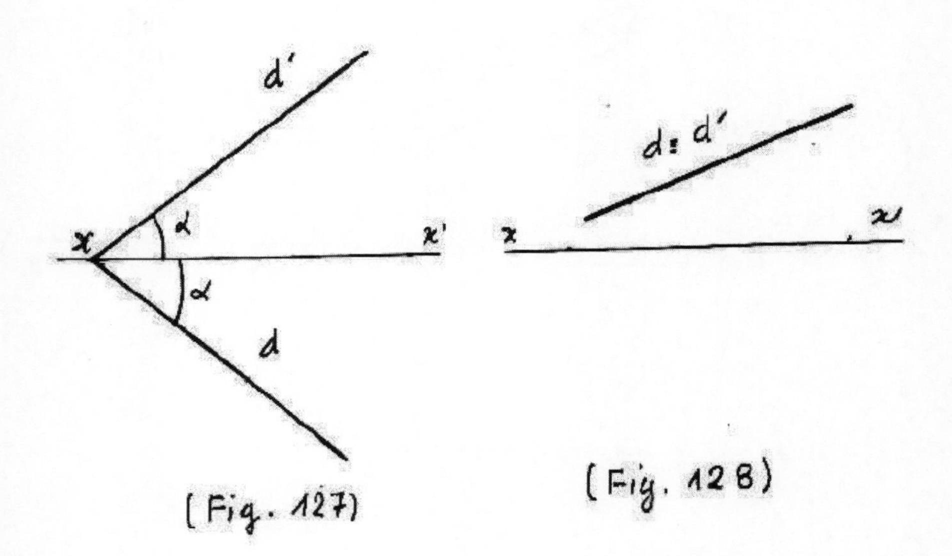

(Fig. 127)

(Fig. 128)

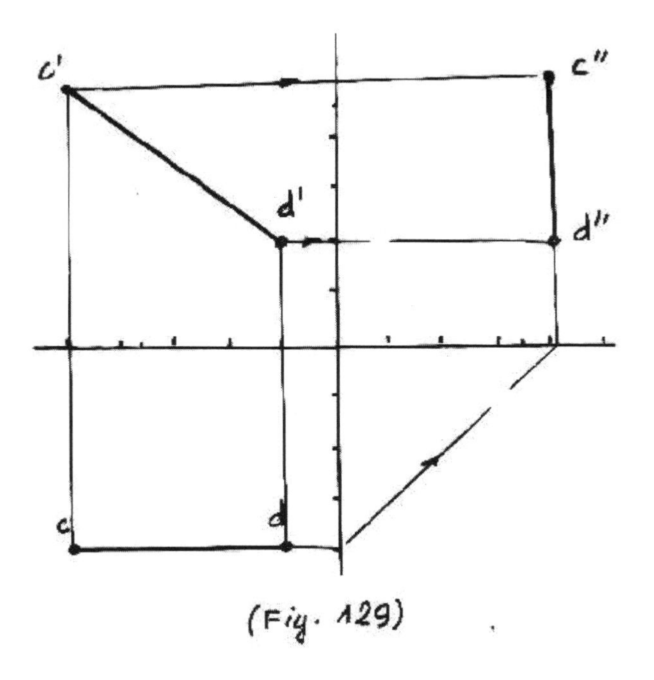

(Fig. 129)

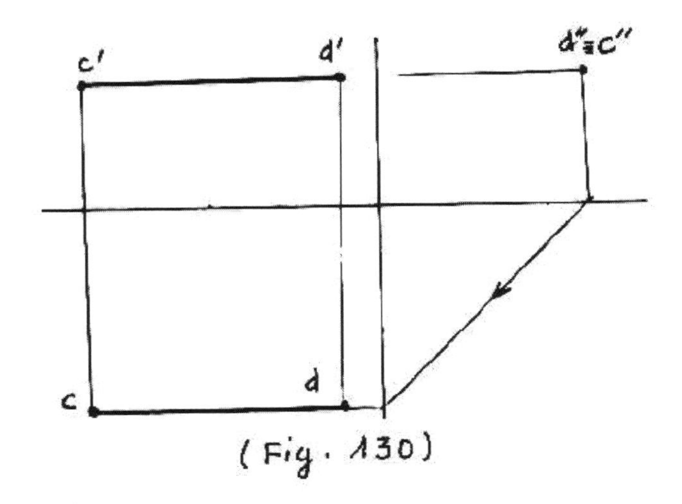

(Fig. 130)

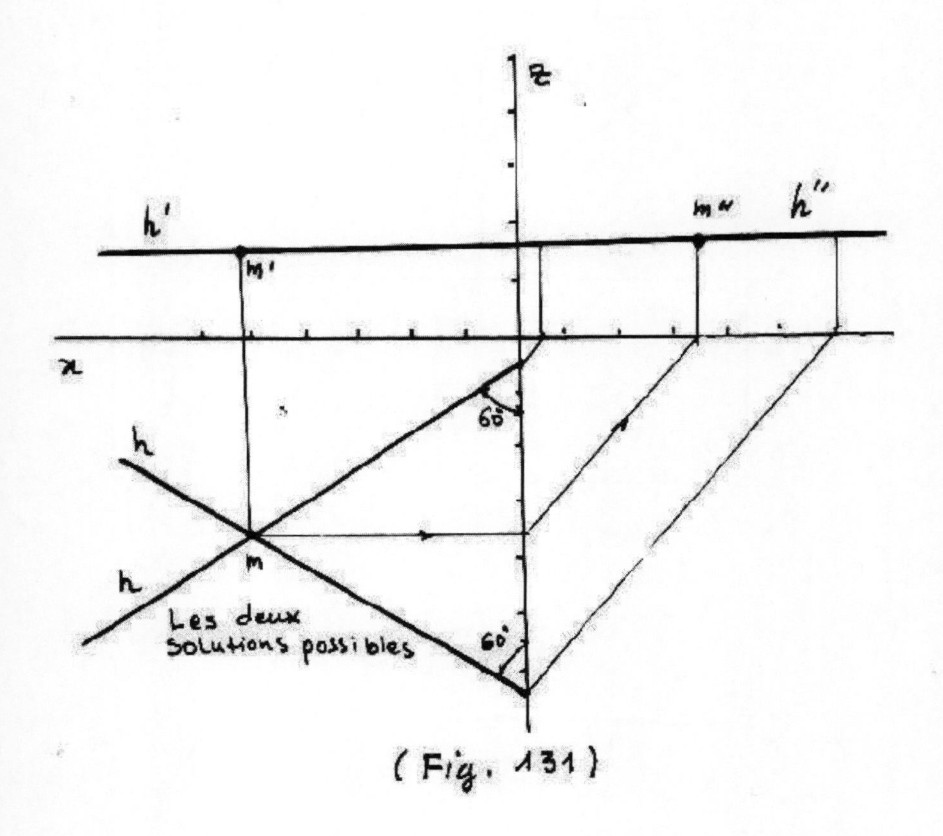

(Fig. 131)

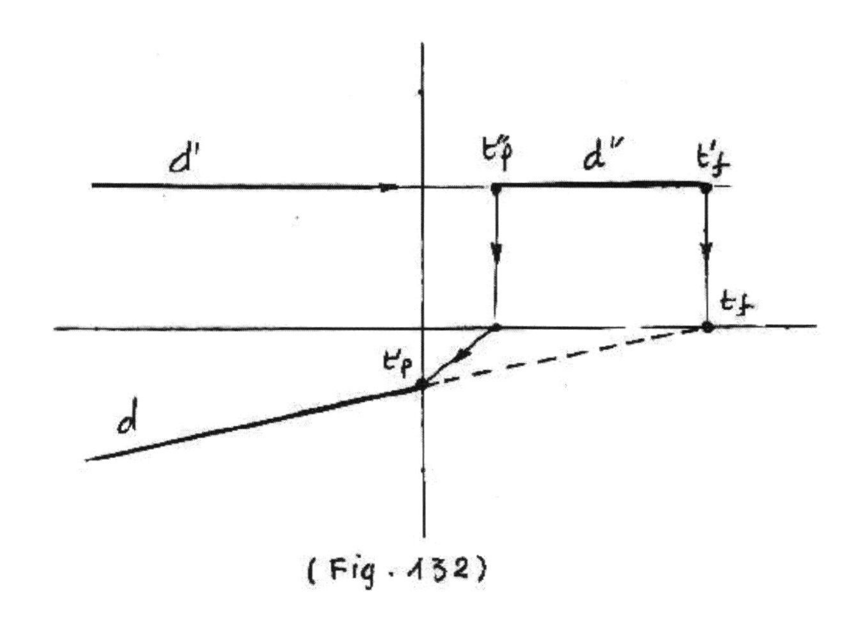

(Fig . 132)

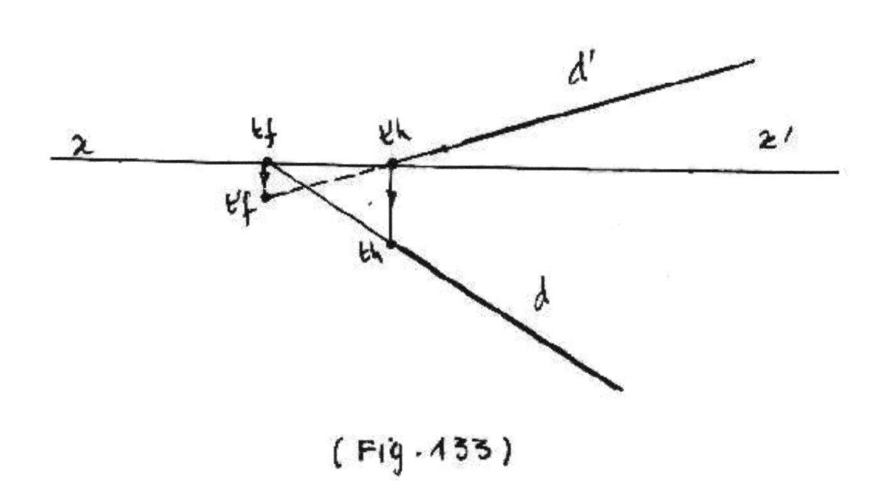

(Fig . 133)

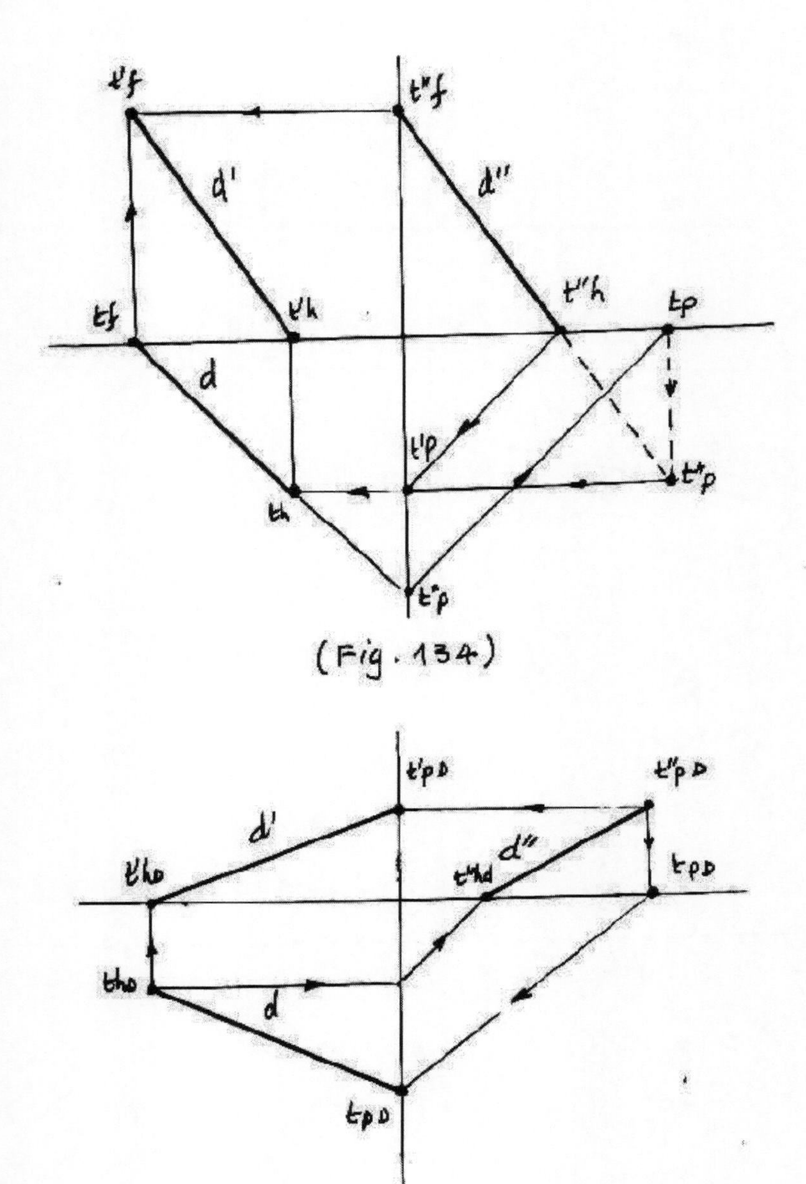

(Fig. 134)

(Fig. 135)

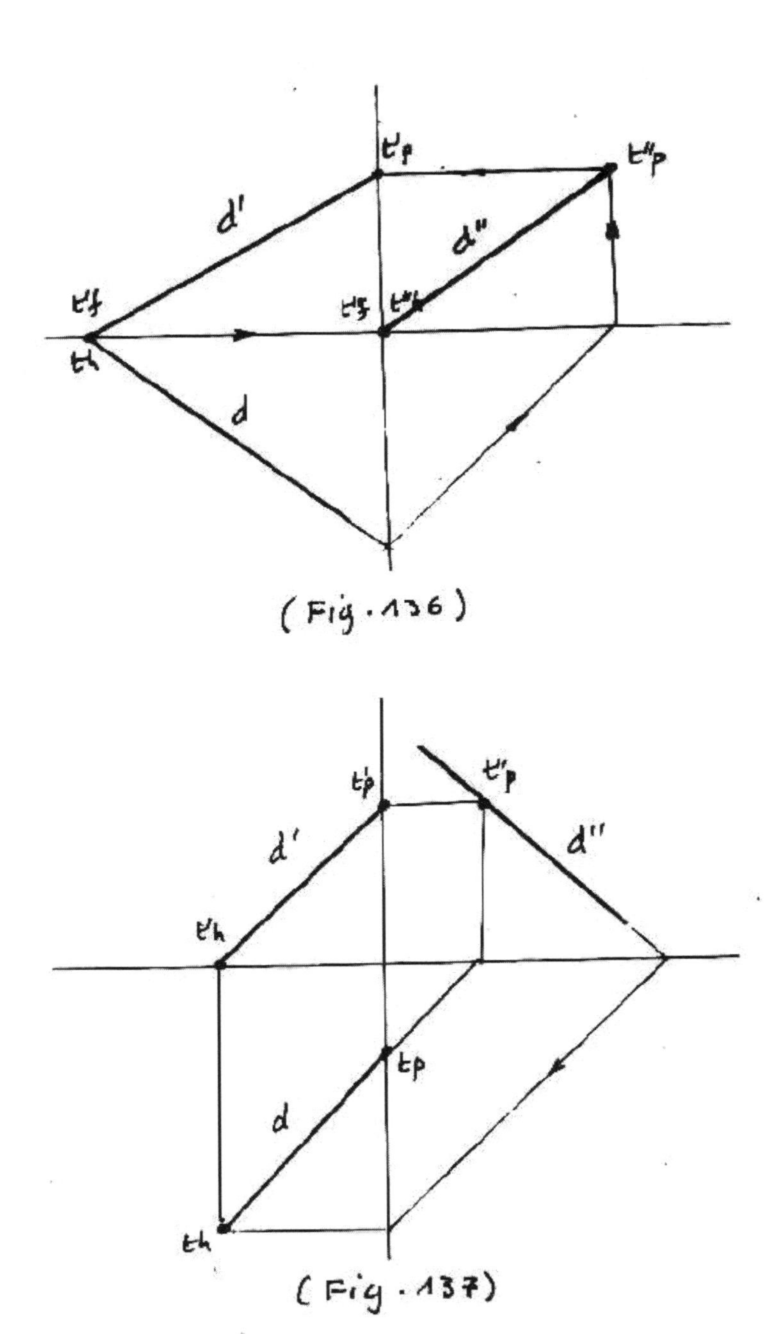

(Fig . 136)

(Fig . 137)

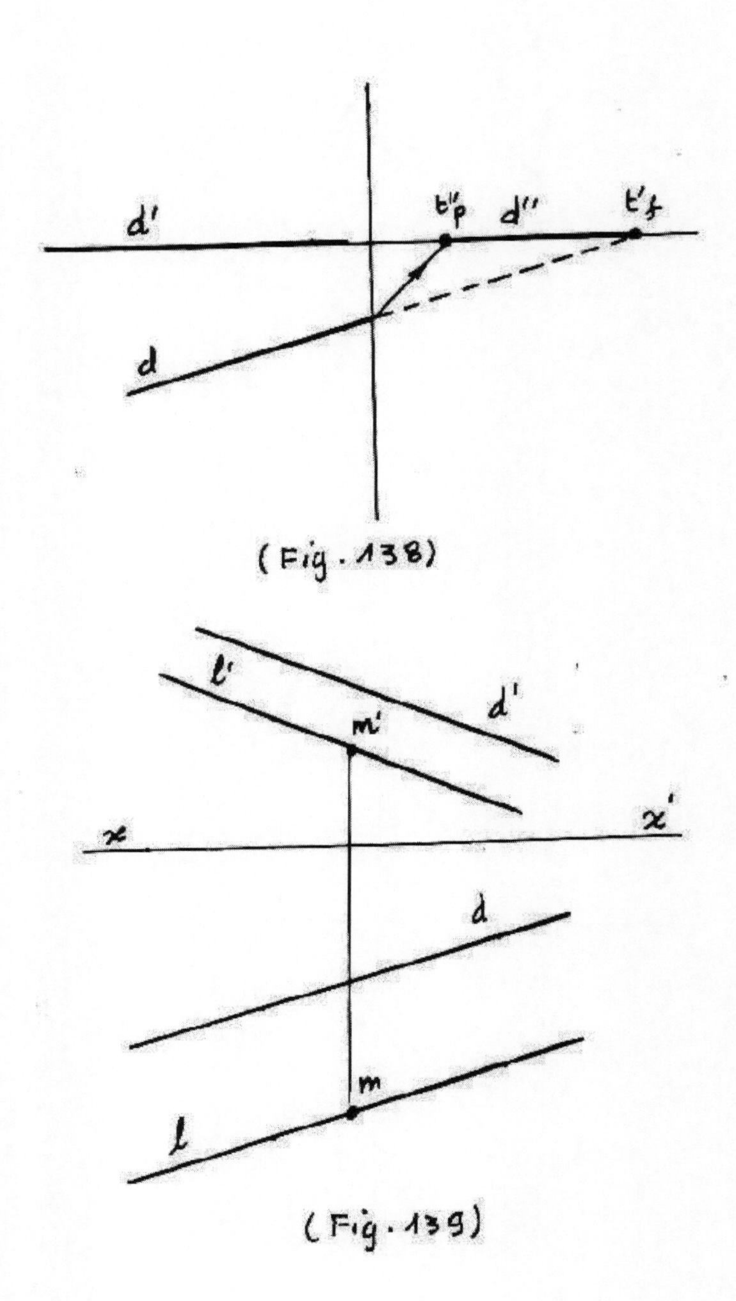

(Fig. 138)

(Fig. 139)

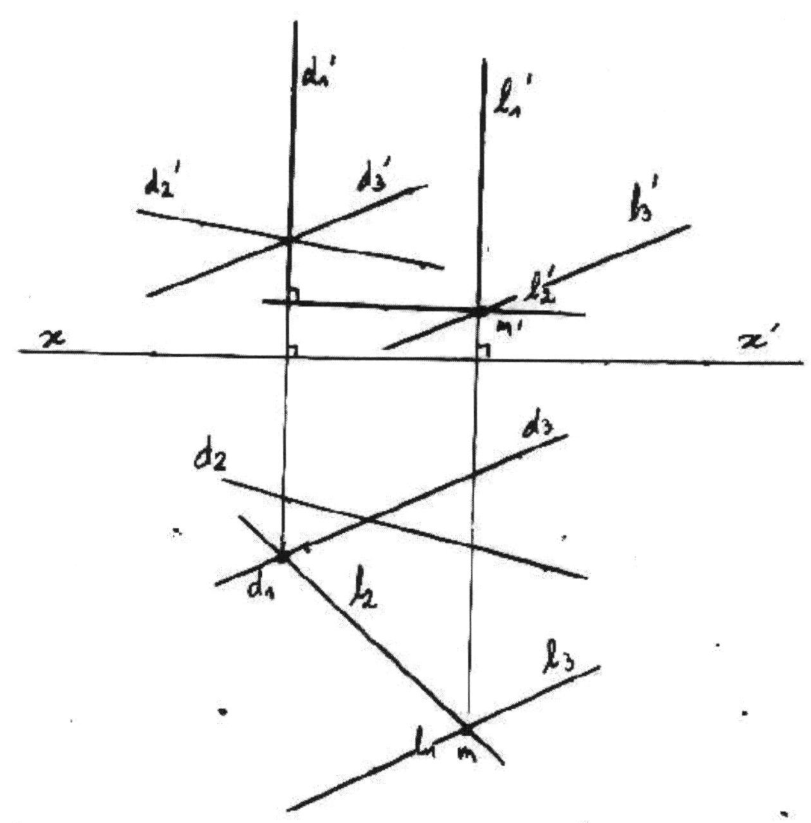

- Les drotes D_1 et D_2 ne sont pas concourantes car leur point d'intersection n'est pas situé sur la meme ligne de Rappel

- Les Droites D_1 et D_3 sont concourantes

(Fig. 140)

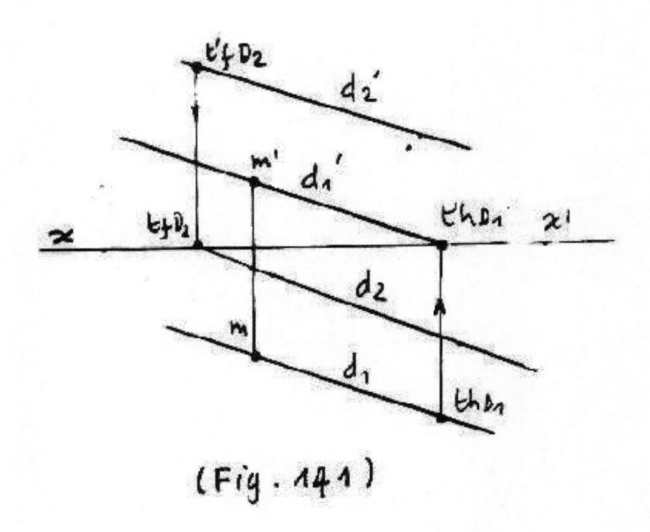

(Fig. 141)

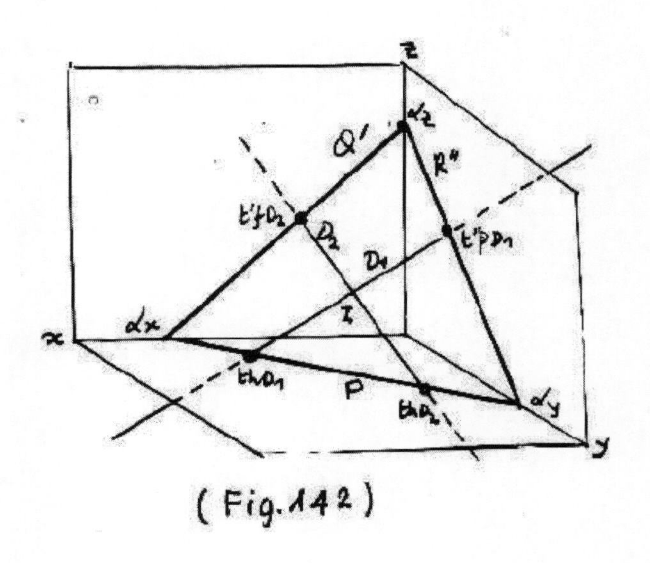

(Fig. 142)

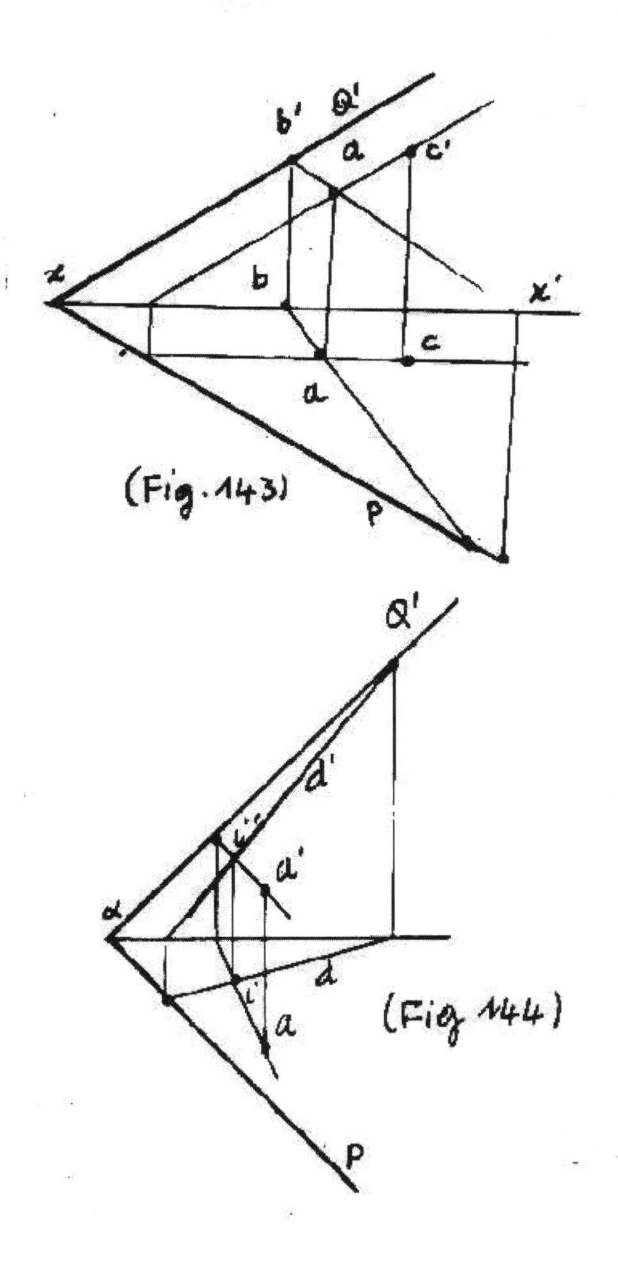
b'
Q'
a
c'
x
b
x'
c
a
(Fig.143)
P
Q'
d'
a'
α
d
a
(Fig 144)
P

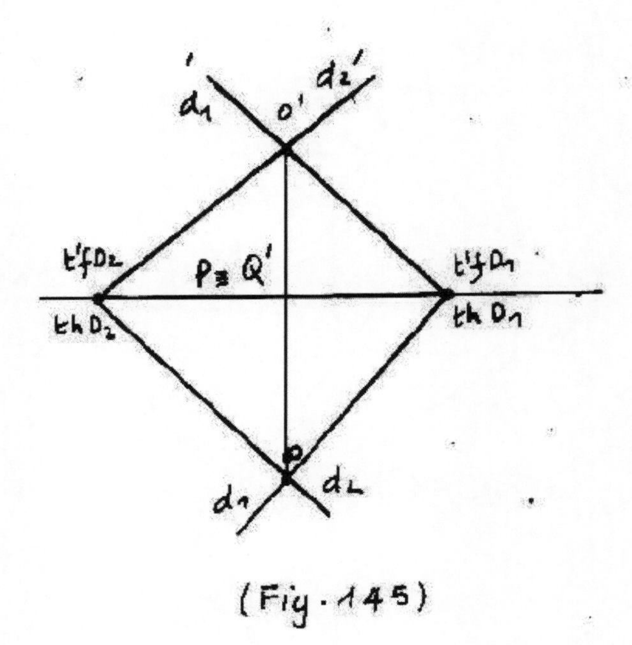

(Fig. 145)

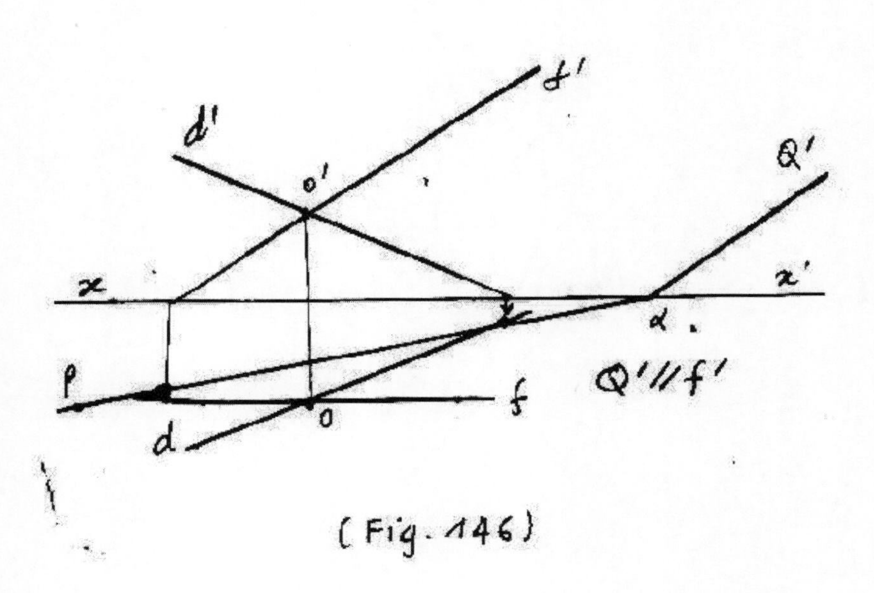

(Fig. 146)

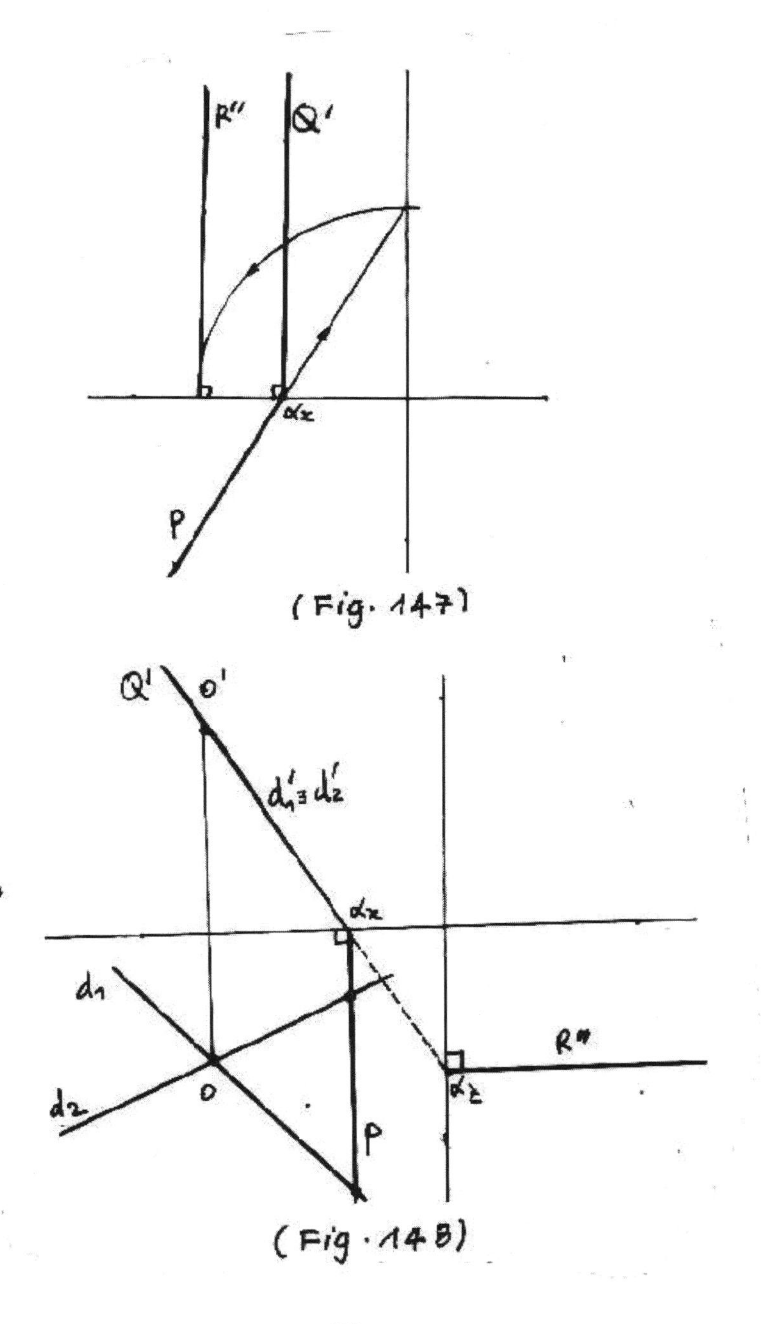
R''
Q'
αx
P
(Fig. 147)
Q'
O'
d'1 ≡ d'2
αx
d1
d2
O
P
R''
αz
(Fig. 148)

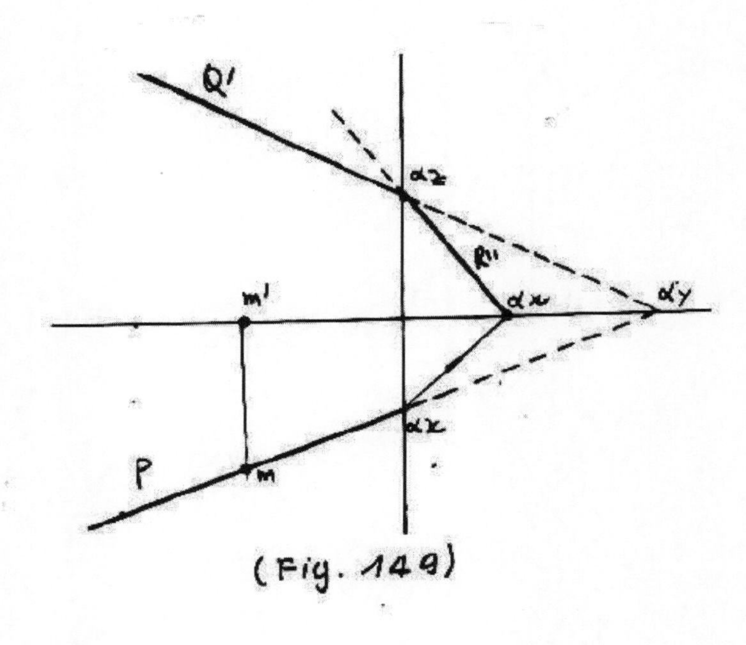

(Fig. 149)

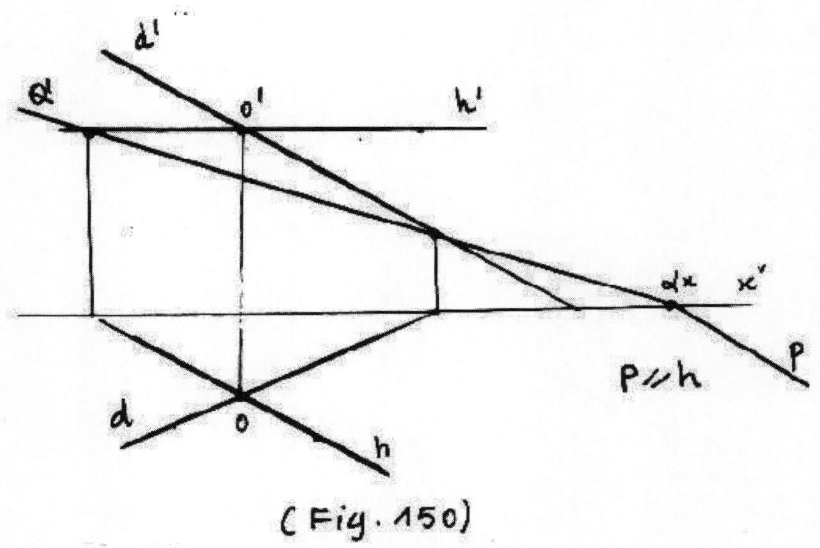

(Fig. 150)

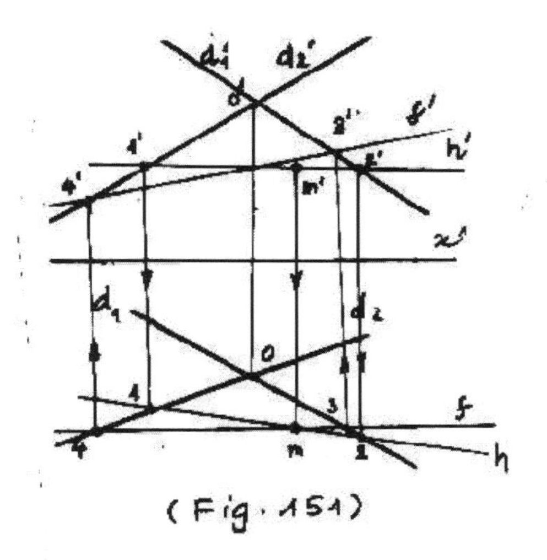

(Fig. 151)

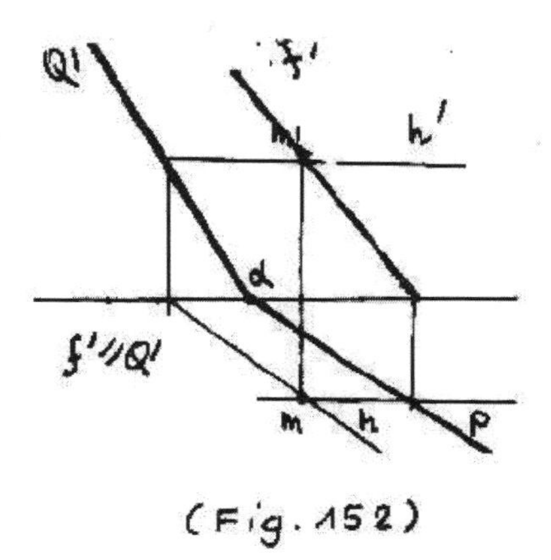

(Fig. 152)

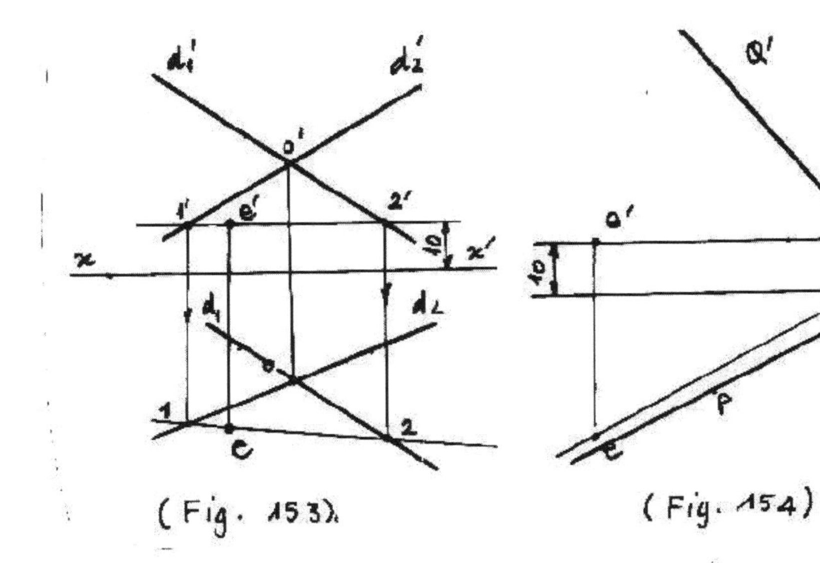

(Fig. 153)

(Fig. 154)

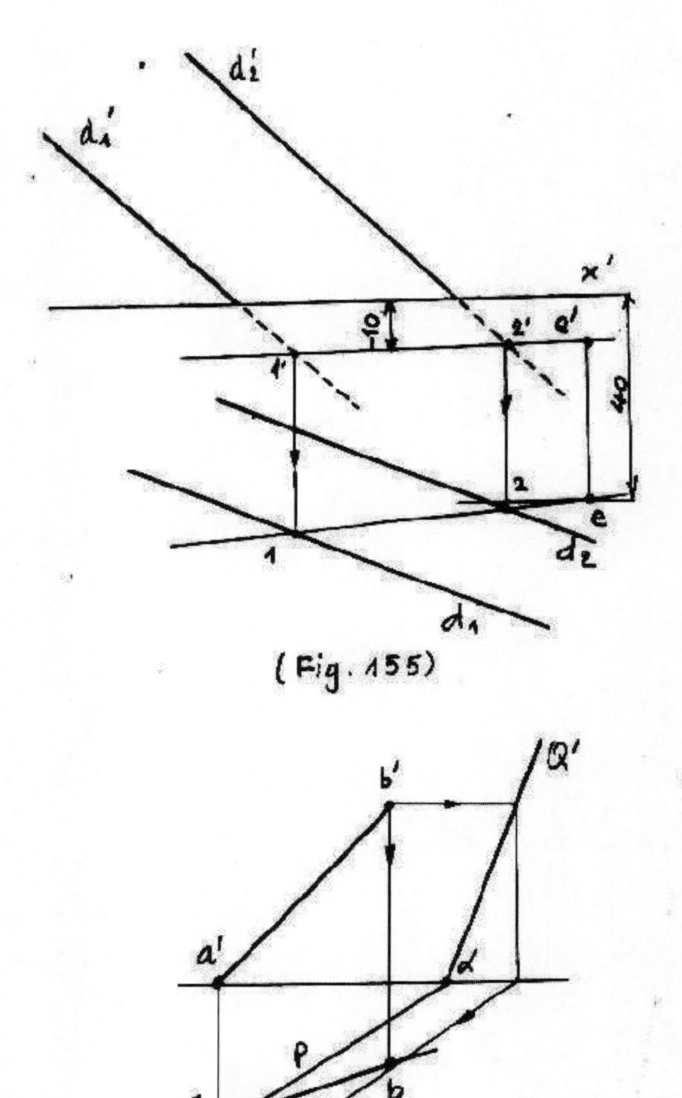

(Fig. 155)

(Fig. 156)

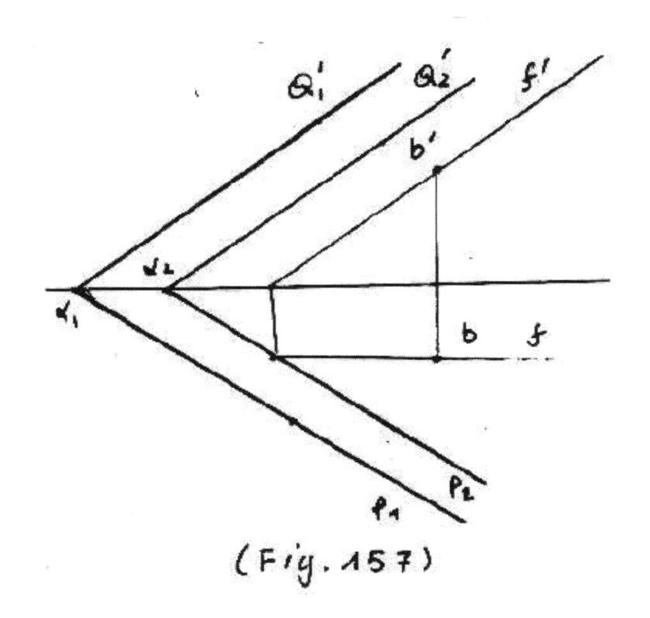

(Fig. 157)

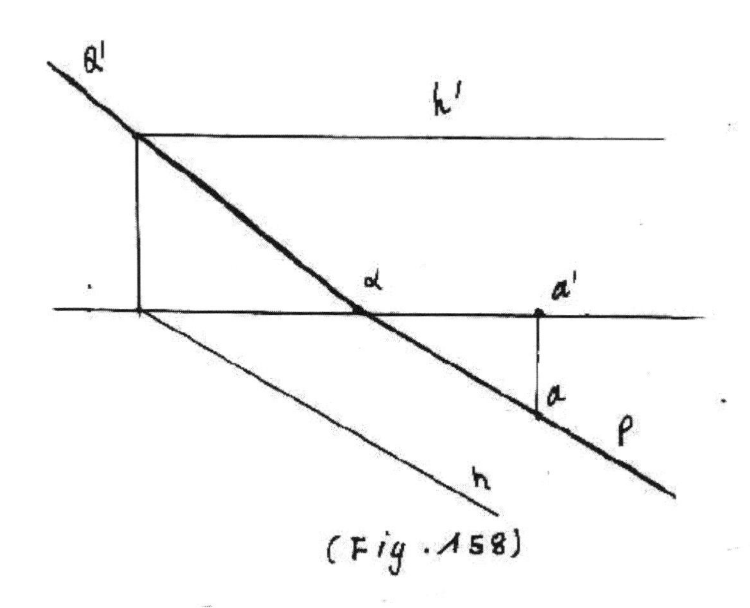

(Fig. 158)

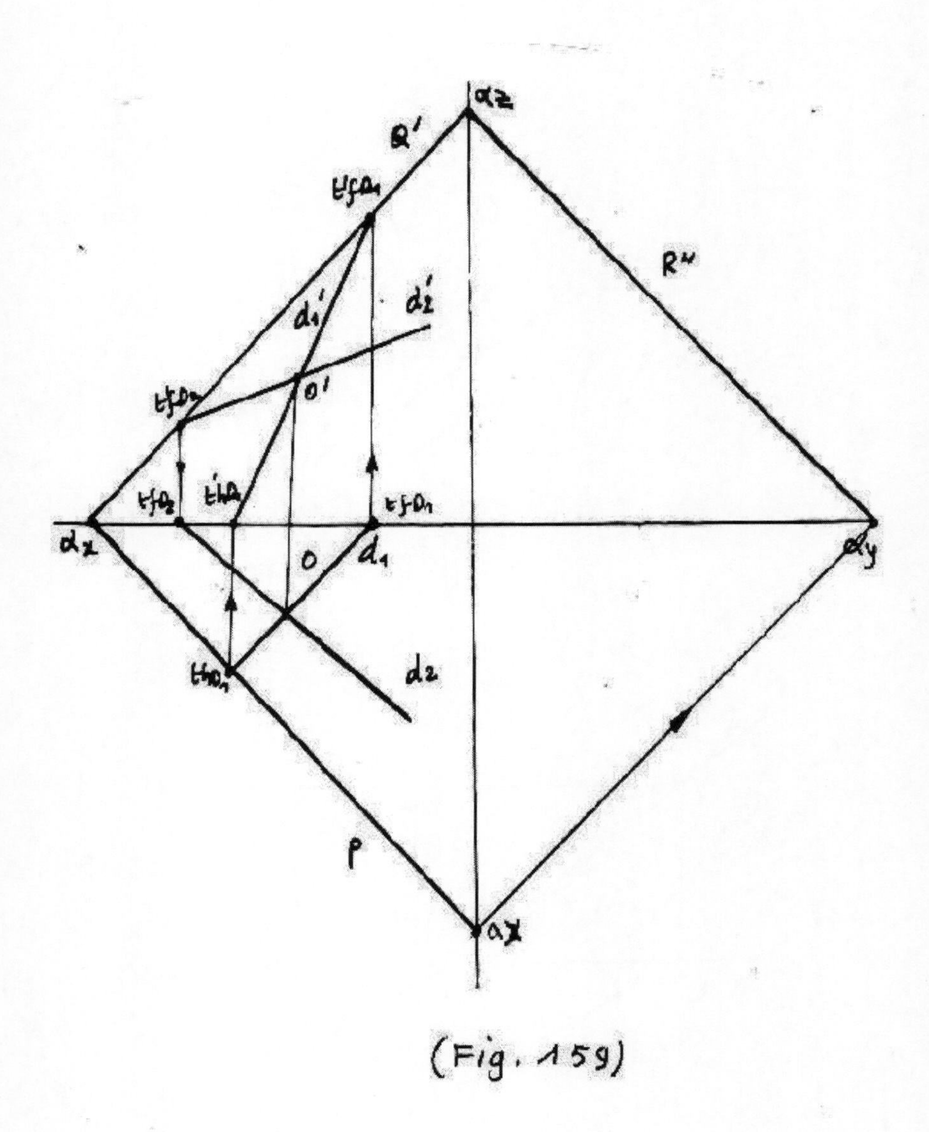

(Fig. 159)

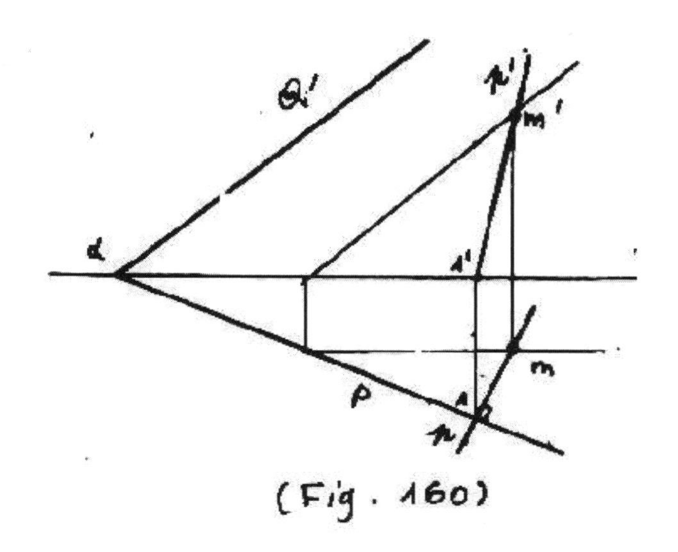

(Fig. 160)

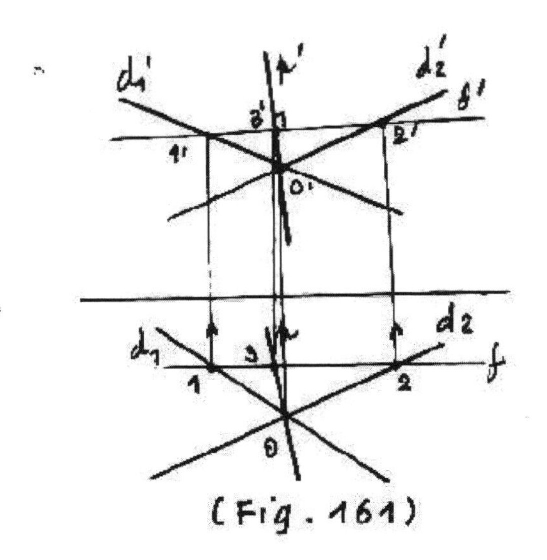

(Fig. 161)

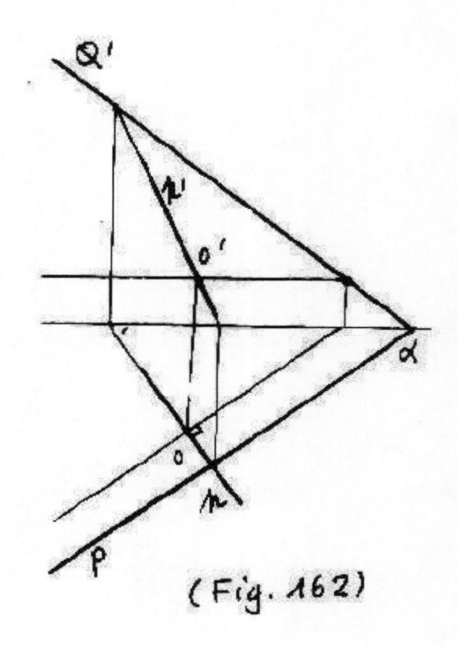

(Fig. 162)

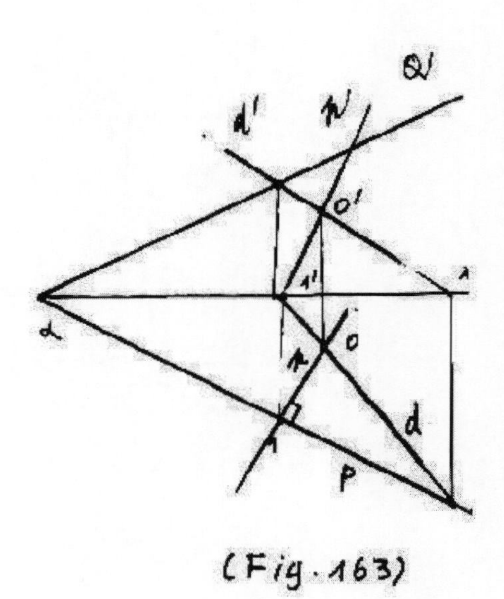

(Fig. 163)

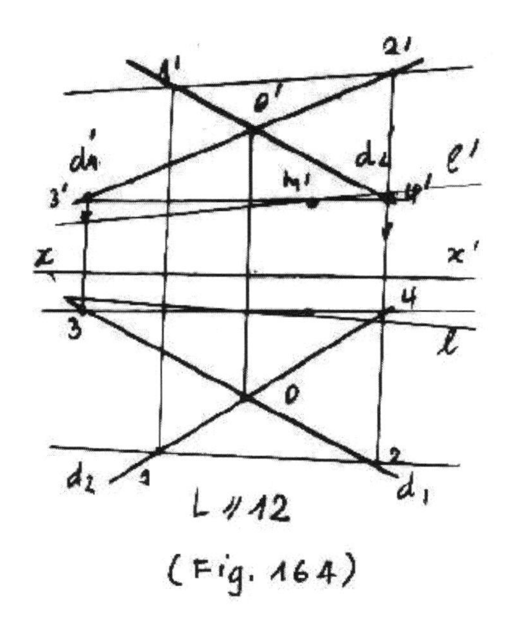

(Fig. 164)

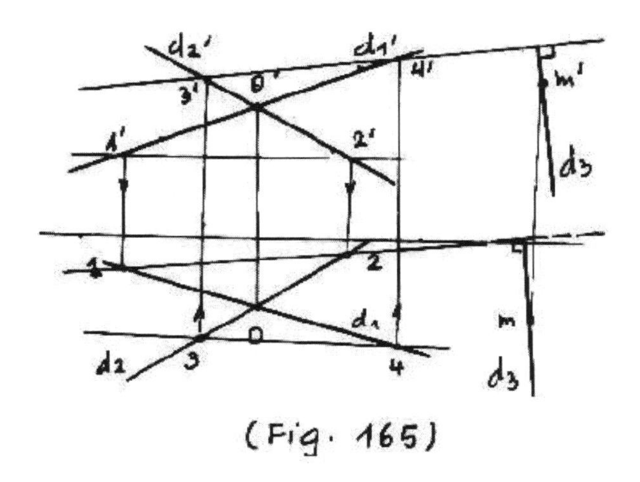

(Fig. 165)

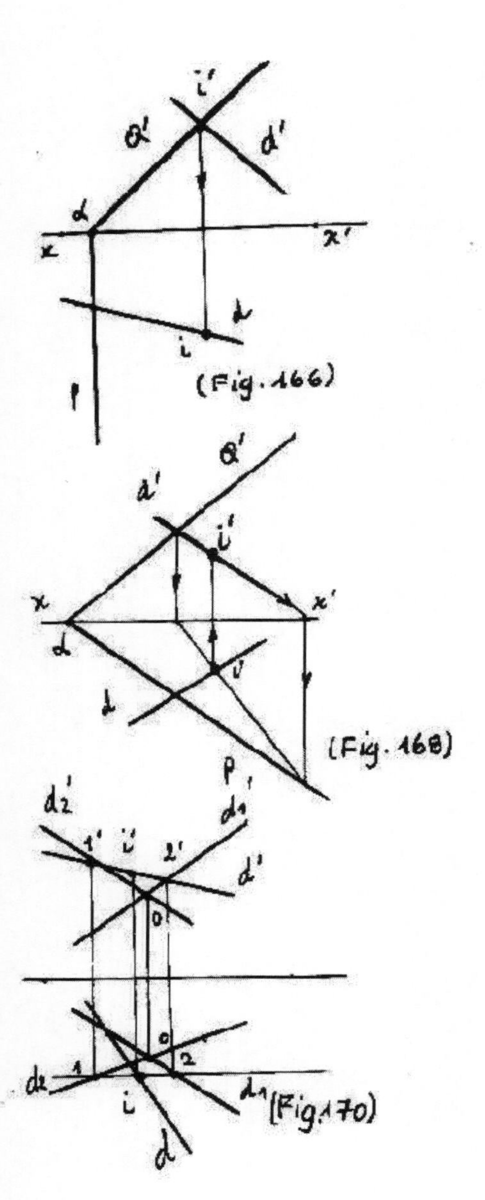
(Fig. 166) (Fig. 168) (Fig. 170)

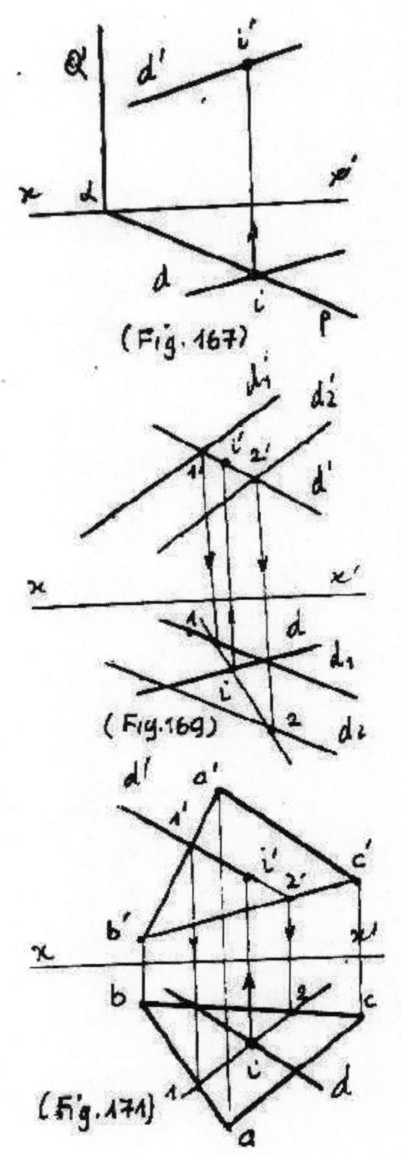
(Fig. 167) (Fig. 169) (Fig. 171)

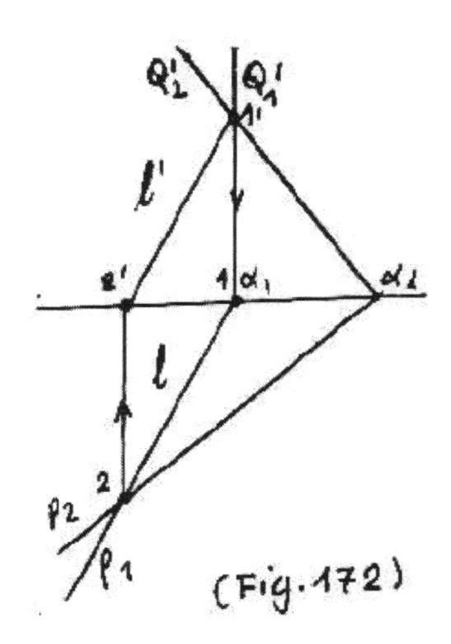

(Fig. 172)

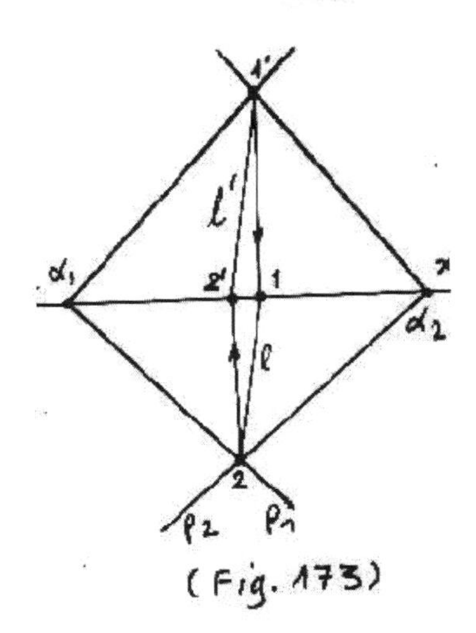

(Fig. 173)

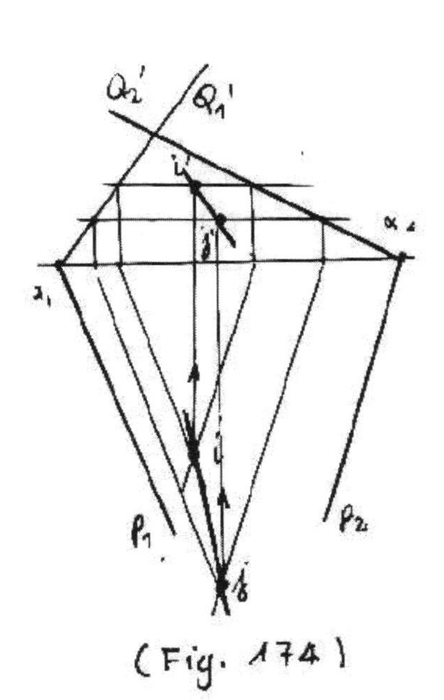

(Fig. 174)

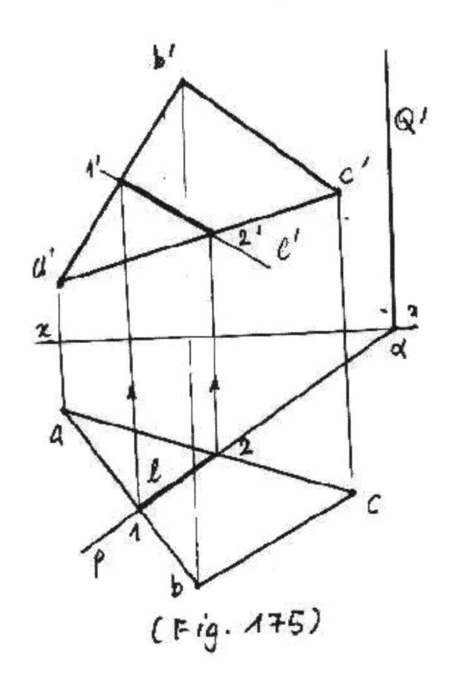

(Fig. 175)

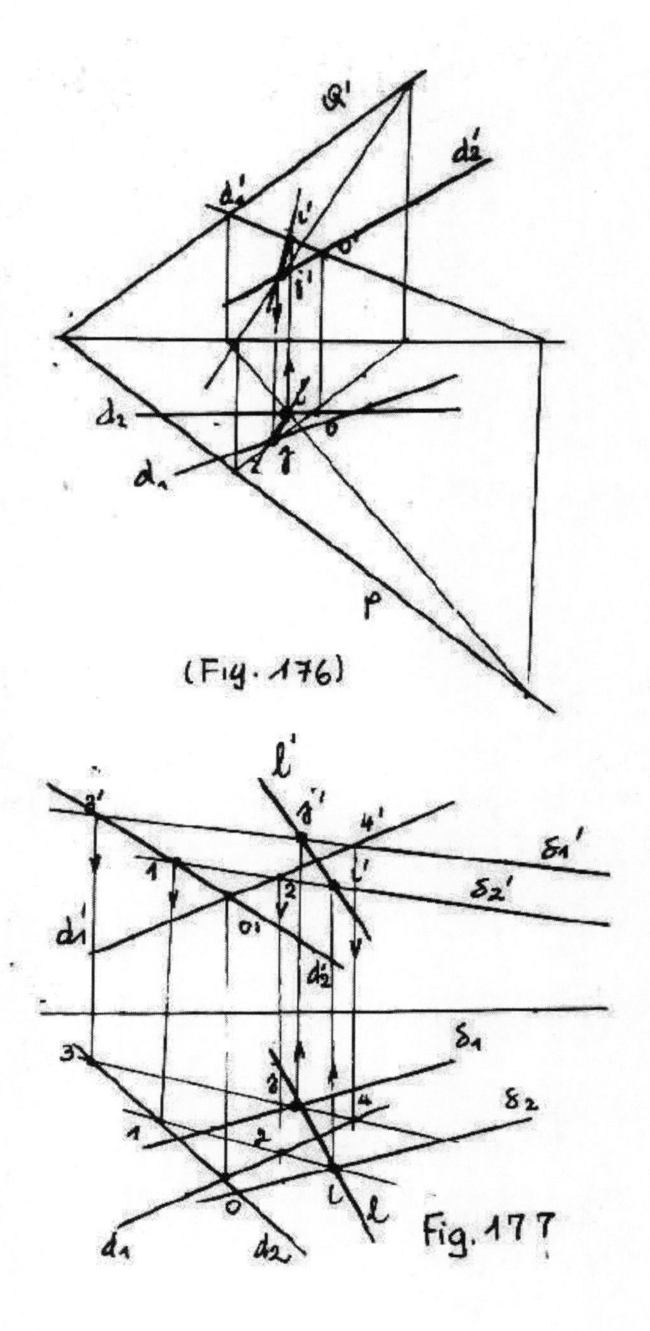
Q'
d'2
d'1
i'
o'
d2
o
d1
i
P
(Fig. 176)
l'
3'
4'
δ1'
1
2
δ2'
d'1
o'
d'2
δ1
3
4
δ2
1
2
o
i
l
d1
d2
Fig. 177

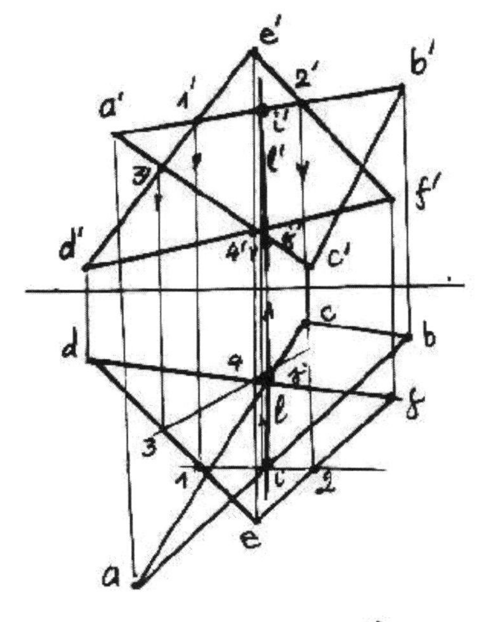

(Fig. 178)

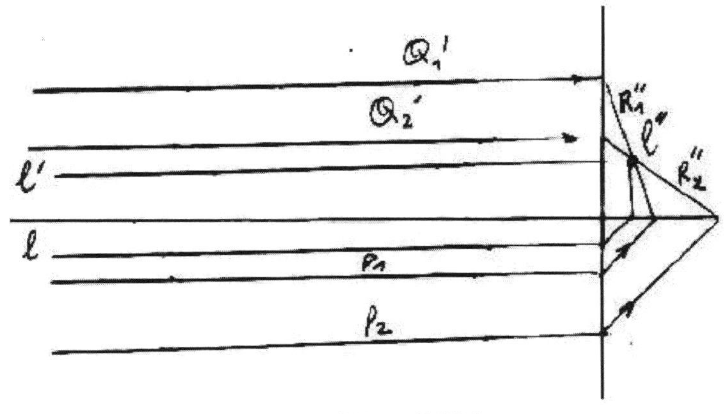

(Fig. 179)

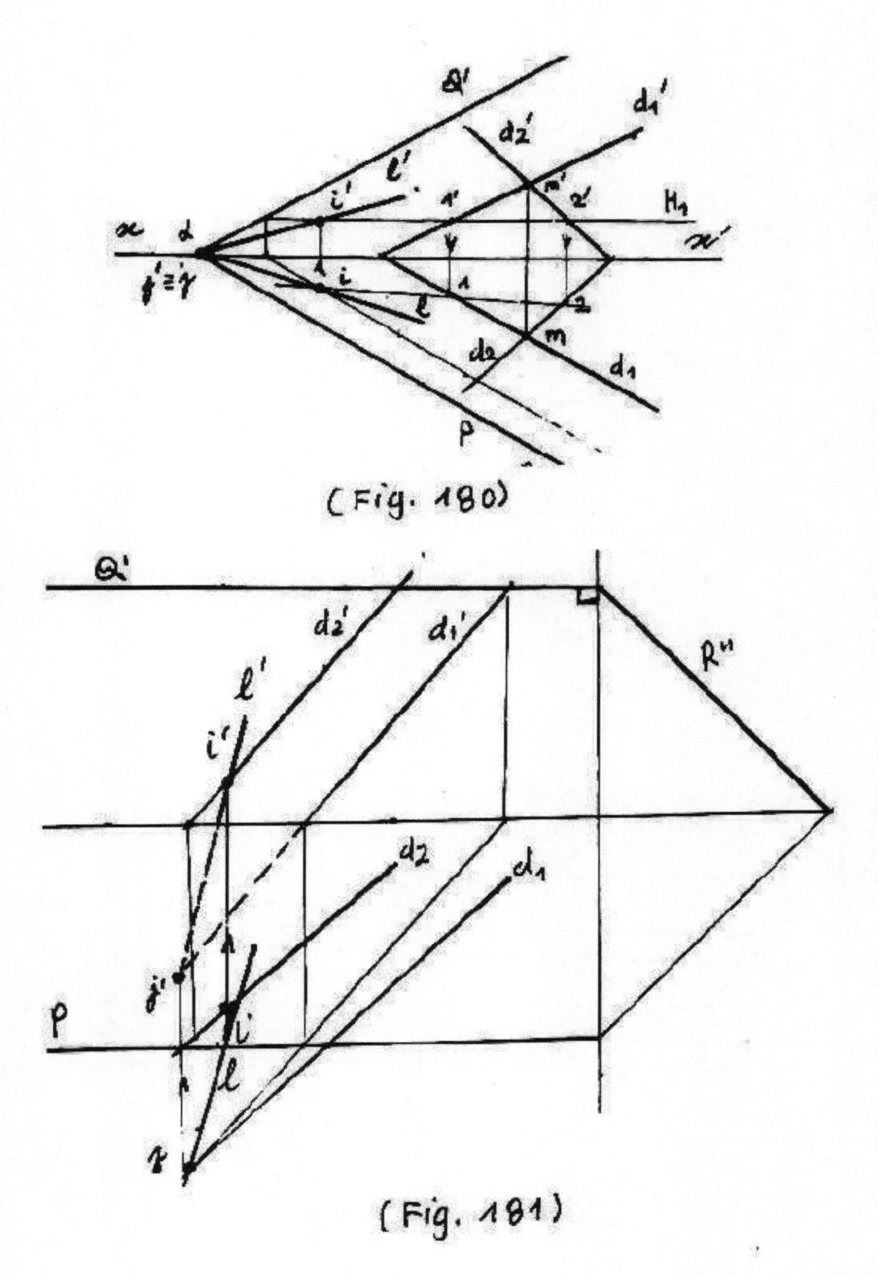

(Fig. 180)

(Fig. 181)

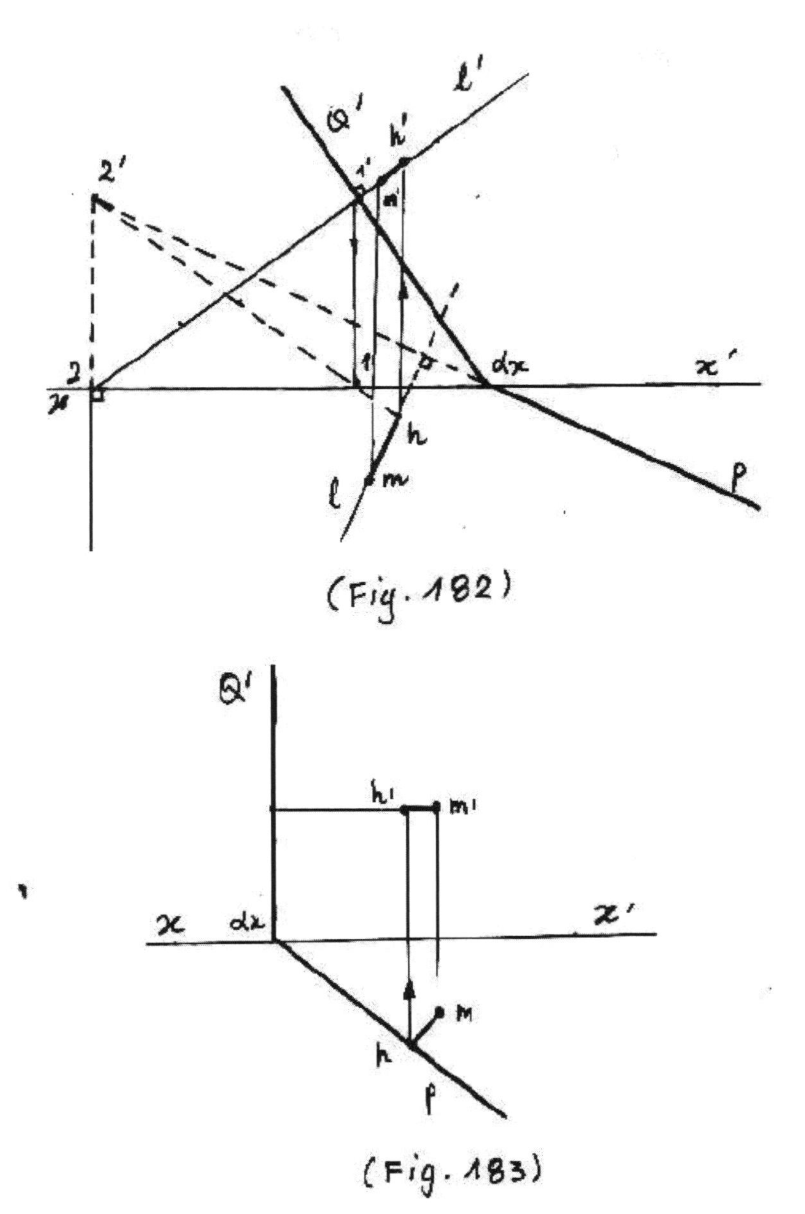

(Fig. 182)

(Fig. 183)

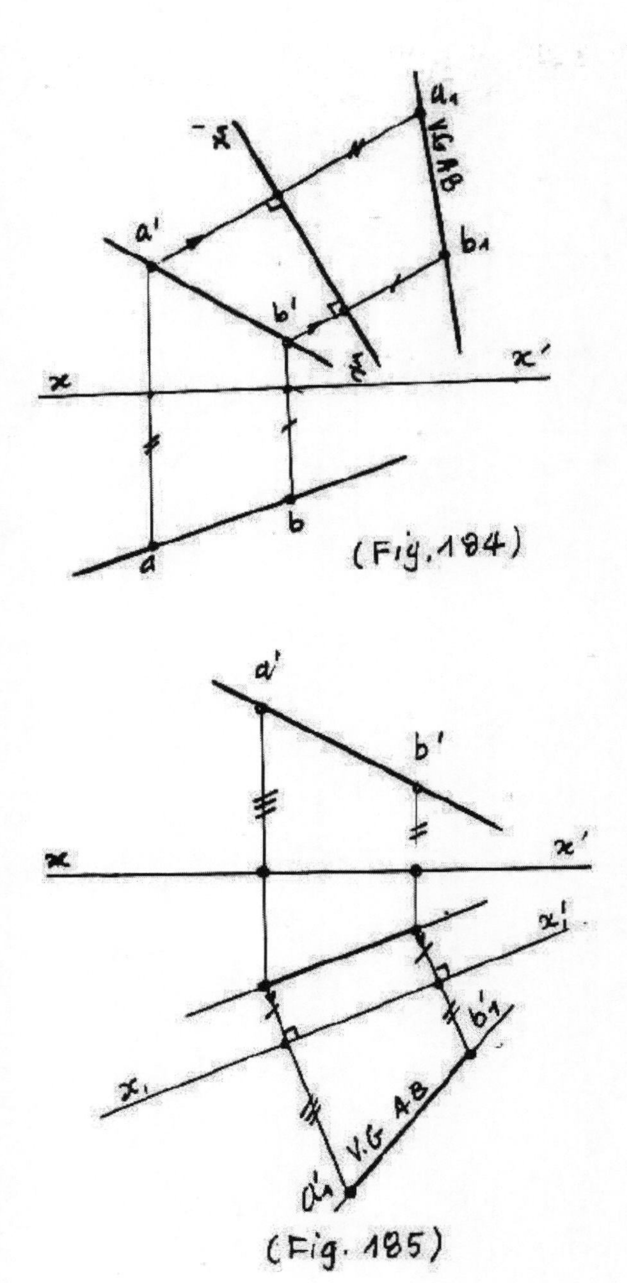

(Fig. 184)

(Fig. 185)

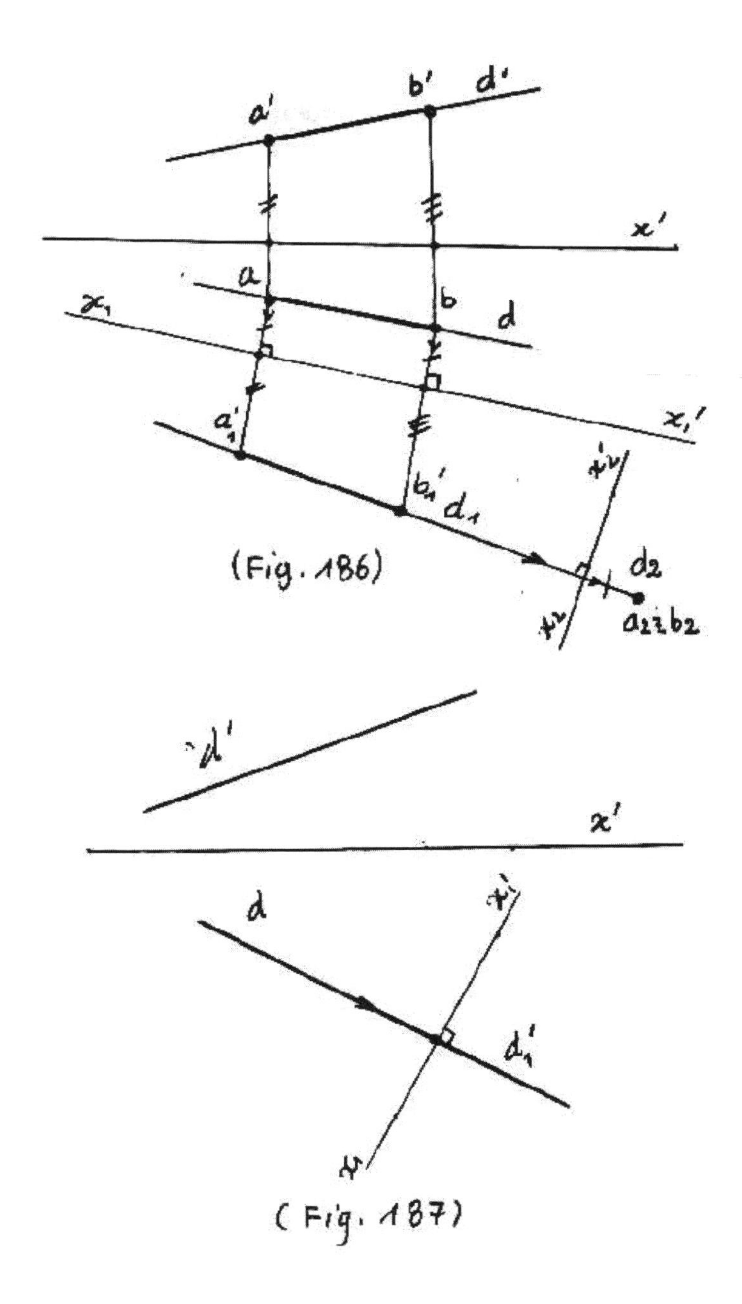

(Fig. 186)

(Fig. 187)

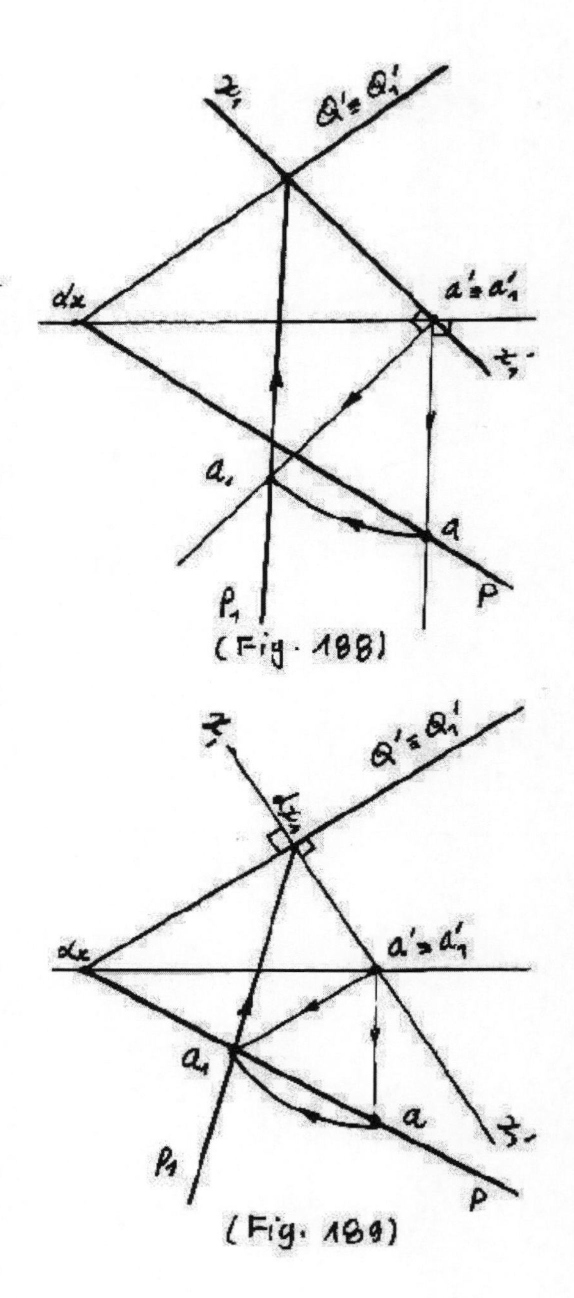

(Fig. 188)

(Fig. 189)

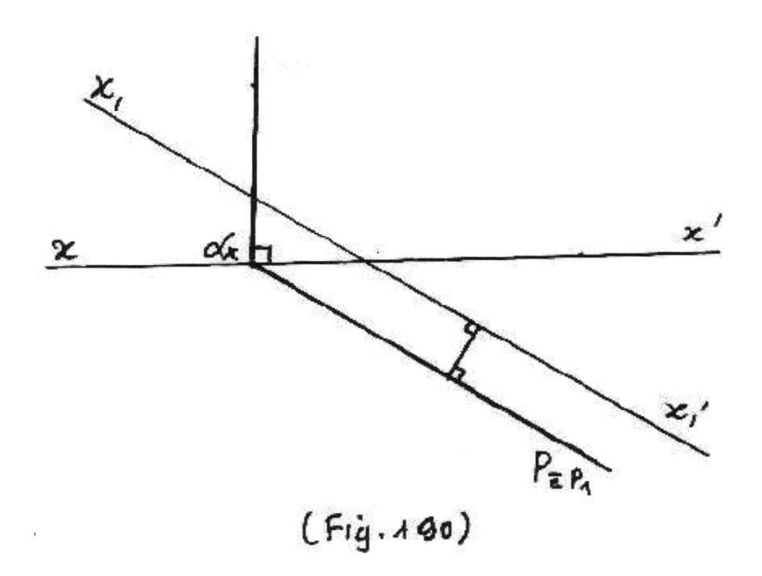

(Fig. 190)

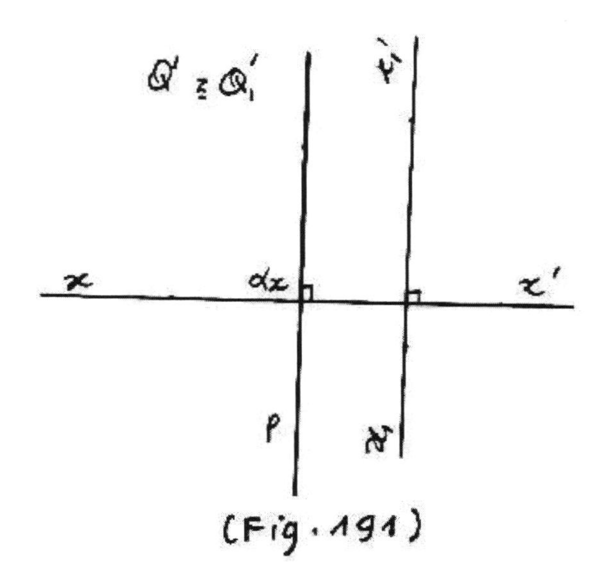

(Fig. 191)

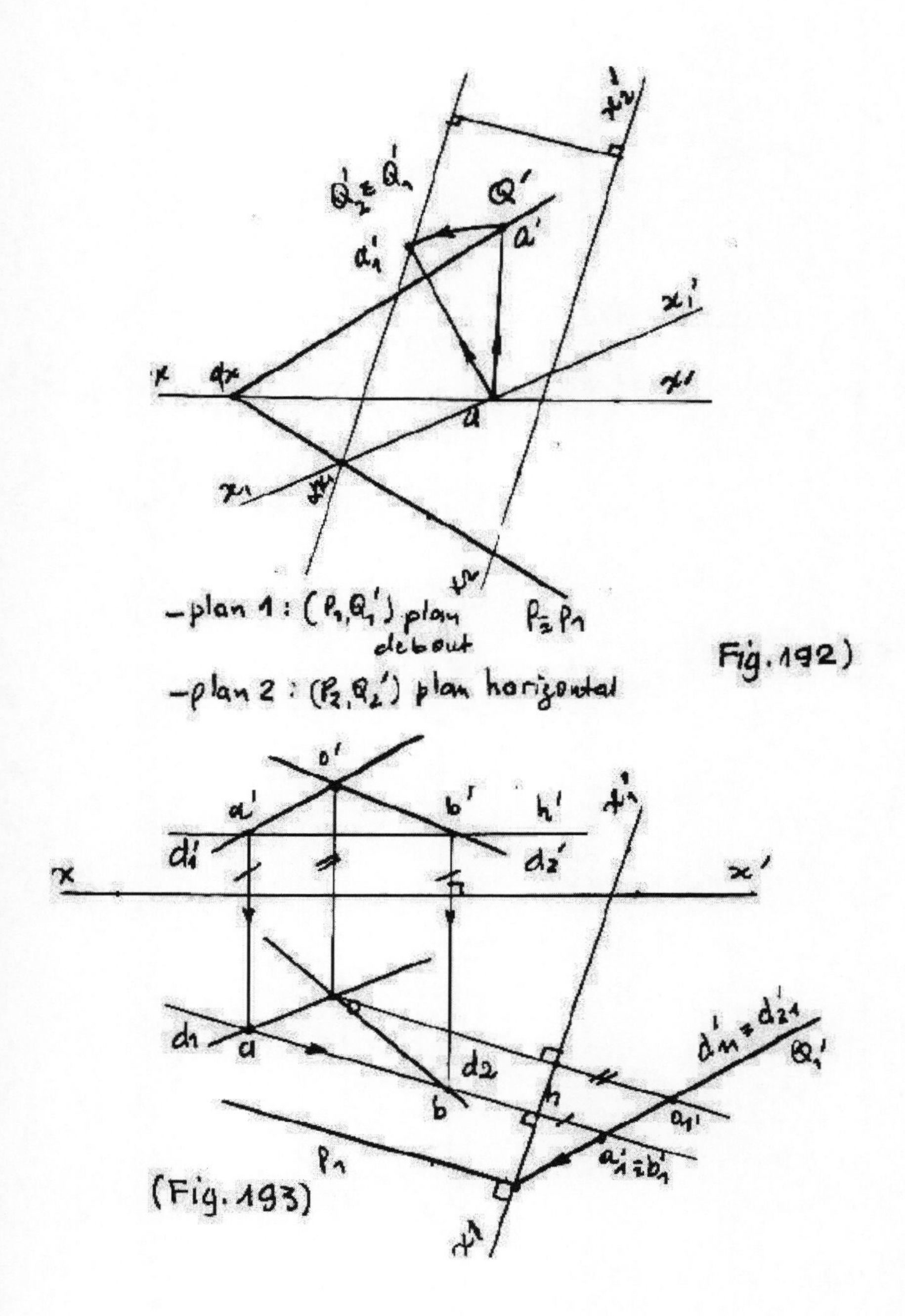
Q'
a'
a'1
x
x'
x'1
a
x1
-plan 1 : (P1,Q'1) plan debout
P ≡ P1
-plan 2 : (P2,Q'2) plan horizontal
Fig.192)
o'
a'
b'
h'
d'1
d2'
x
x'
d1
a
d2
b
h
Q1'
a1'
a'1 ≡ b'1
P1
(Fig.193)

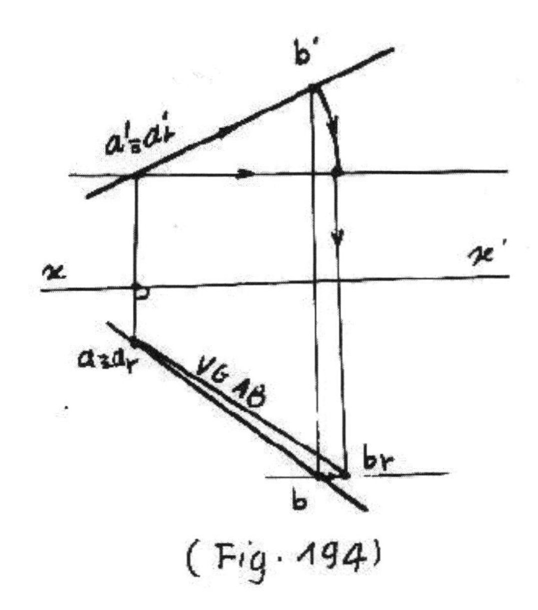

(Fig. 194)

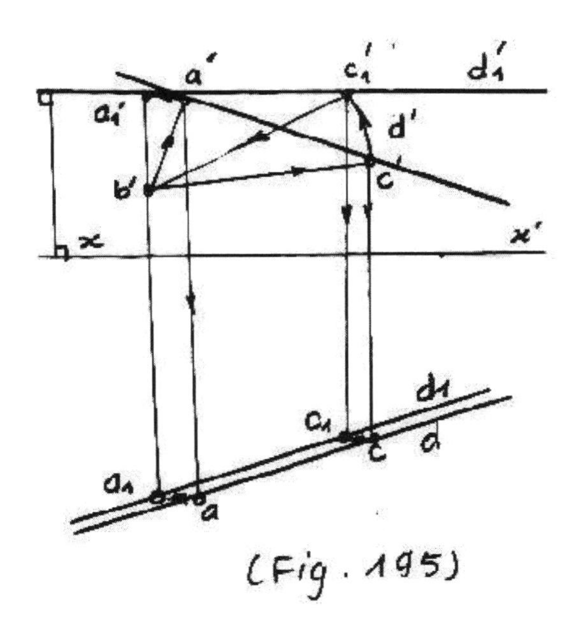

(Fig. 195)

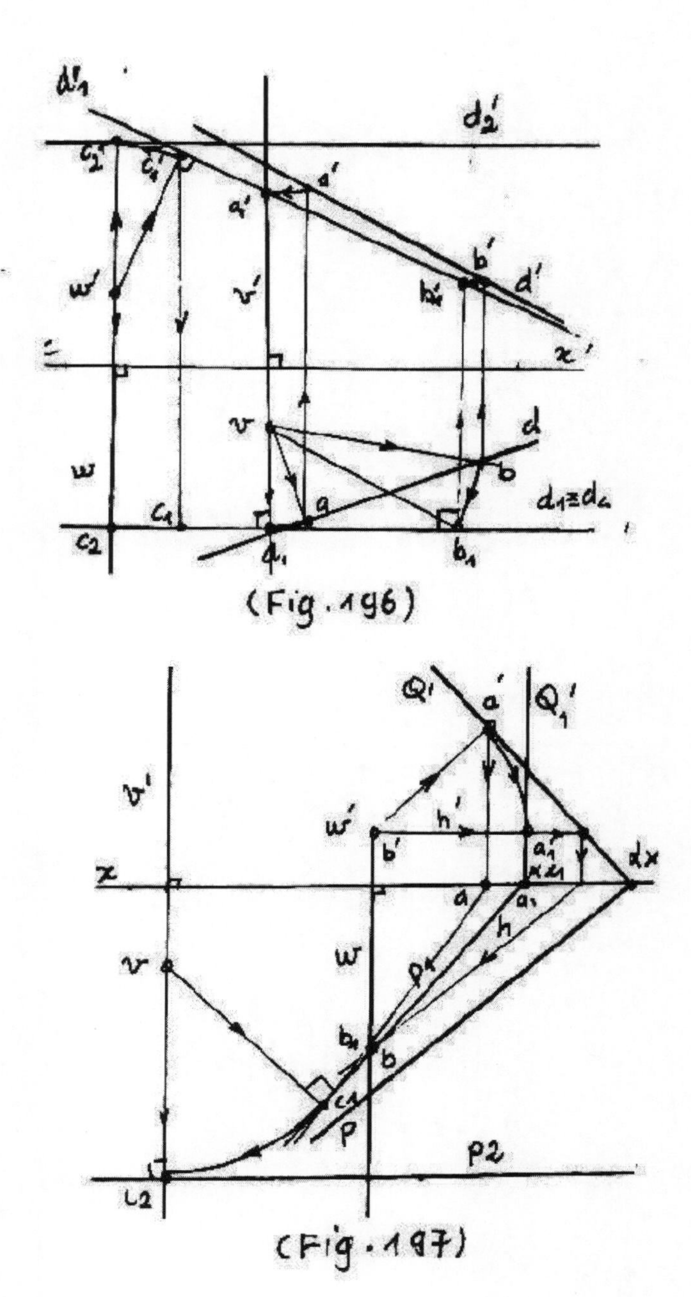

(Fig.196)

(Fig.197)

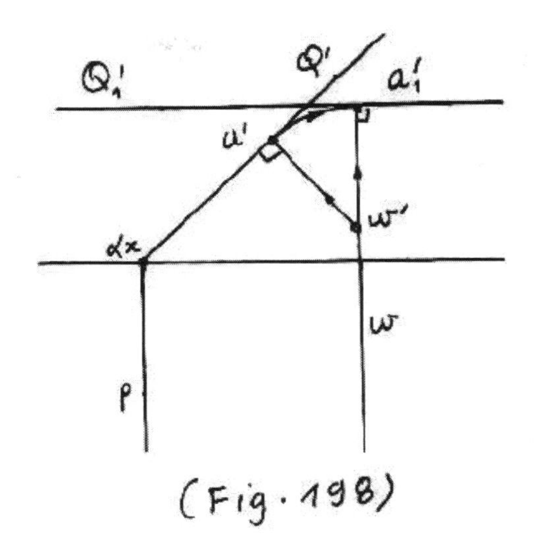

(Fig. 198)

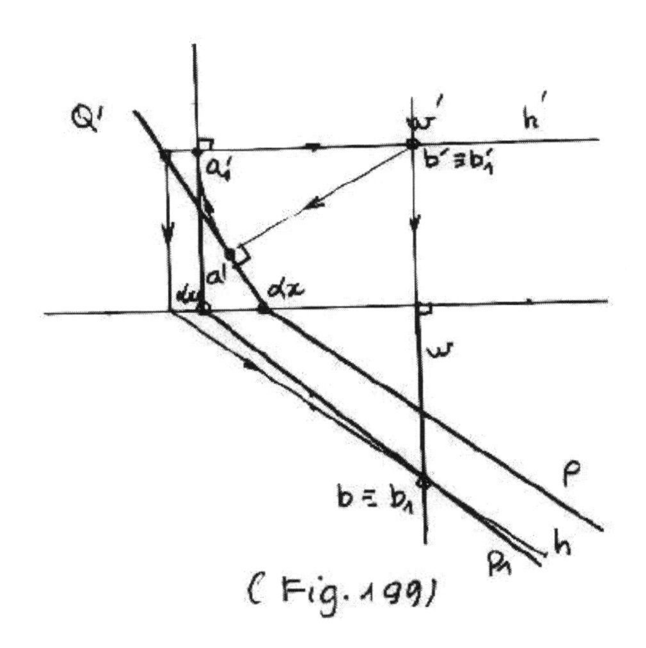

(Fig. 199)

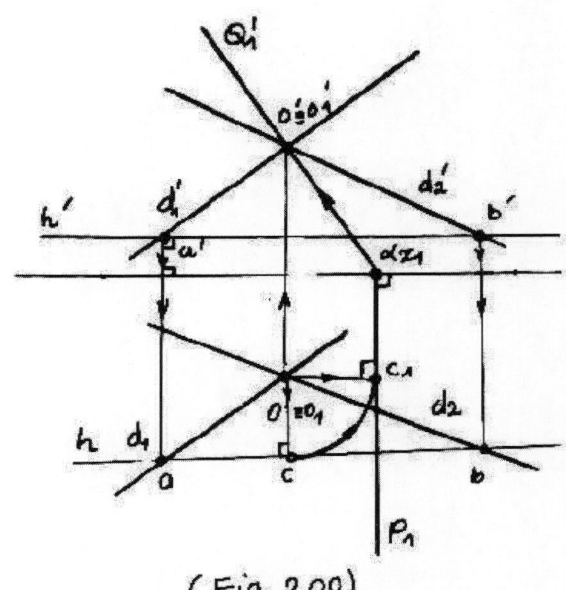

(Fig. 200)

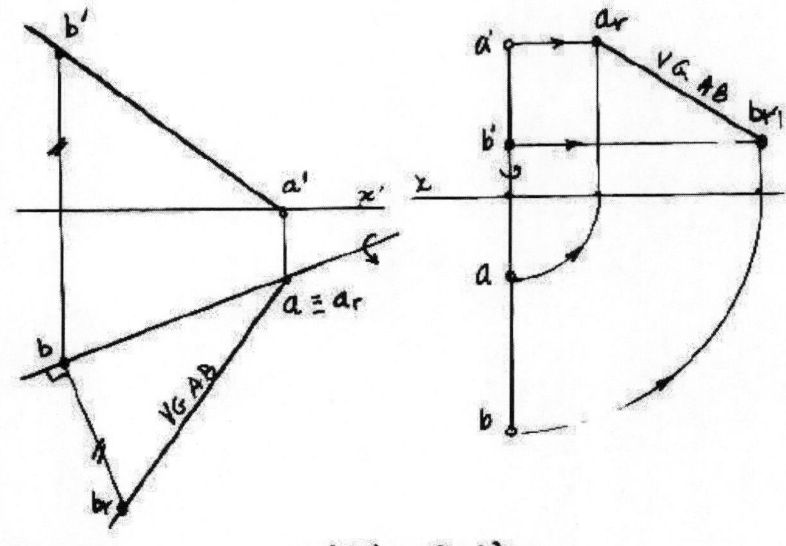

(Fig. 202)

(Fig. 201)

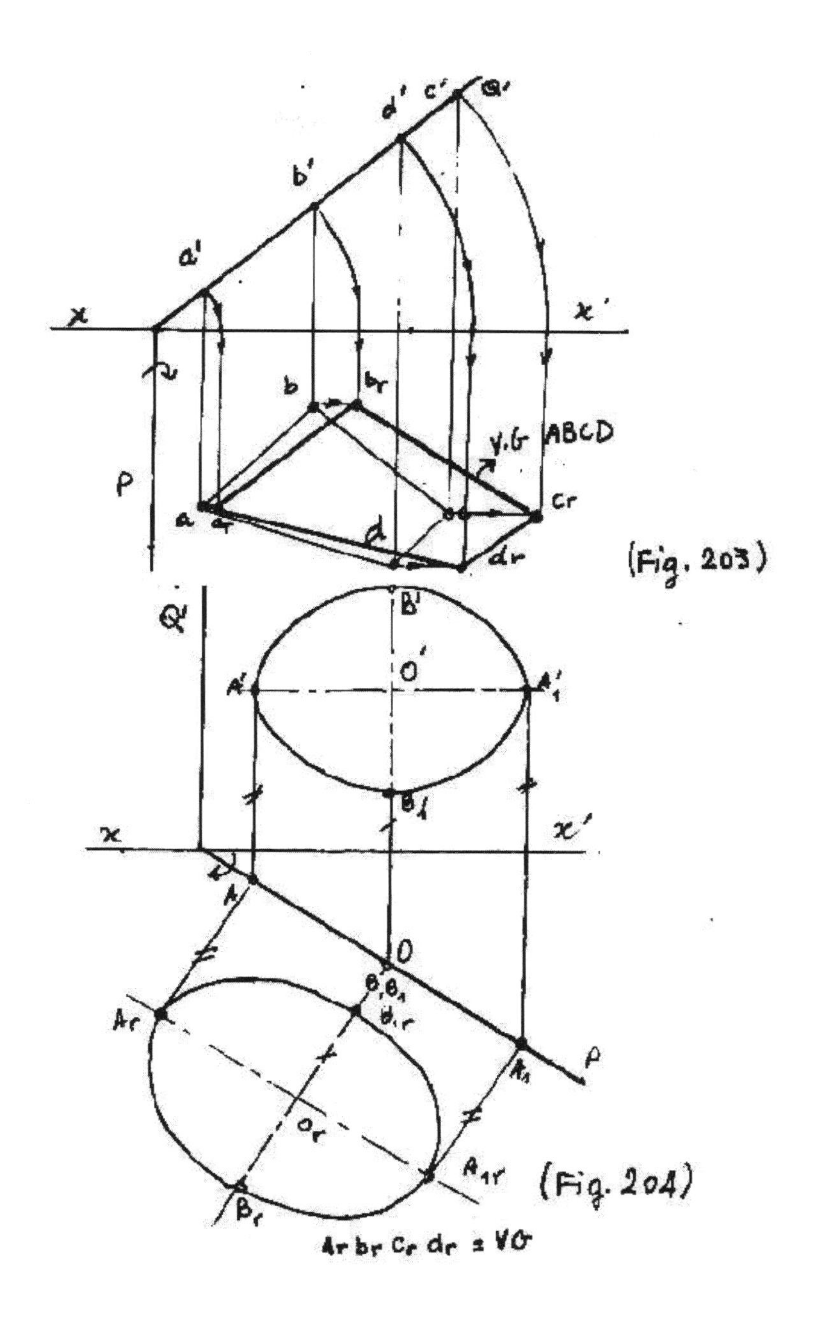

(Fig. 203)

(Fig. 204)

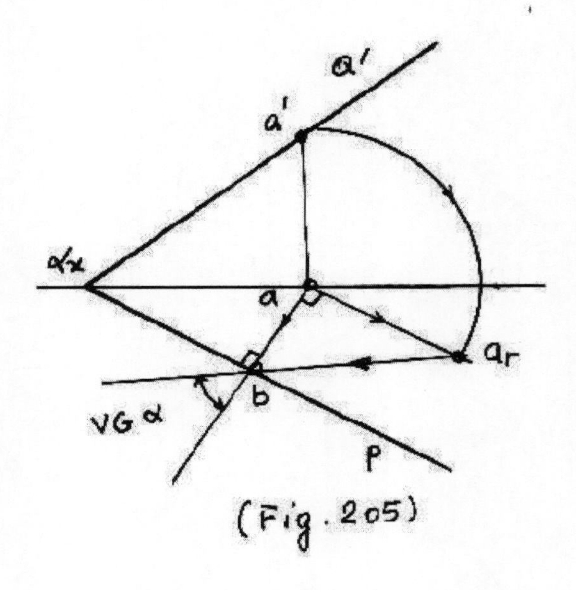

(Fig. 205)

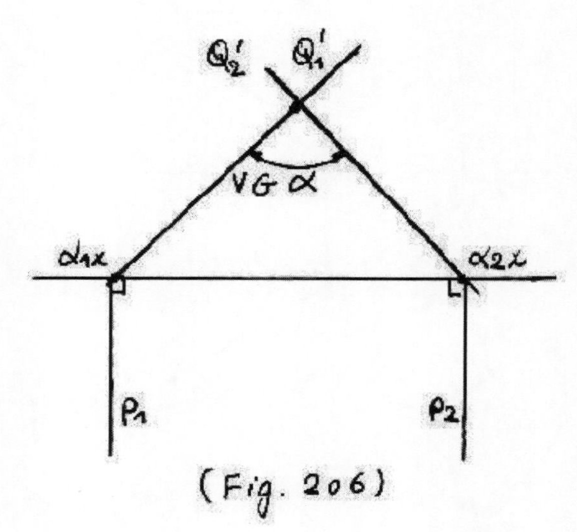

(Fig. 206)

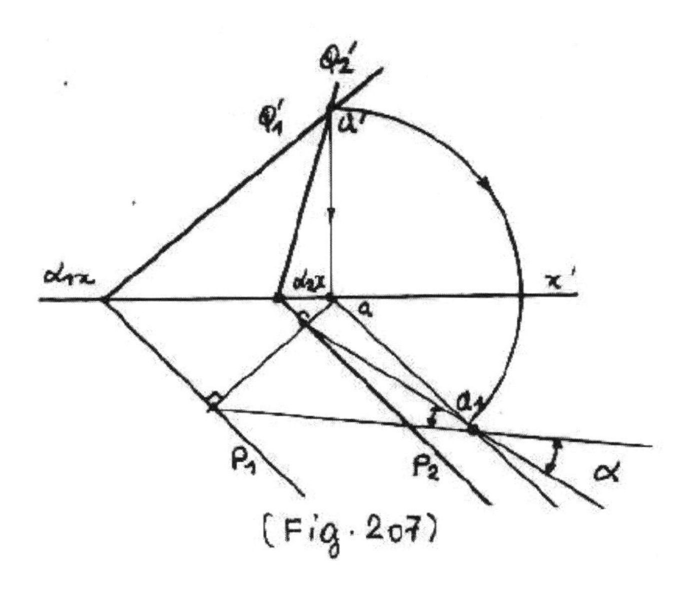

(Fig. 207)

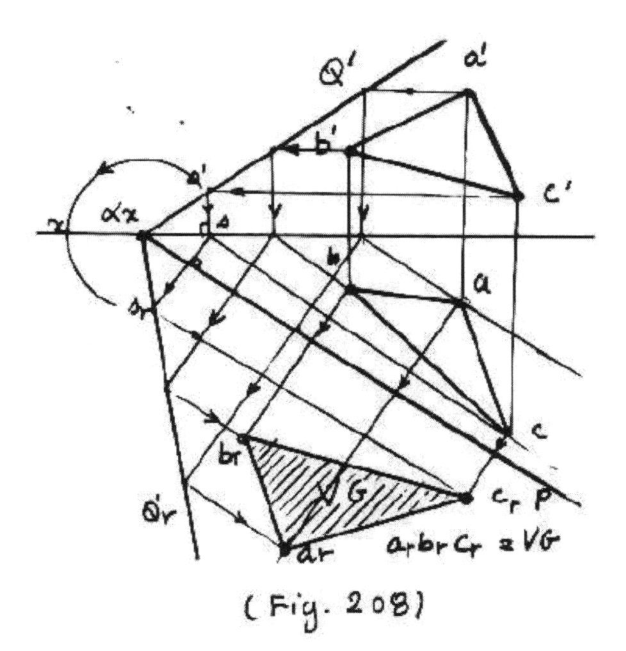

(Fig. 208)

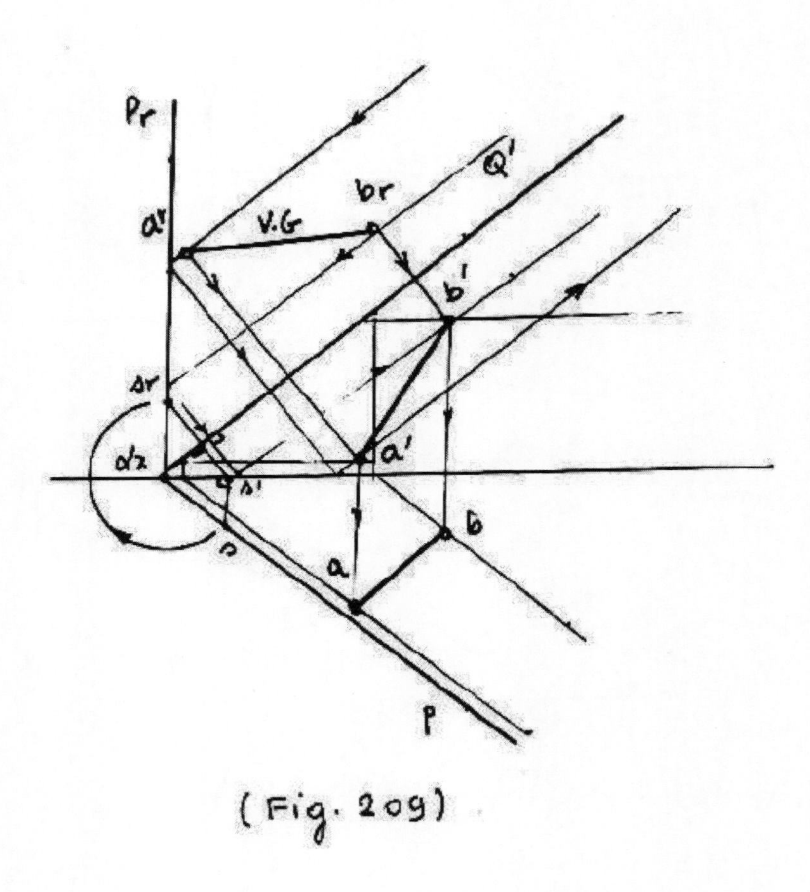

(Fig. 209)

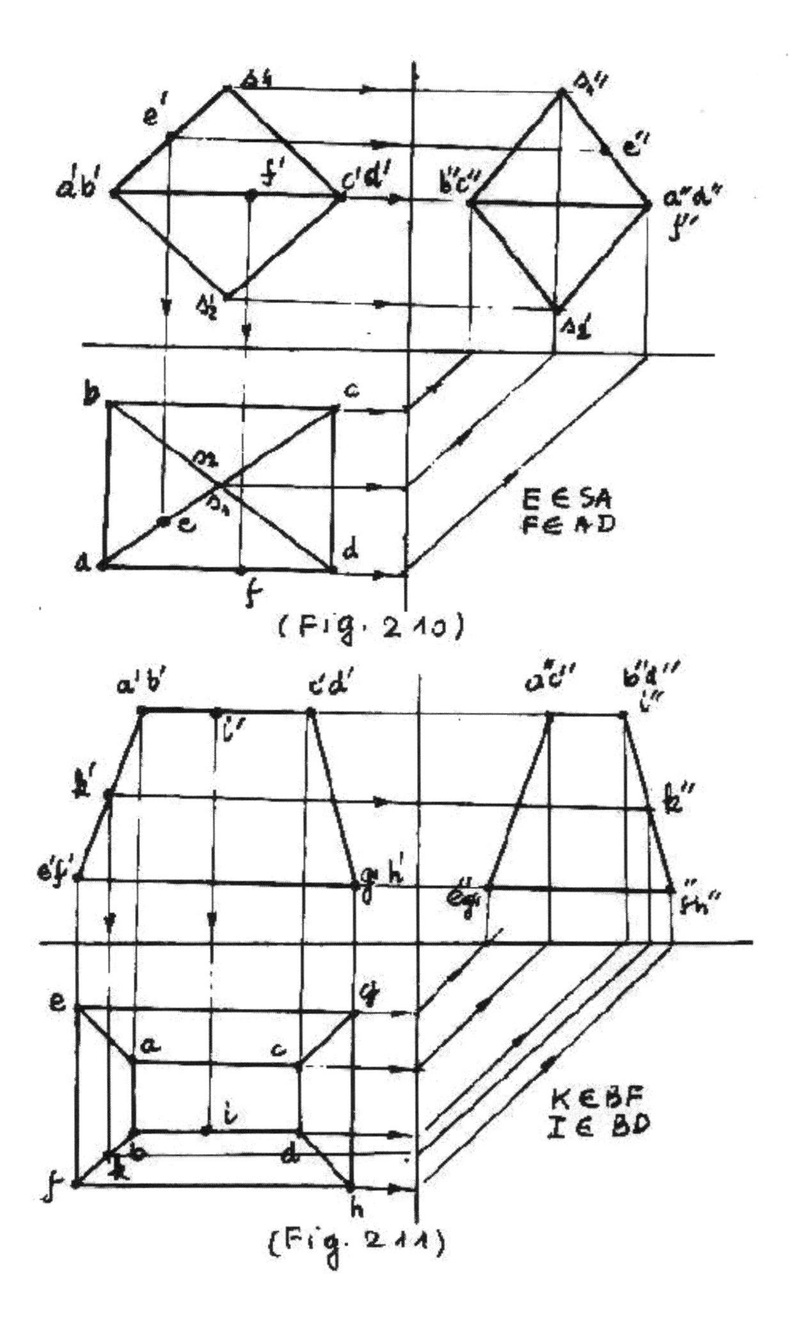
E ∈ SA
F ∈ AD
(Fig. 210)
K ∈ BF
I ∈ BD
(Fig. 211)

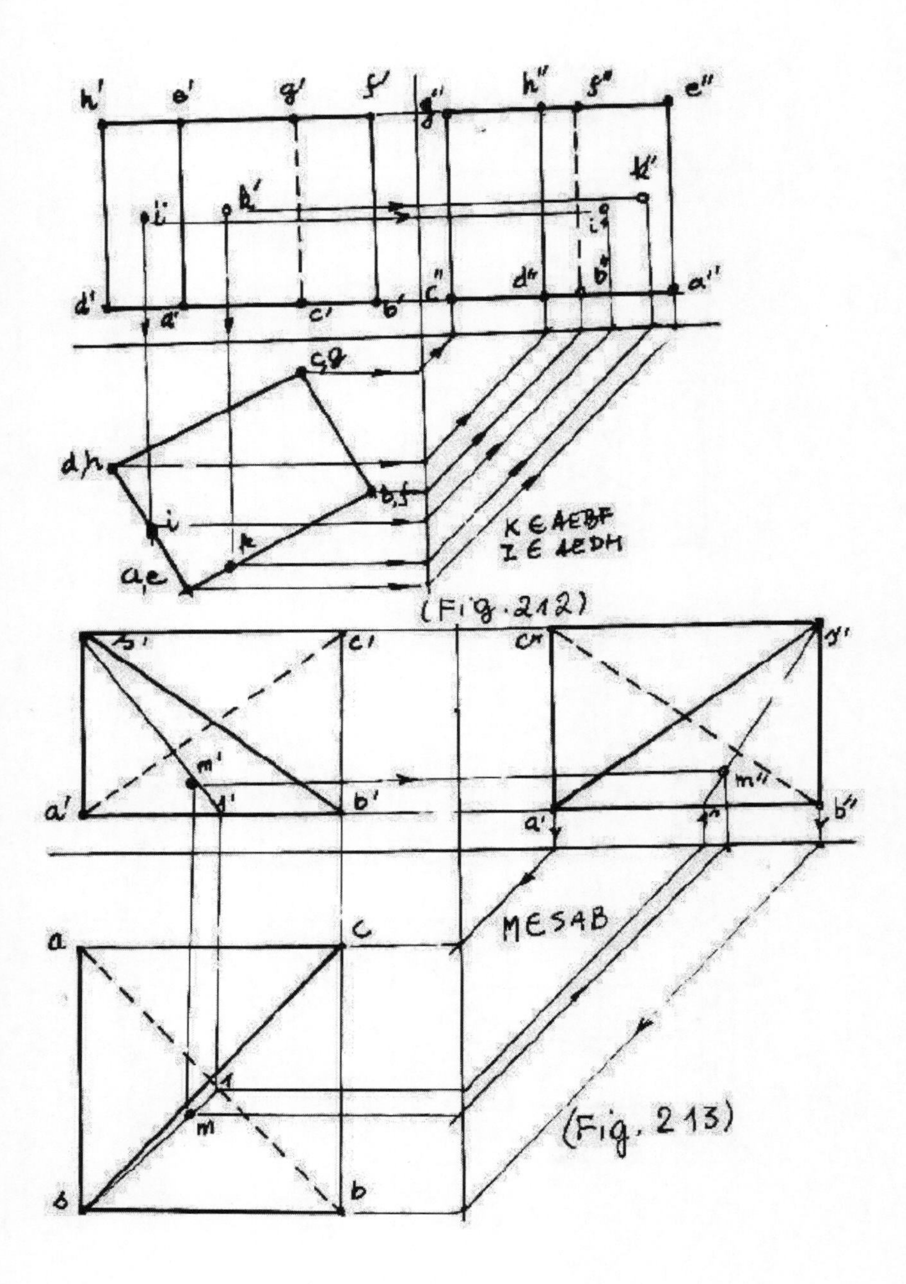
K ∈ AEBF
I ∈ AEDH
(Fig. 212)
MESAB
(Fig. 213)

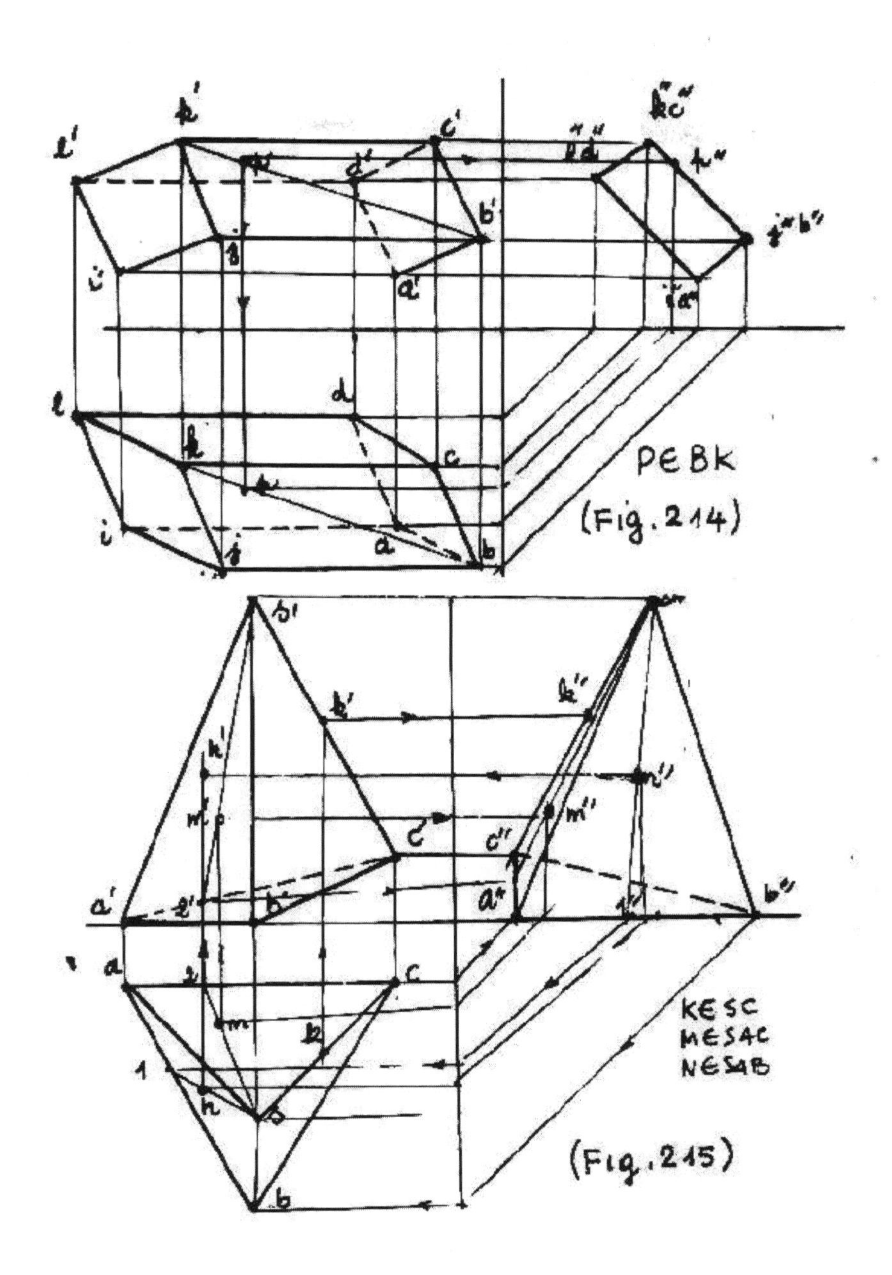
PEBK
(Fig. 214)
KESC
MESAC
NESAB
(Fig. 215)

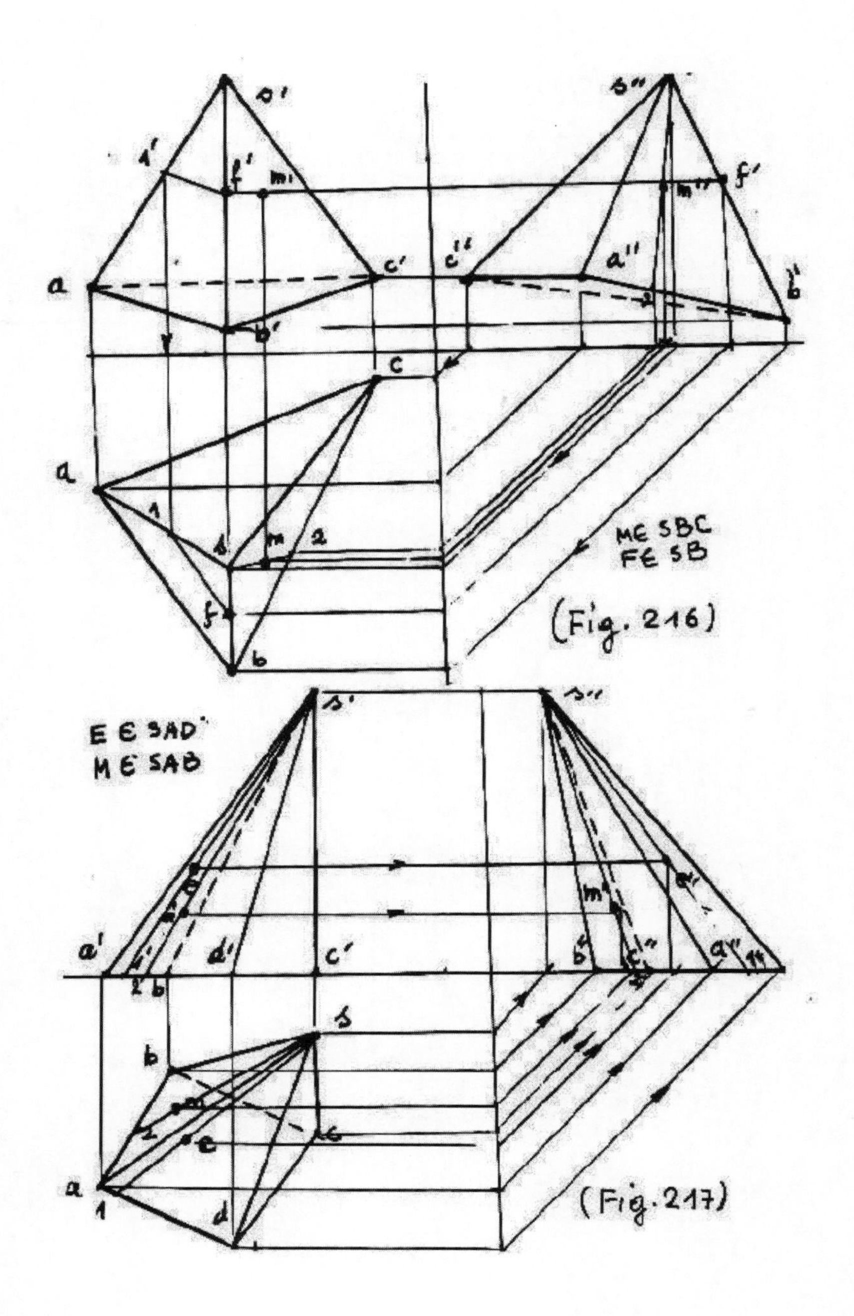
ME SBC
FE SB
(Fig. 216)
E ∈ SAD
M ∈ SAB
(Fig. 217)

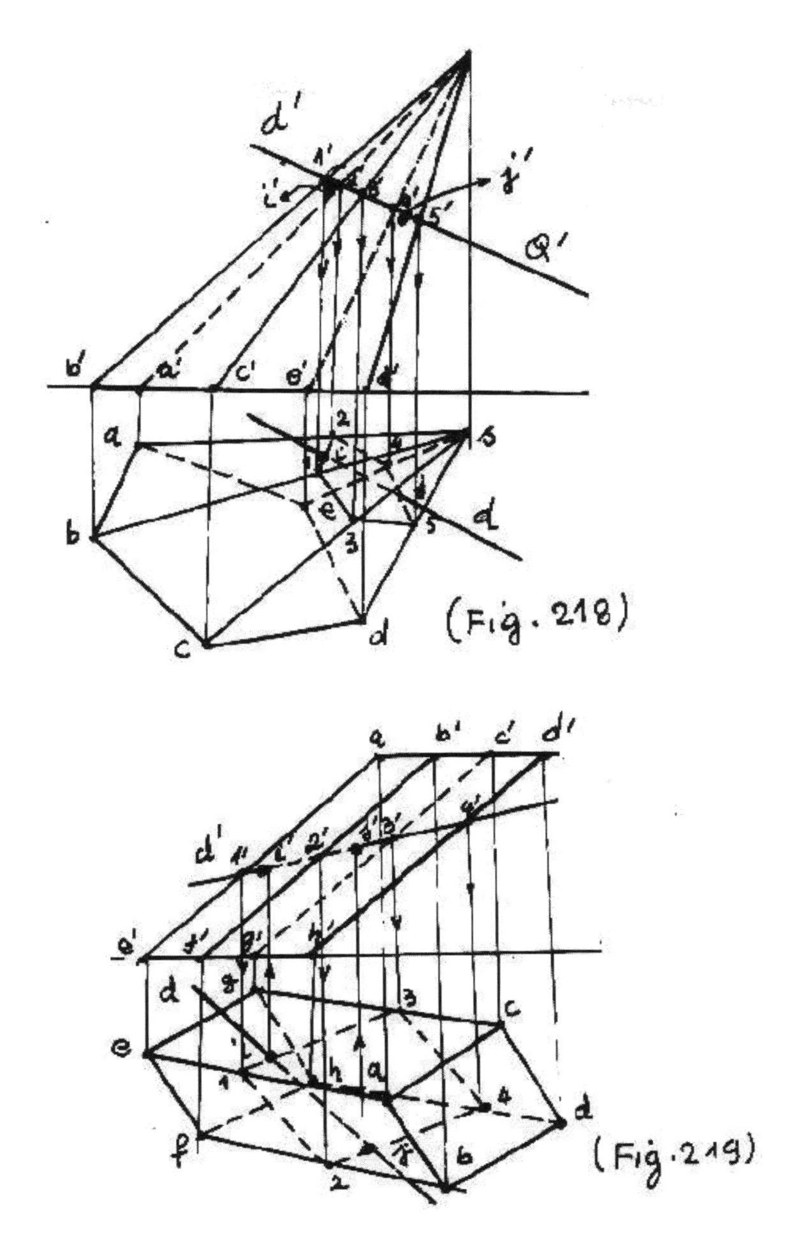

(Fig. 218)

(Fig. 219)

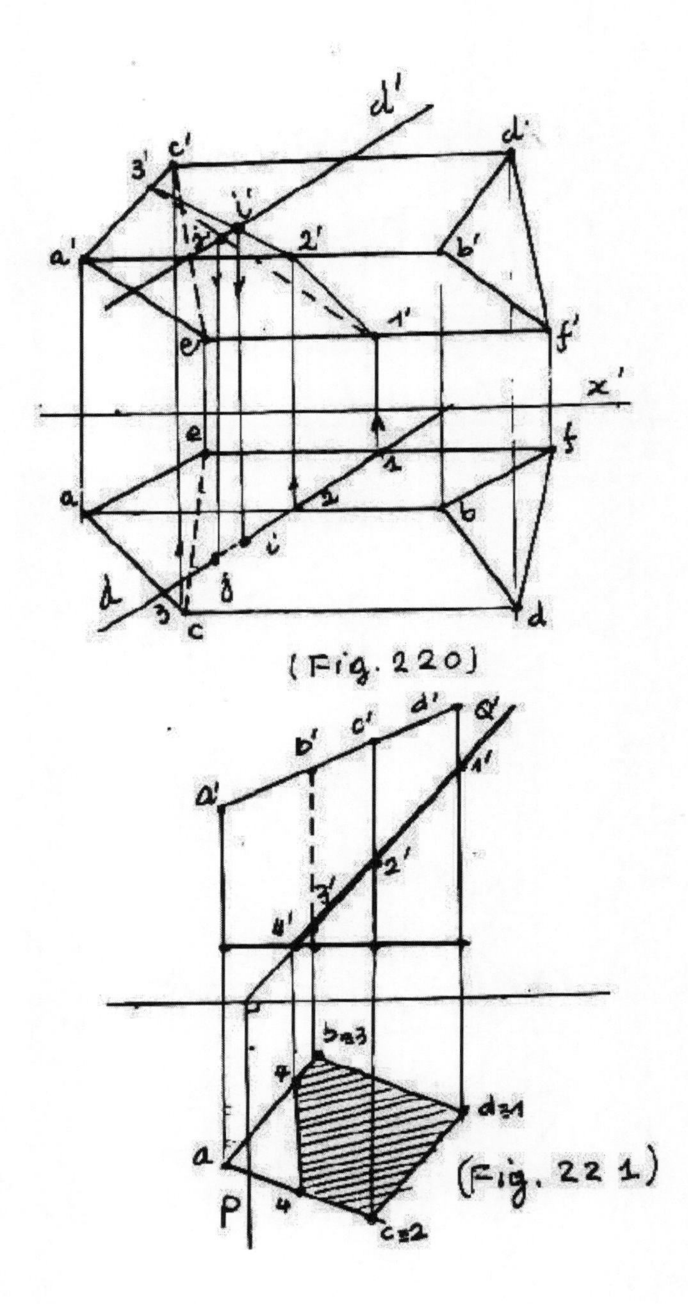

(Fig. 220)

(Fig. 221)

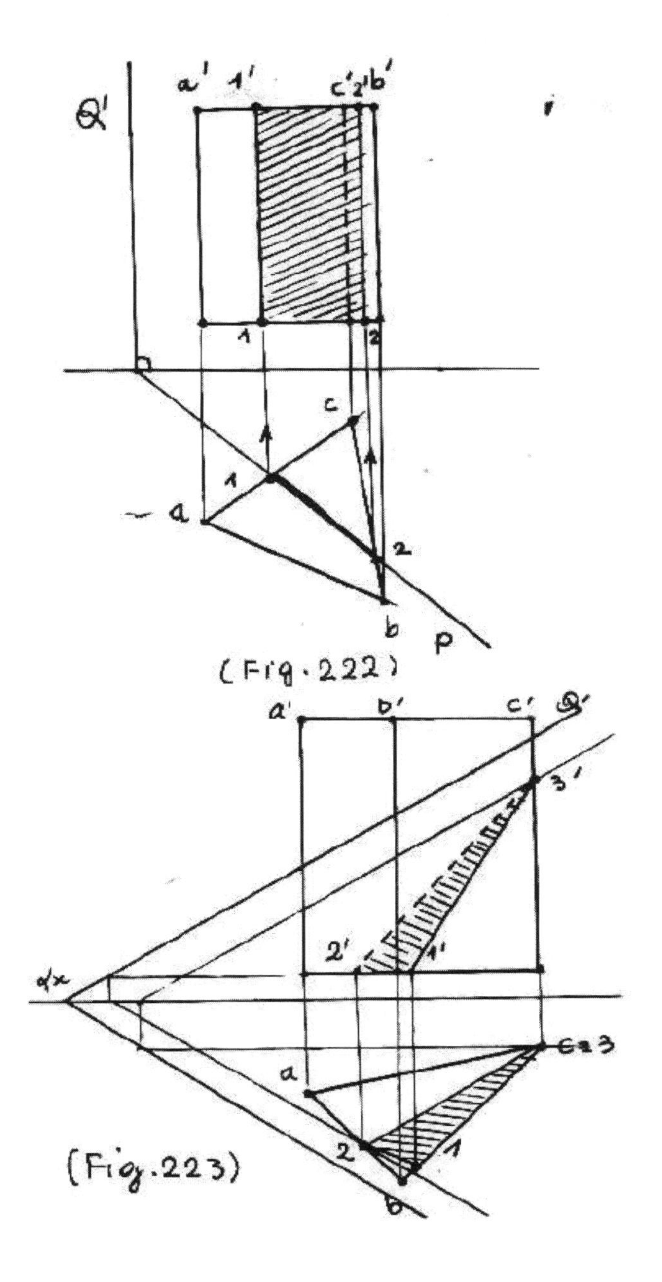

(Fig.222)

(Fig.223)

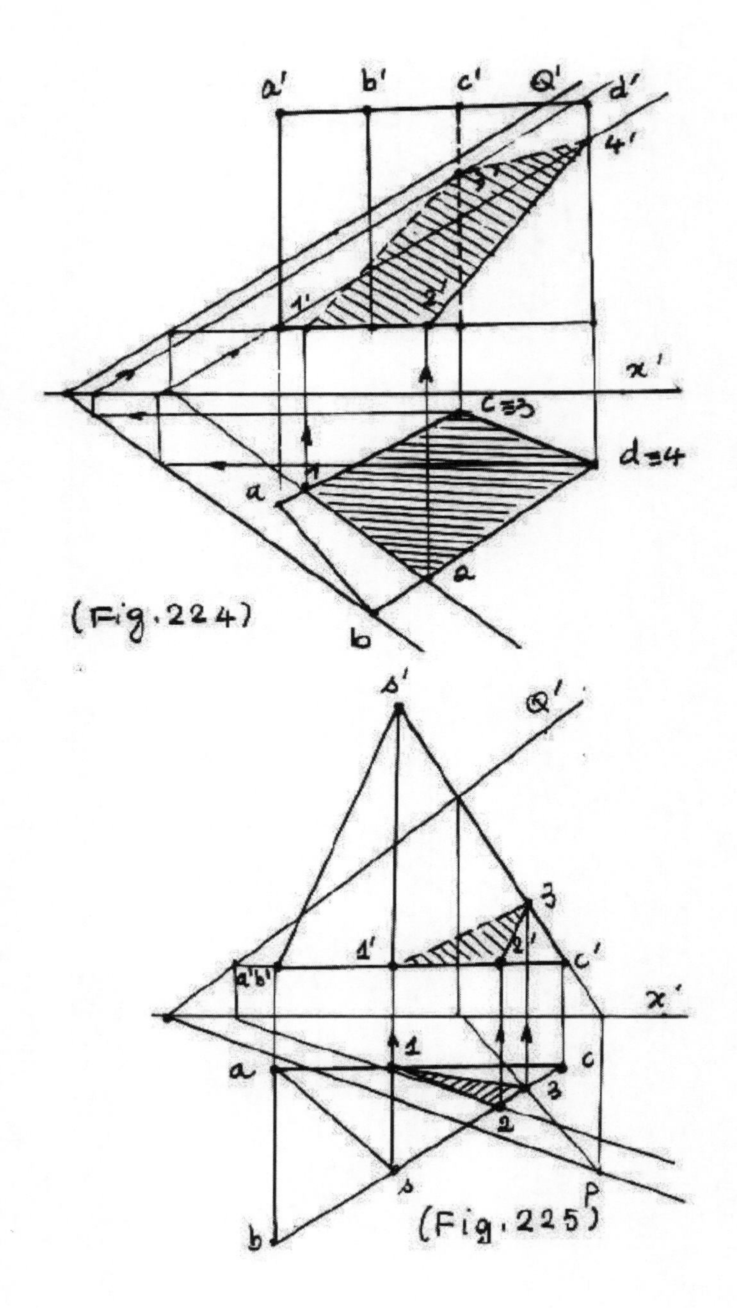

(Fig.224)

(Fig.225)

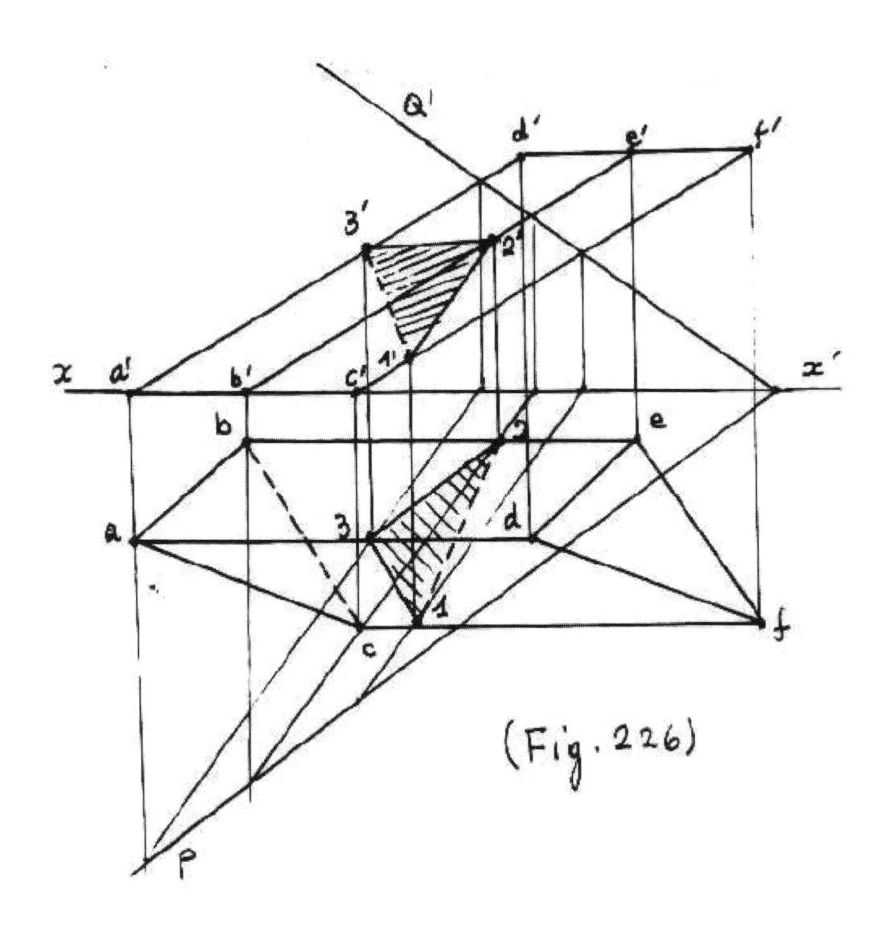

(Fig.226)

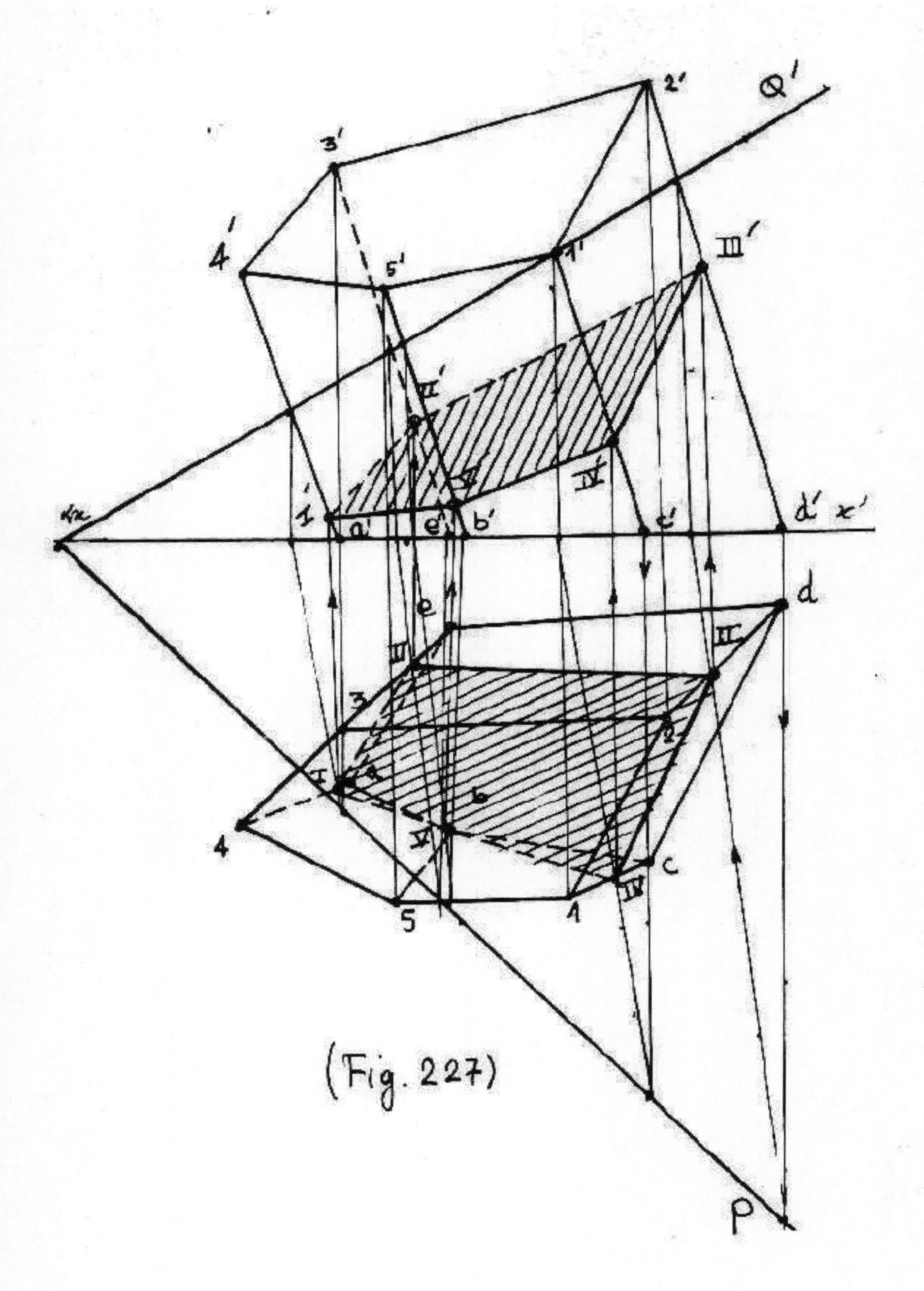

(Fig. 227)

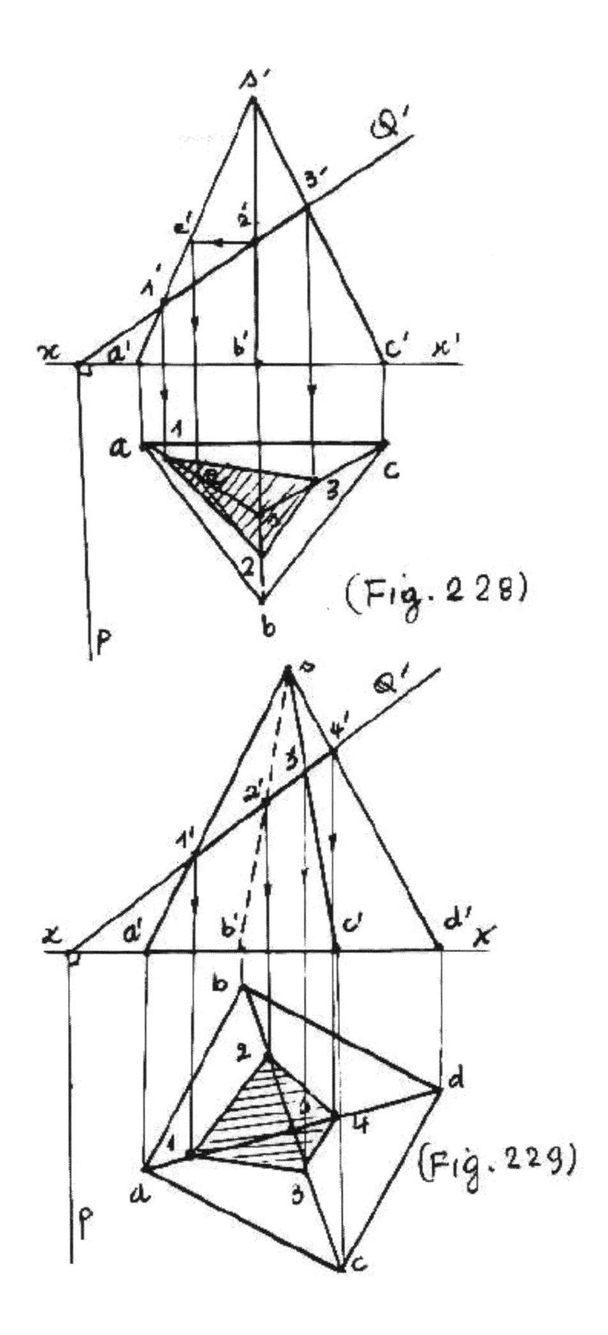
s'
Q'
3'
e'
2'
1'
x
a'
b'
c'
x'
1
a
c
3
2
b
P
(Fig. 228)
Q'
4'
3'
2'
1'
x
a'
b'
c'
d'
x
b
2
d
4
1
a
3
(Fig. 229)
P
c

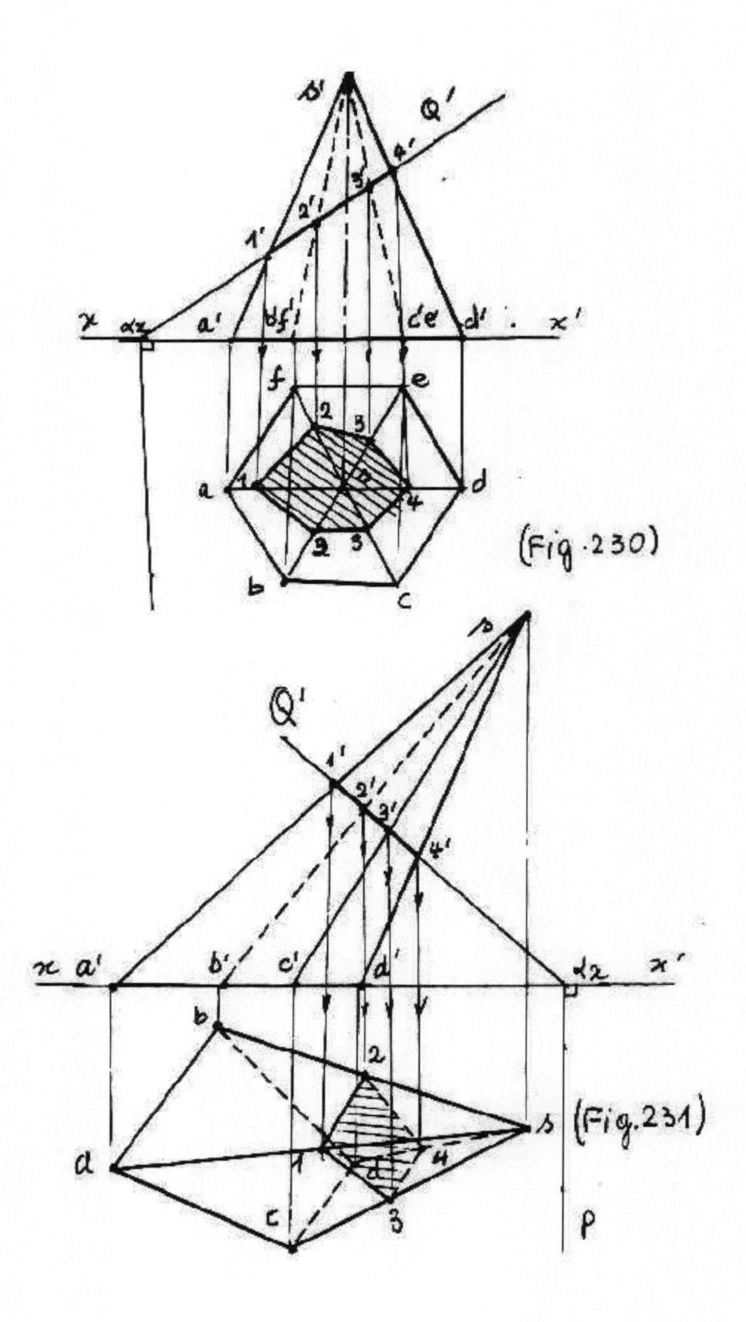
s'
Q'
4'
3'
2'
1'
x
αx
a'
bf'
ce
d'
x'
f
e
2
3
a
1
4
d
b
c
(Fig.230)
s
Q'
1'
2'
3'
4'
x
a'
b'
c'
d'
αx
x'
b
2
s
(Fig.231)
a
1
4
d
c
3
P

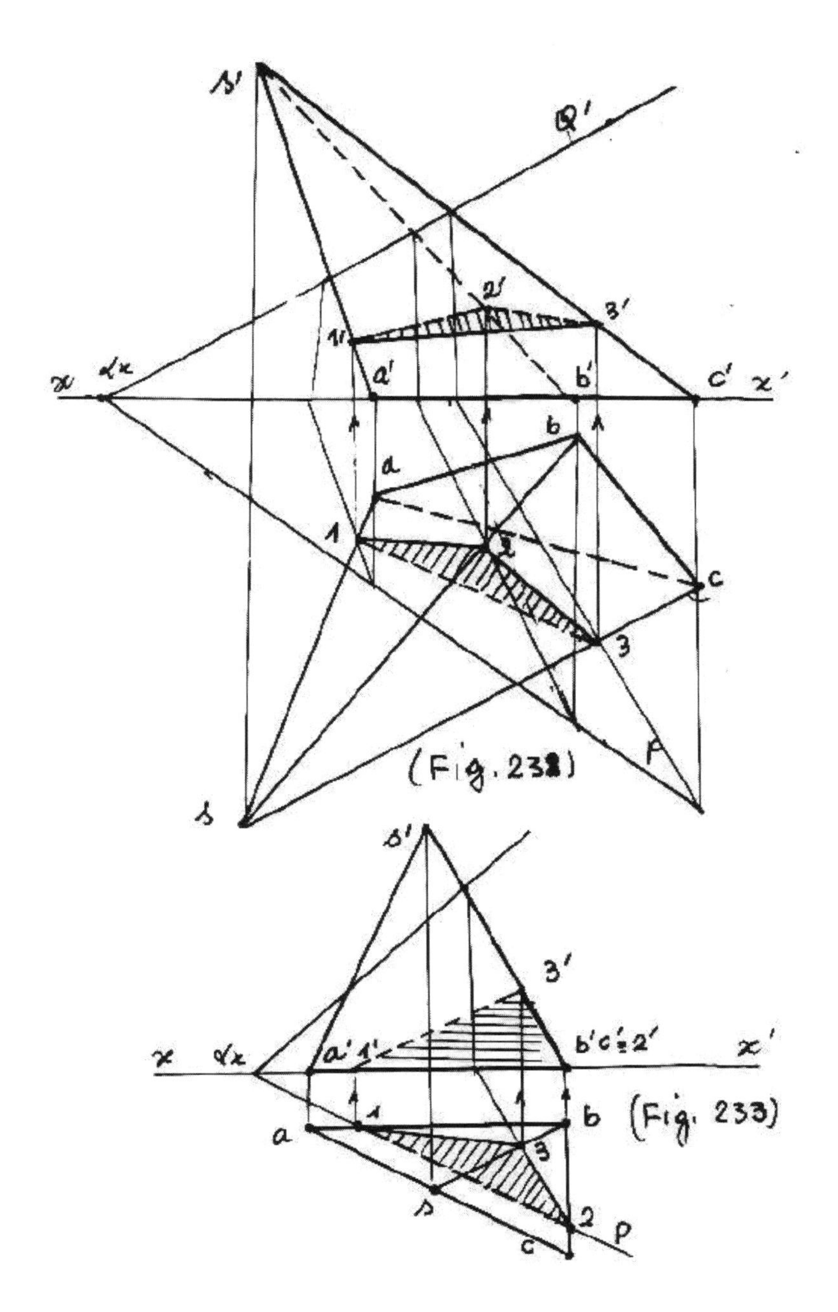

(Fig. 232)

(Fig. 233)

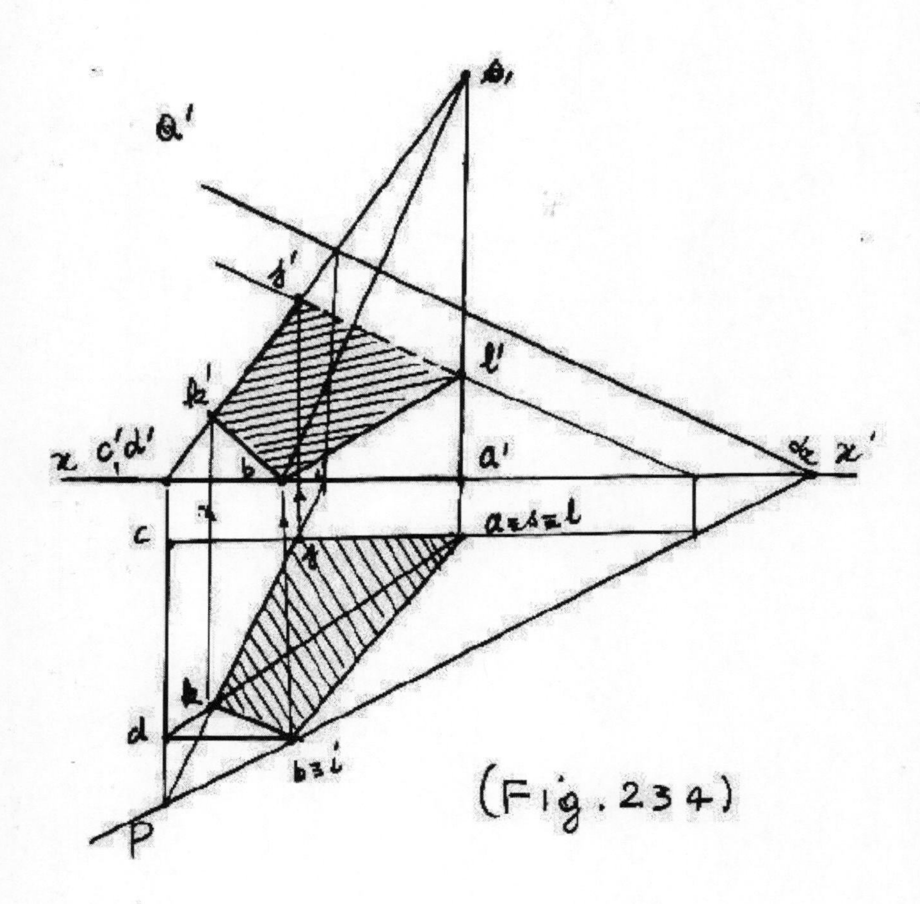

(Fig. 234)

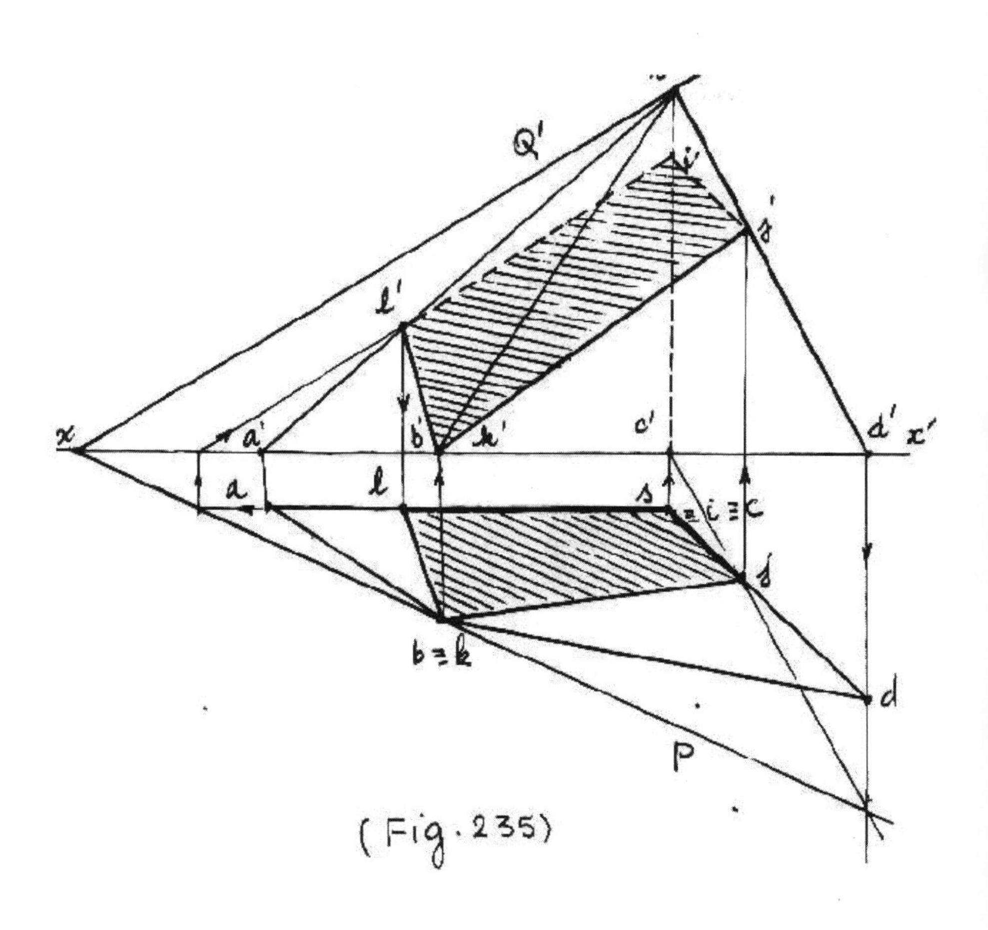

(Fig. 235)

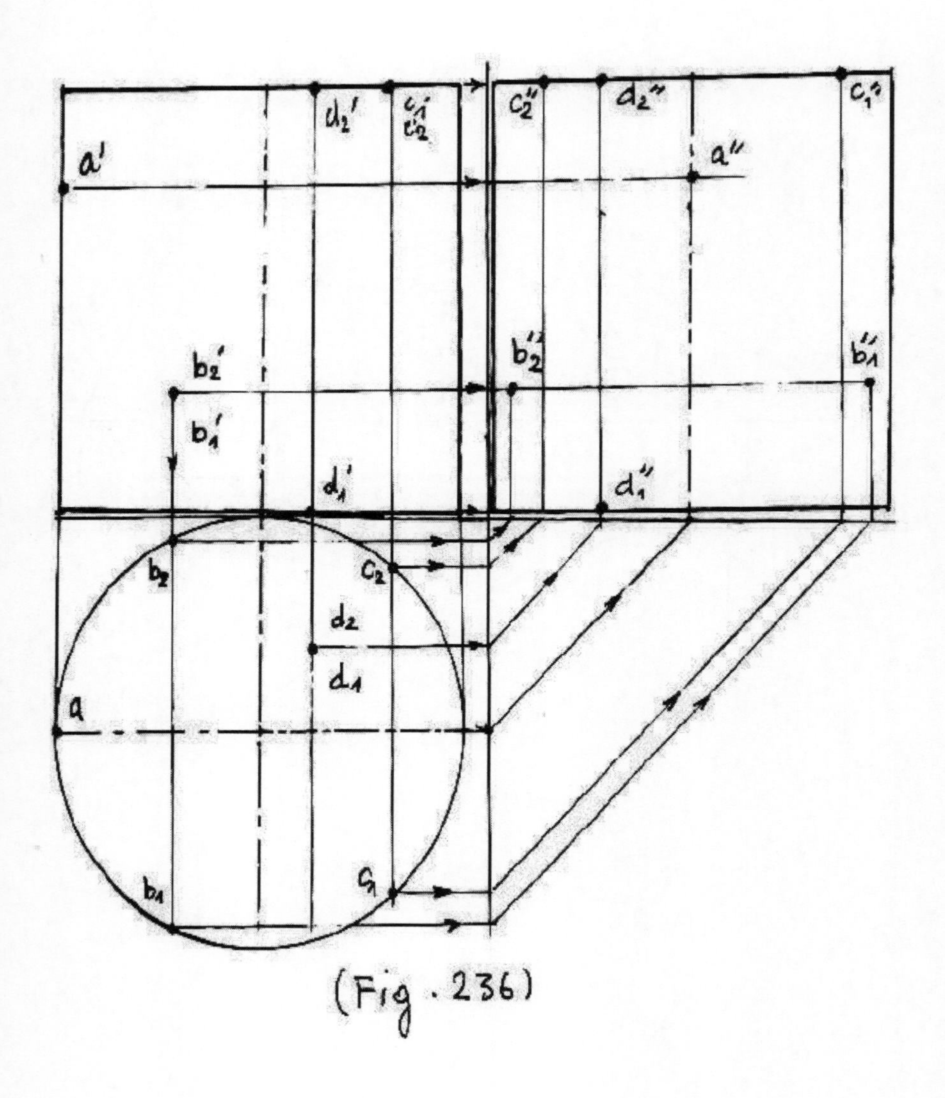

(Fig. 236)

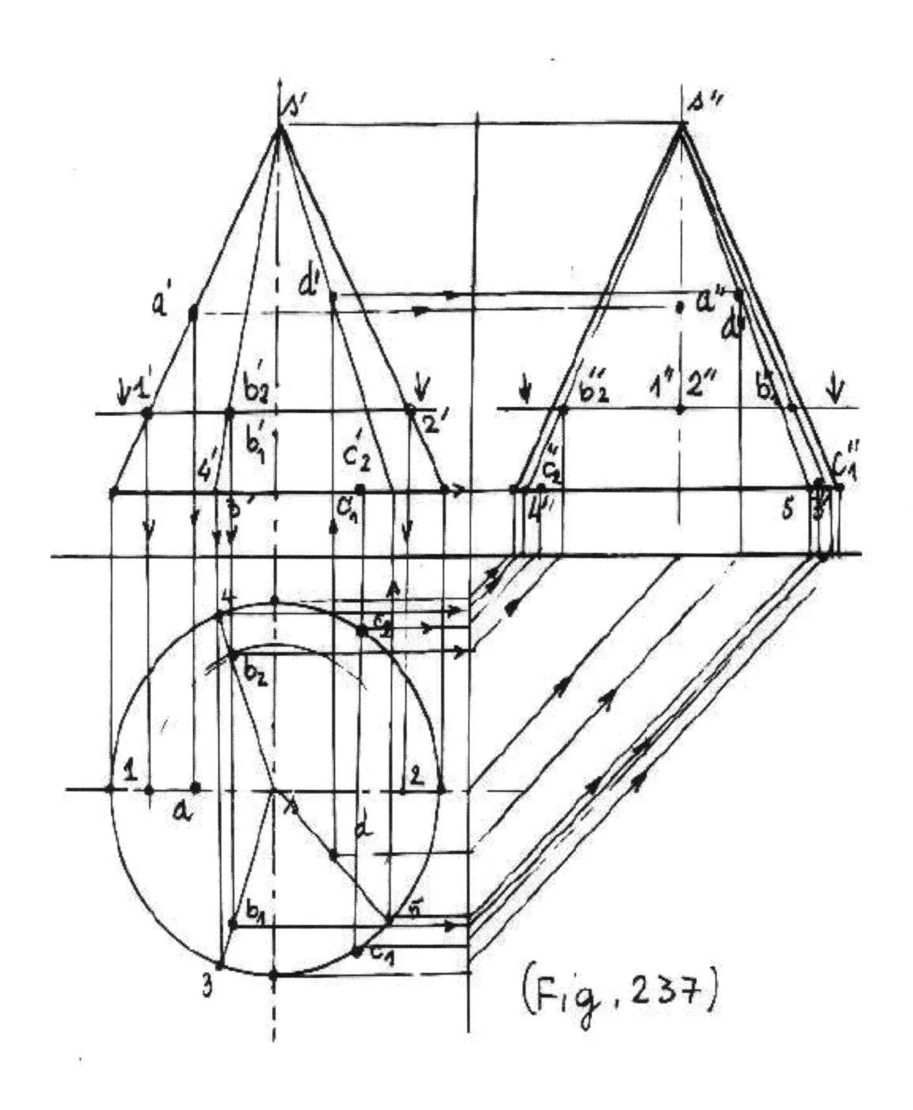
s'
s''
a'
d'
a''
d''
1'
b'2
2'
b''2
1''
2''
b'1
4'
c'2
c''2
c''1
c1
4''
5
1
a
2
d
b2
b1
c1
3
(Fig, 237)

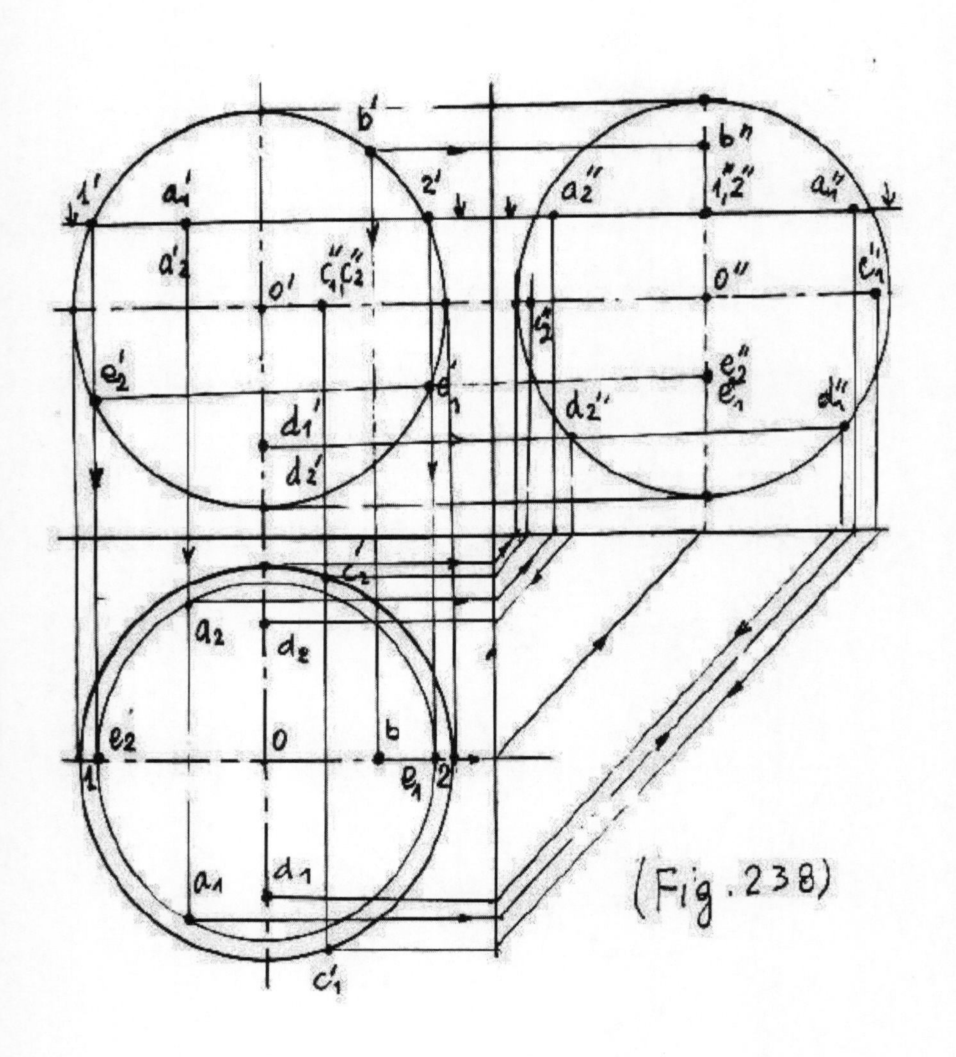
b'
b"
1'
a1'
2'
a2"
1",2"
a1"
a'2
o'
c1"c2"
o"
c1"
c2"
e'2
e'1
e2"
e1"
d2"
d1"
d1'
d2'
c2'
a2
d2
e2
o
b
1
2
e1
a1
d1
c'1

(Fig. 238)

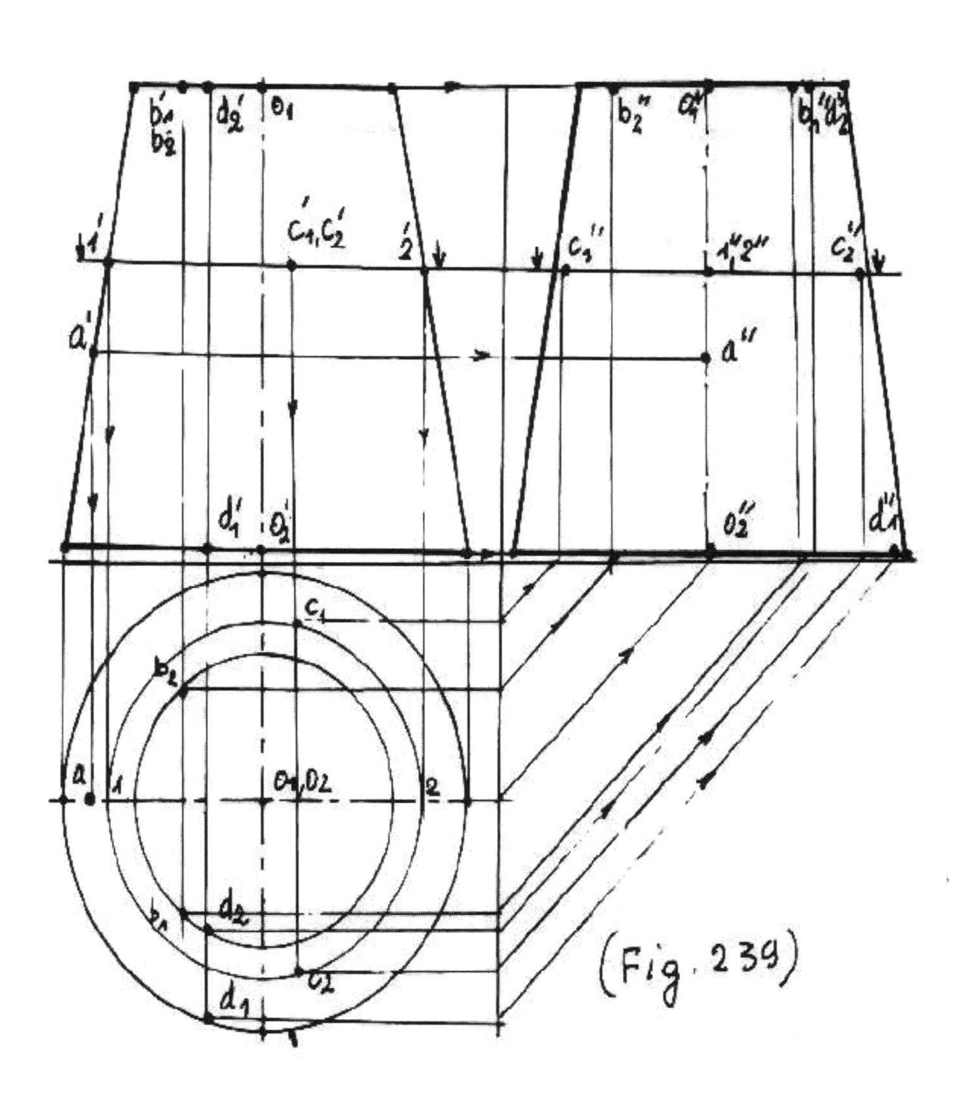
b'1
b'2
d'2
O1
b''2
O''1
b''1 d''2
1'
c'1, c'2
2'
c''1
1'', 2''
c''2
a'
a''
d'1
O'2
O''2
d''1
c1
b2
a
1
O1, O2
2
b1
d2
c2
d1
(Fig. 239)

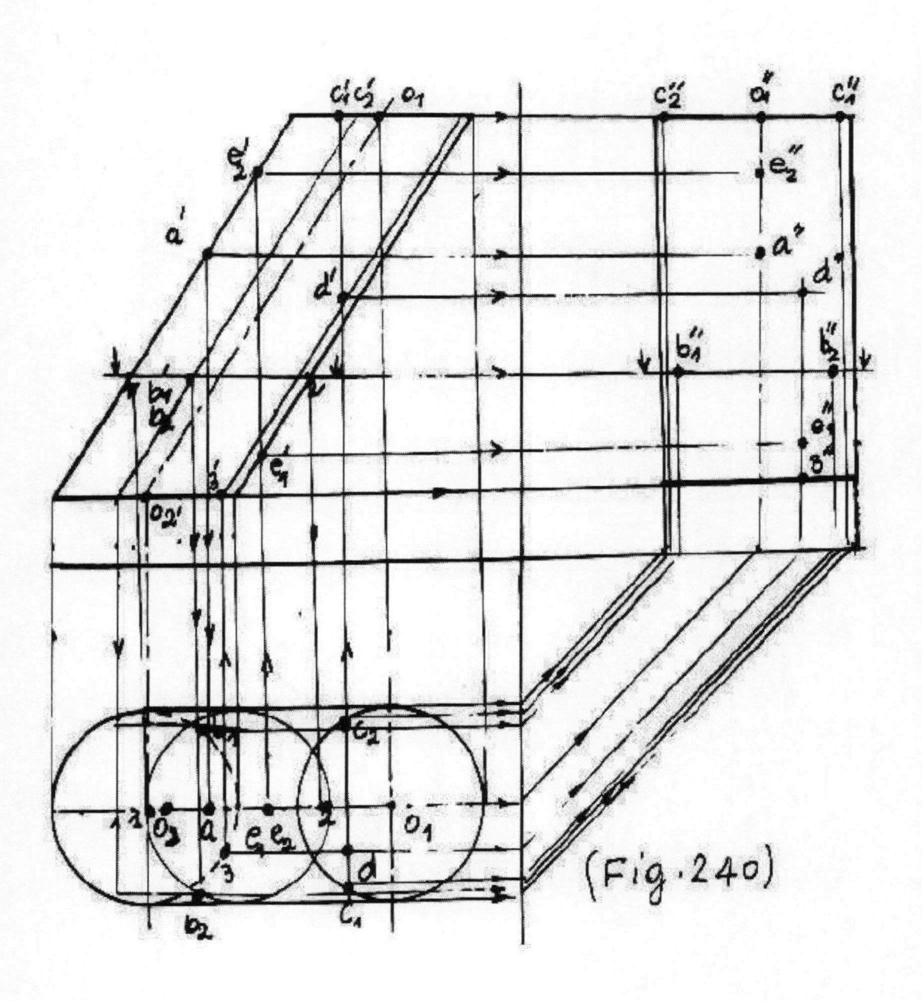

(Fig.240)

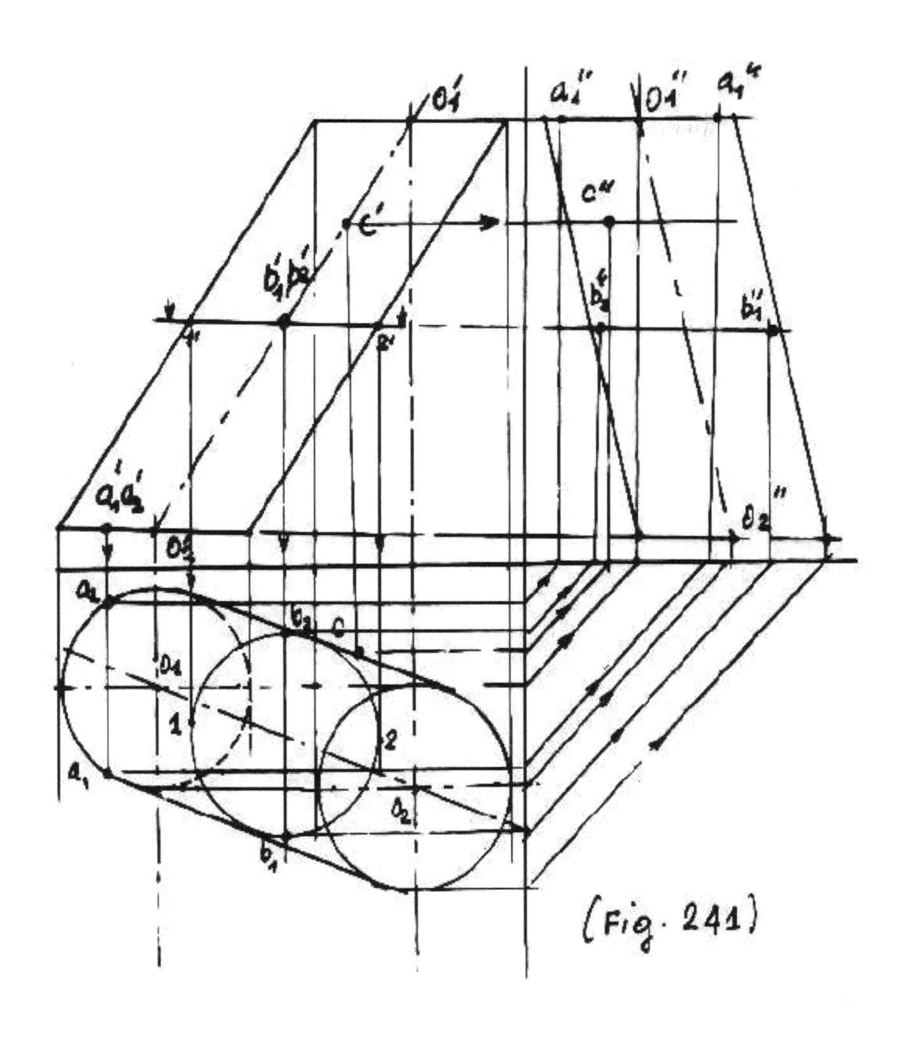

(Fig. 241)

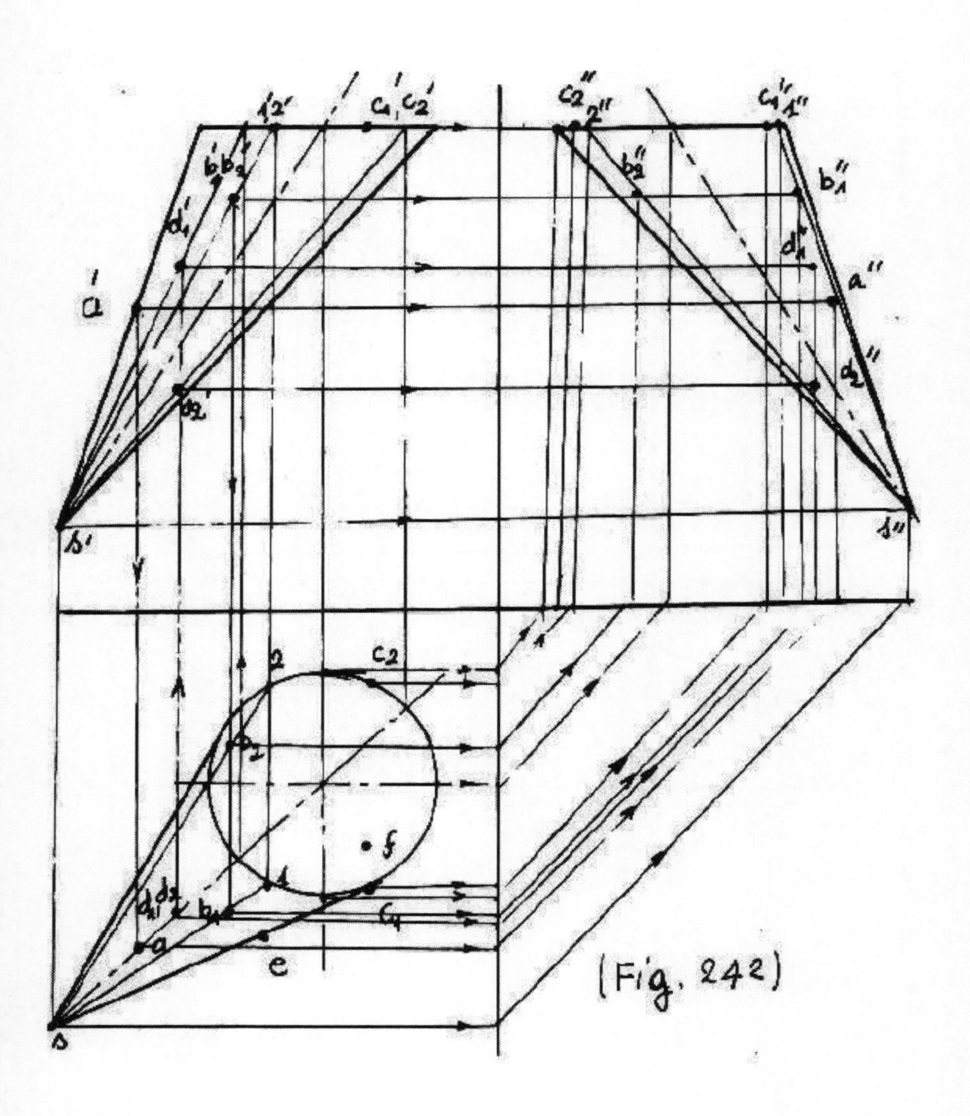

(Fig. 242)

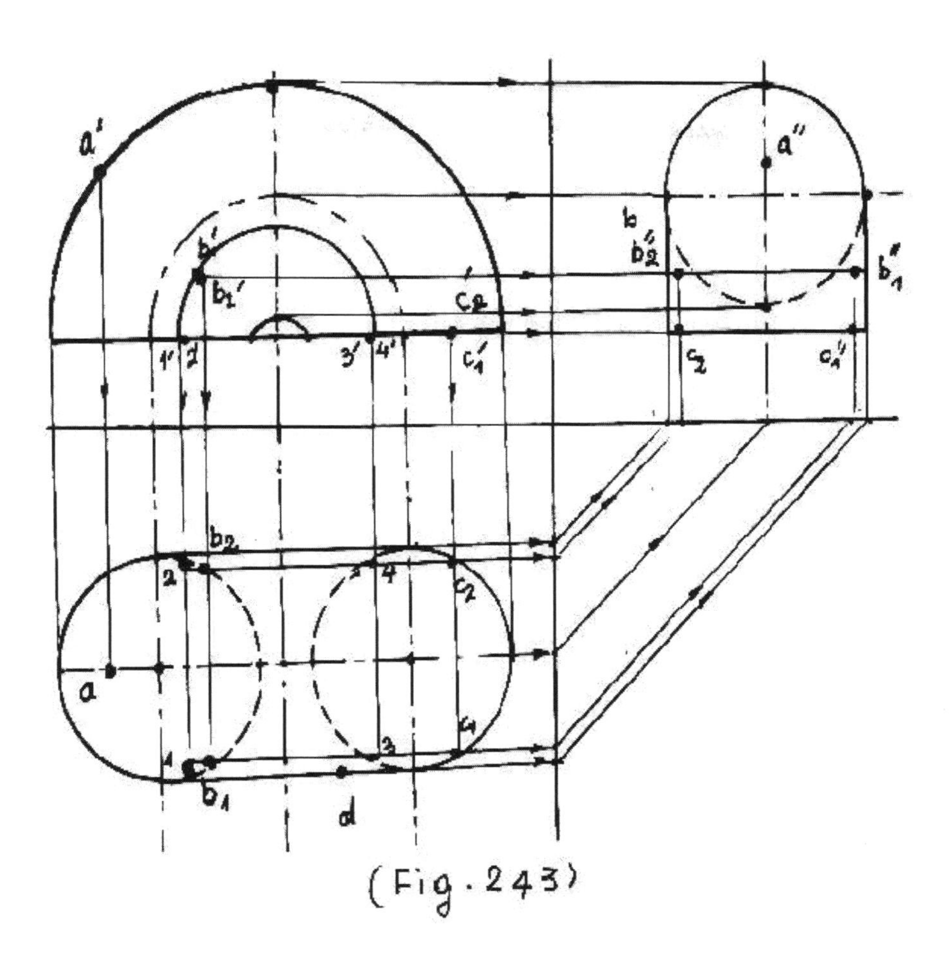

(Fig. 243)

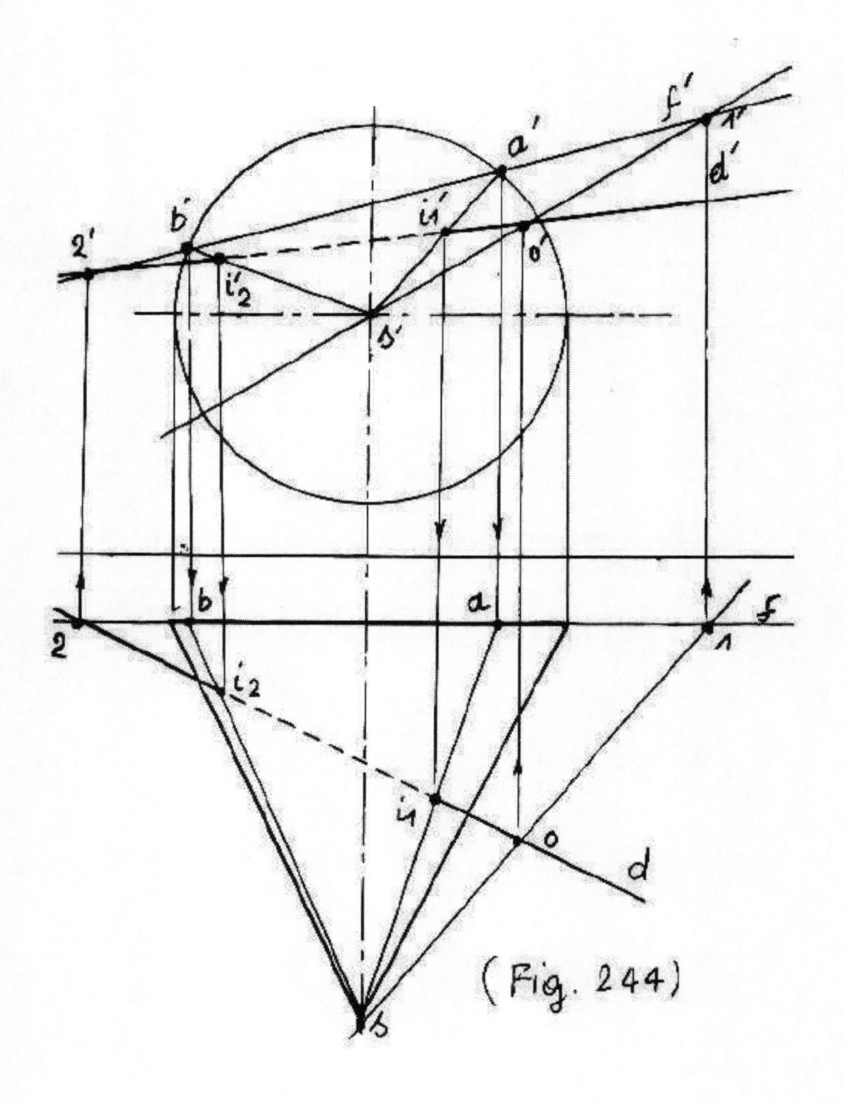

(Fig. 244)

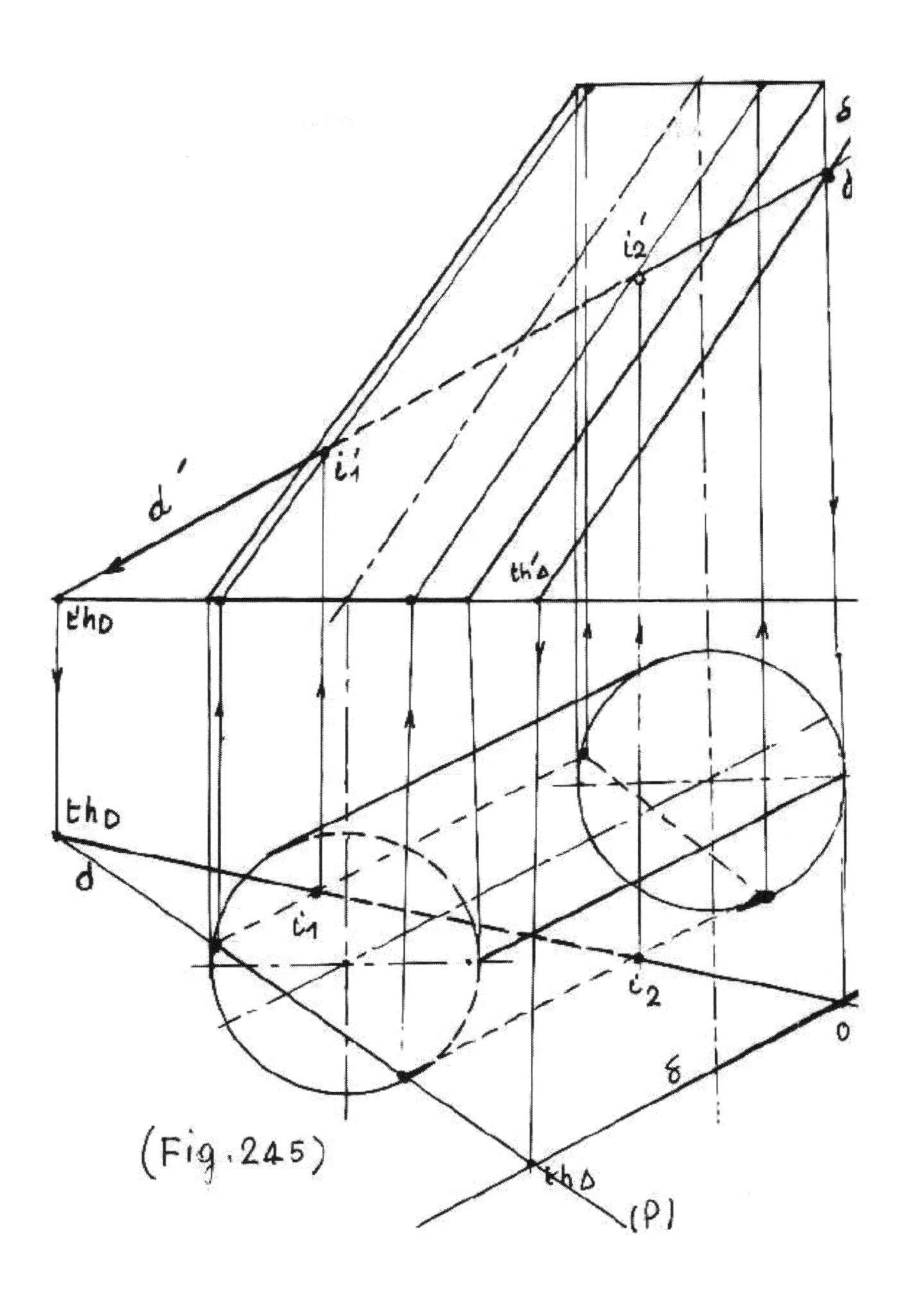

(Fig.245)

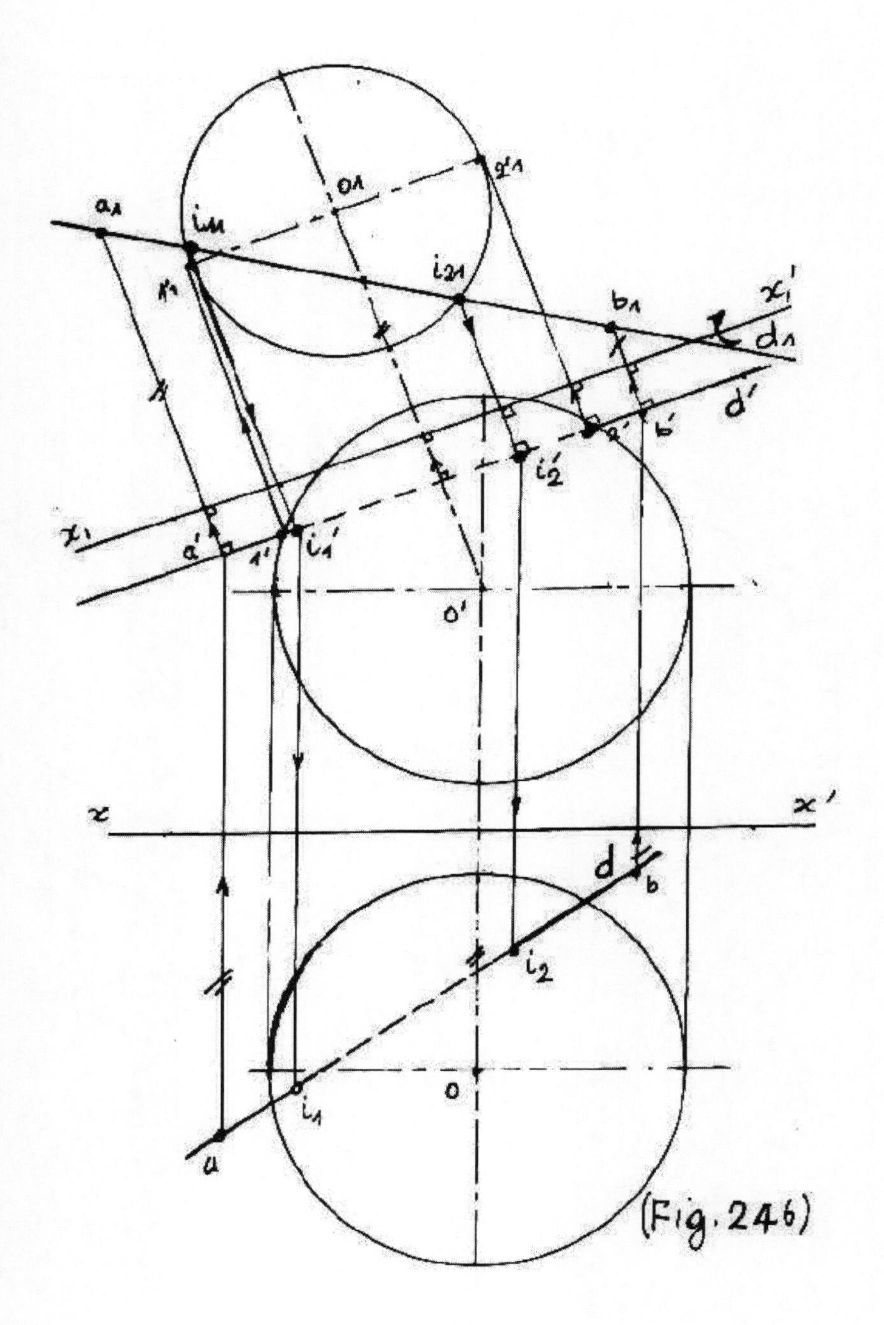

(Fig. 246)

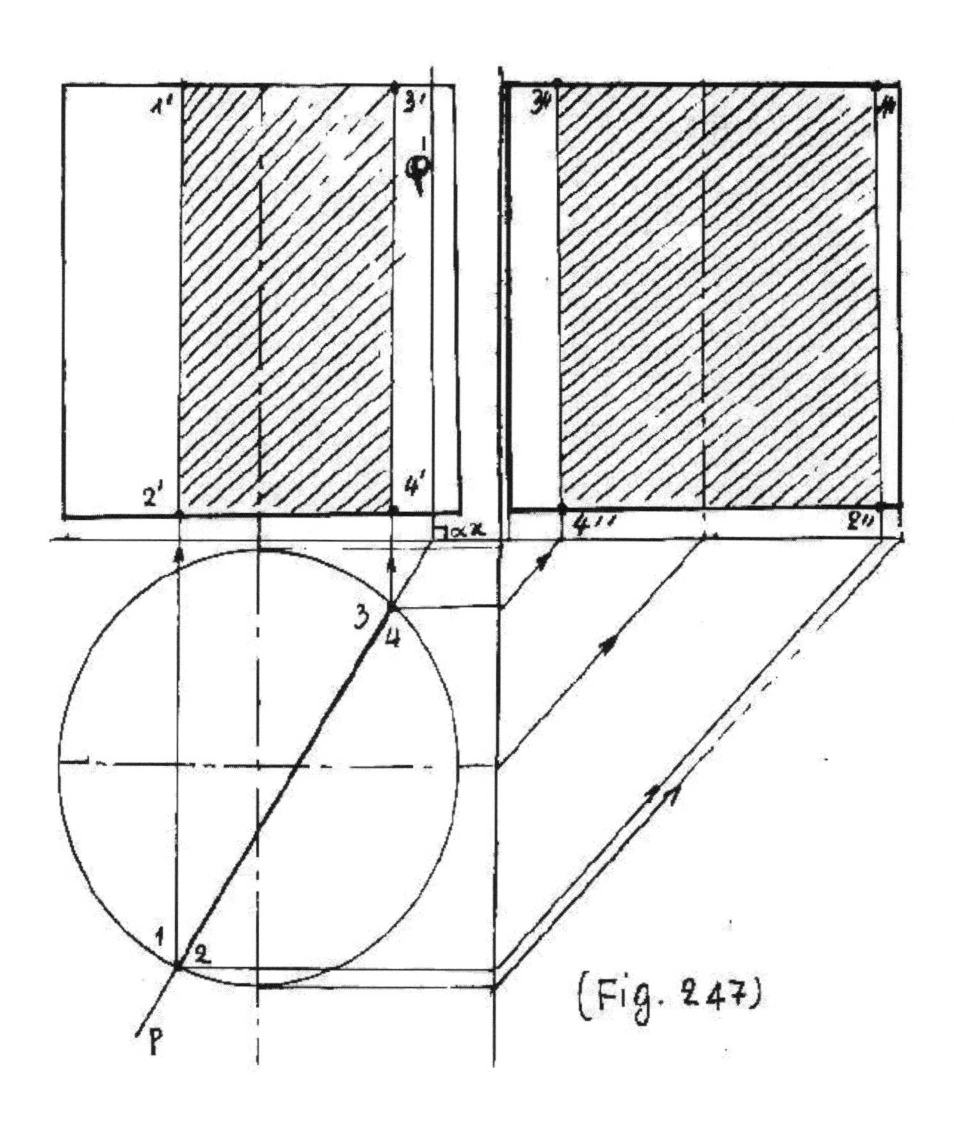

(Fig. 247)

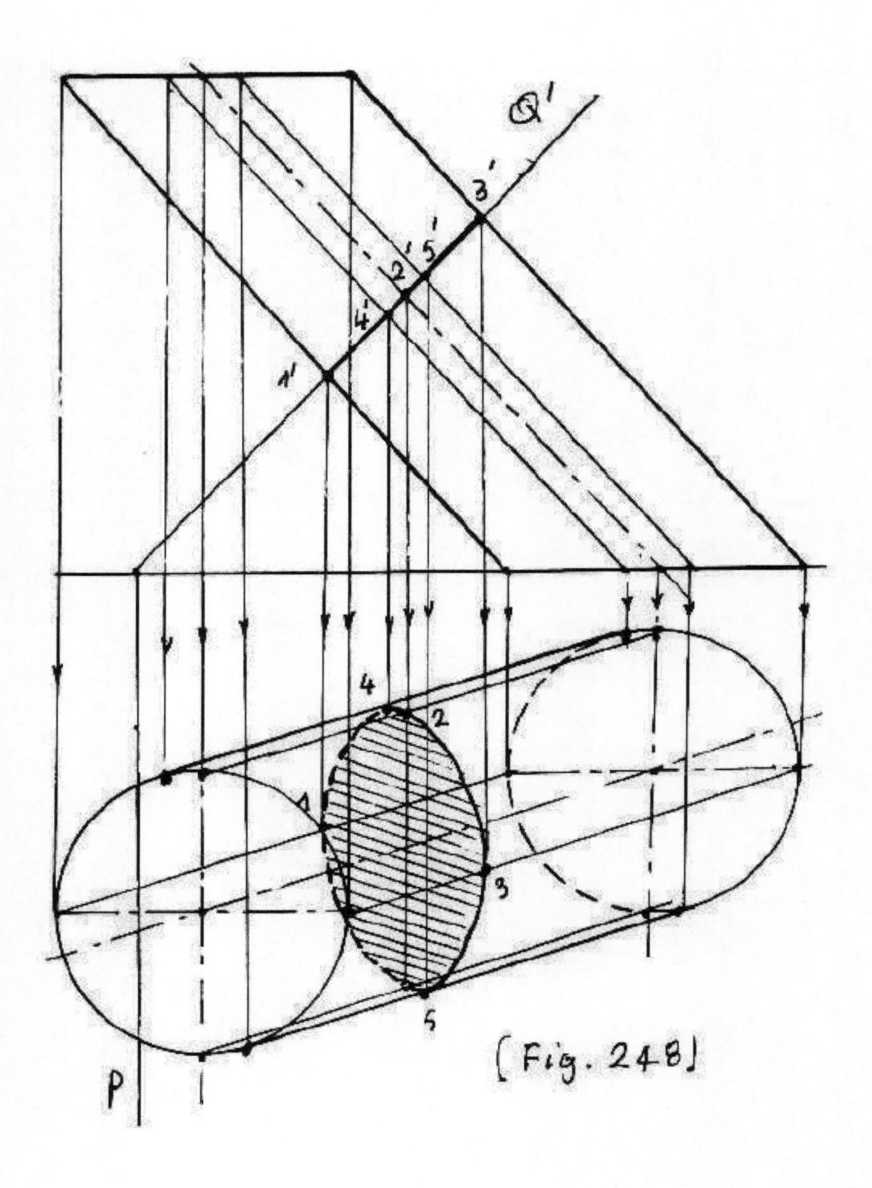

(Fig. 248)

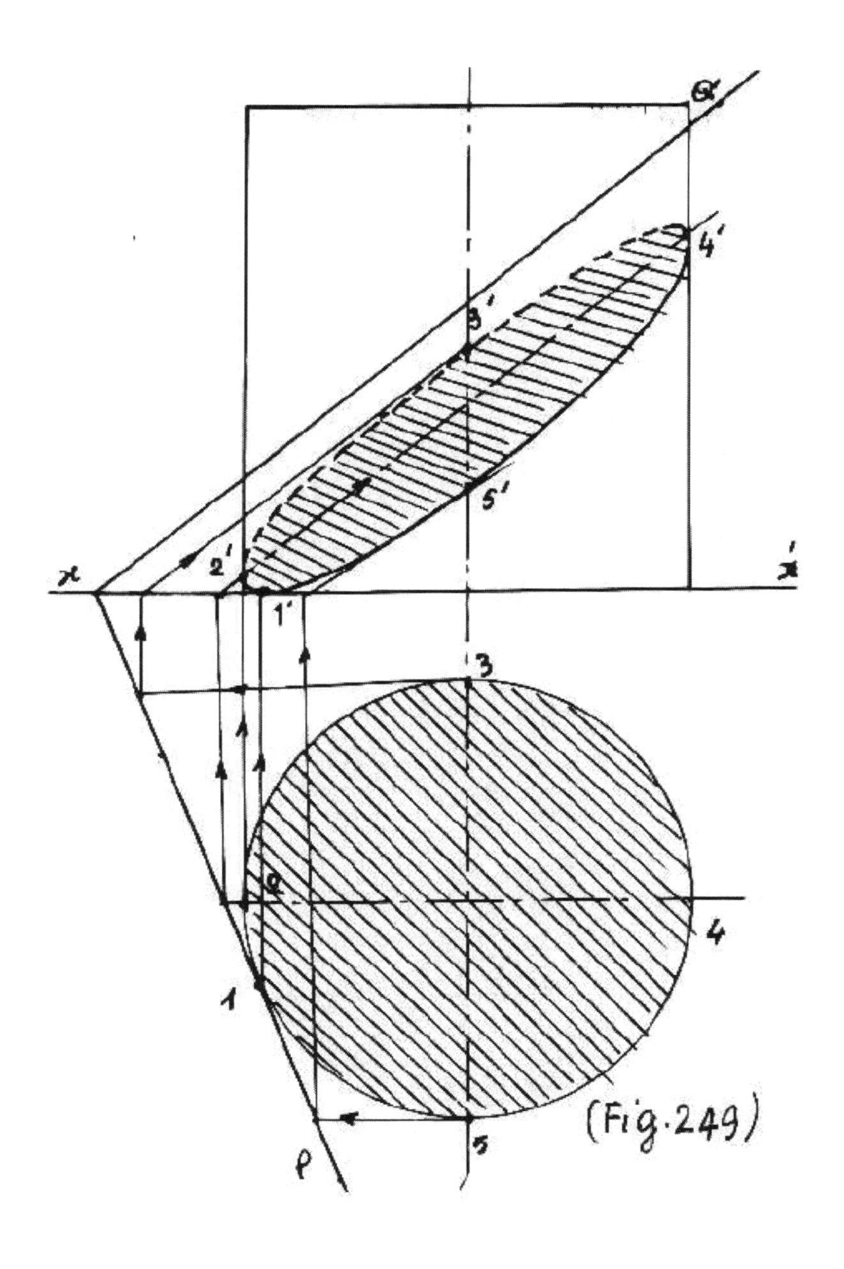

(Fig.249)

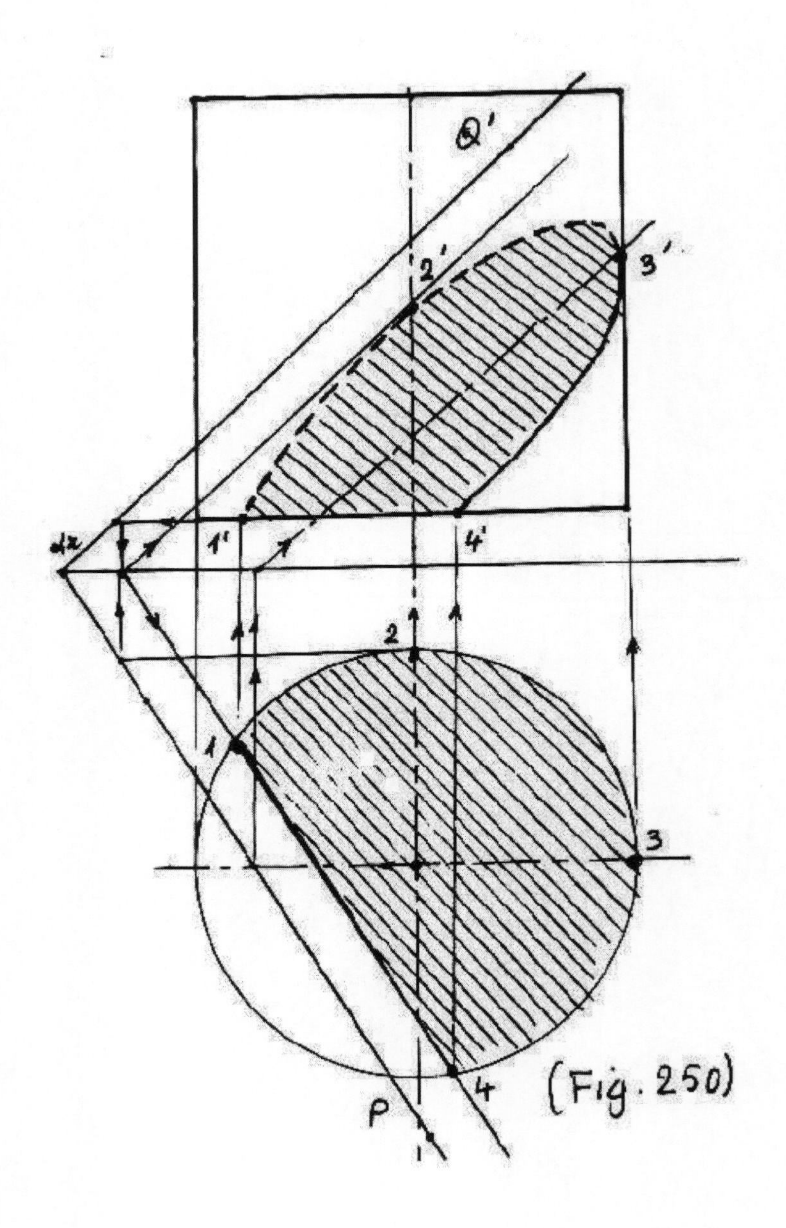
Q'
2'
3'
1'
4'
2
1
3
4
P
(Fig. 250)

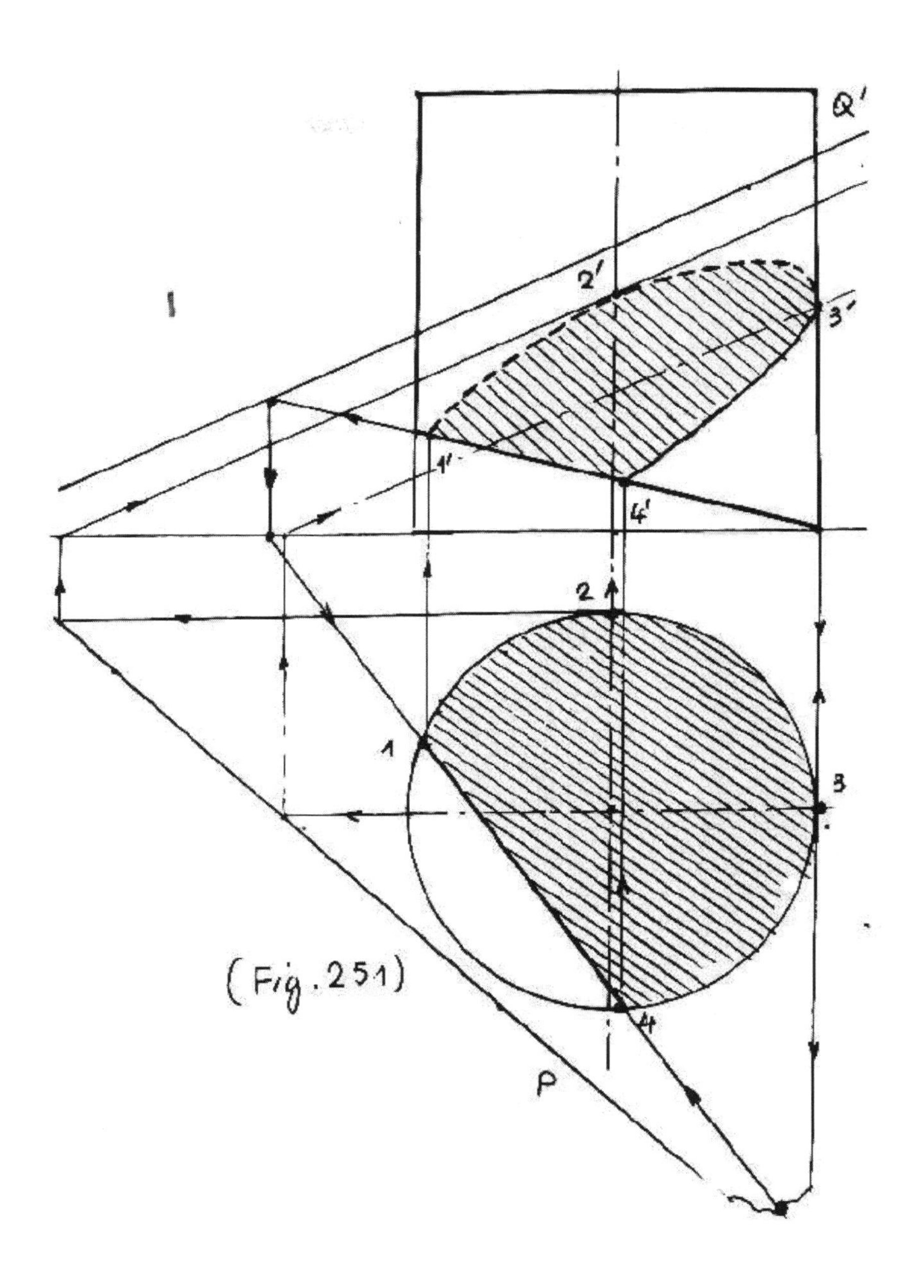

(Fig. 251)

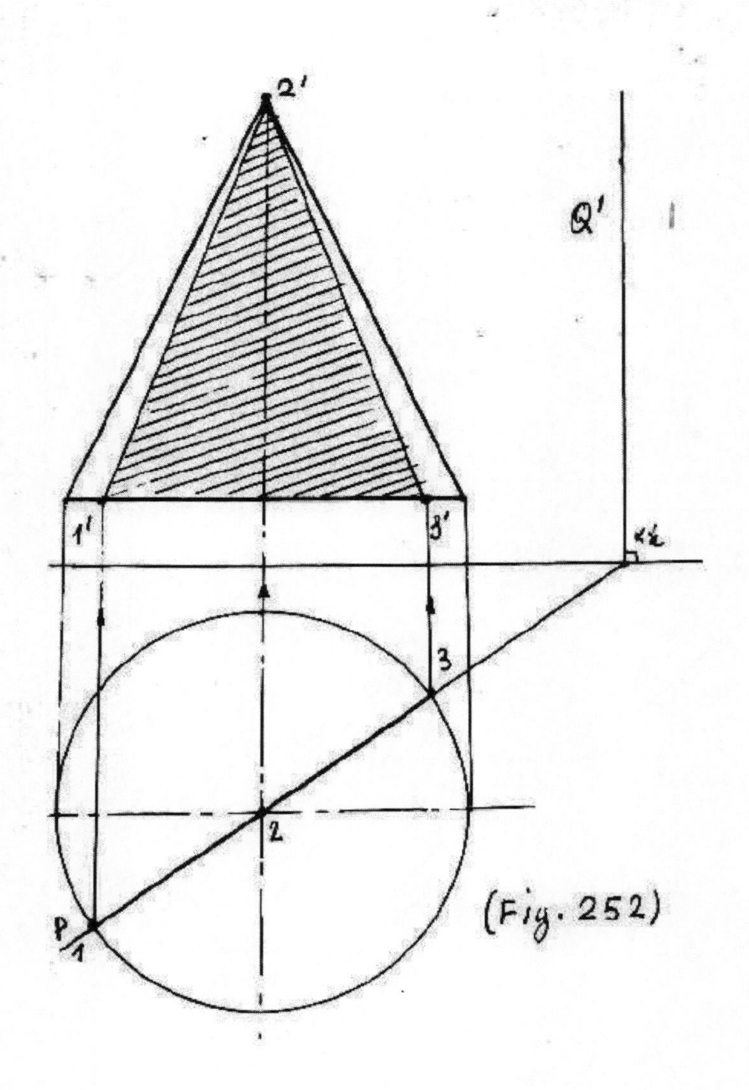

(Fig. 252)

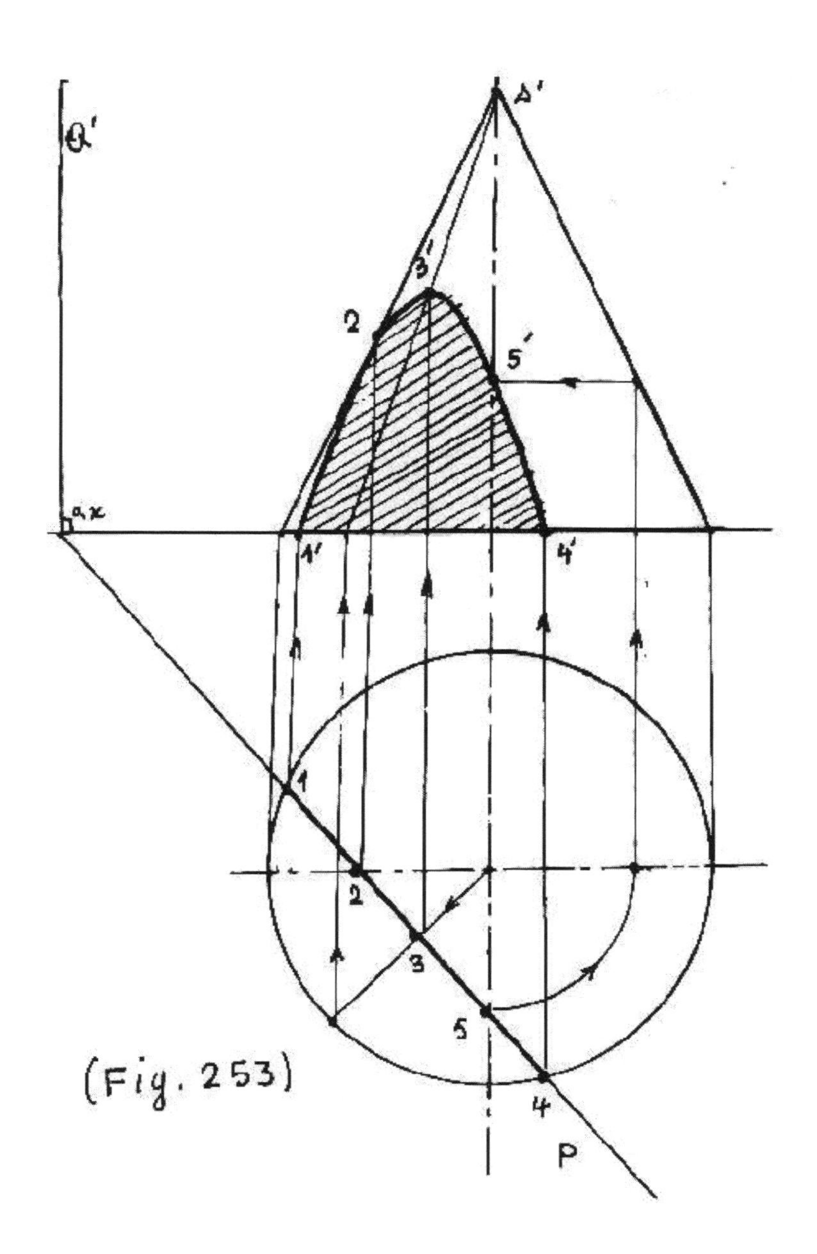

(Fig. 253)

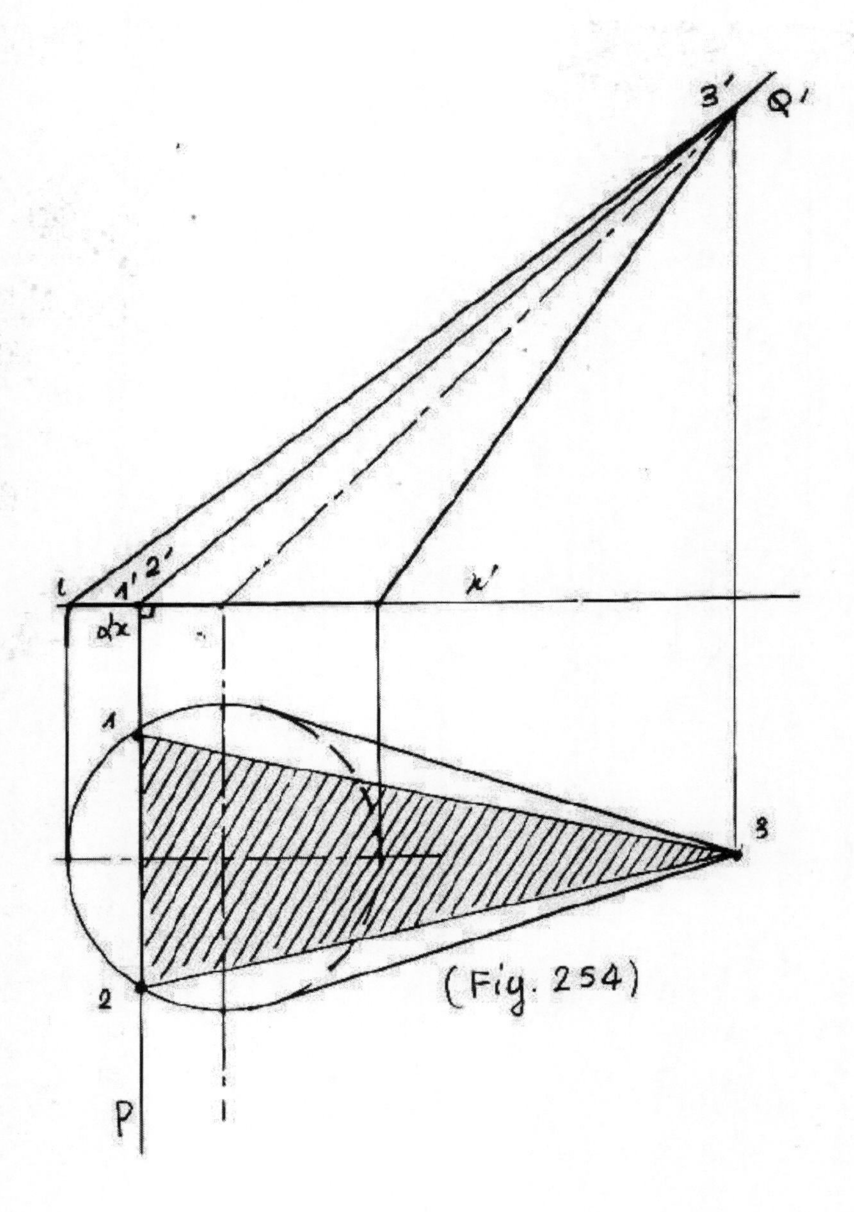

(Fig. 254)

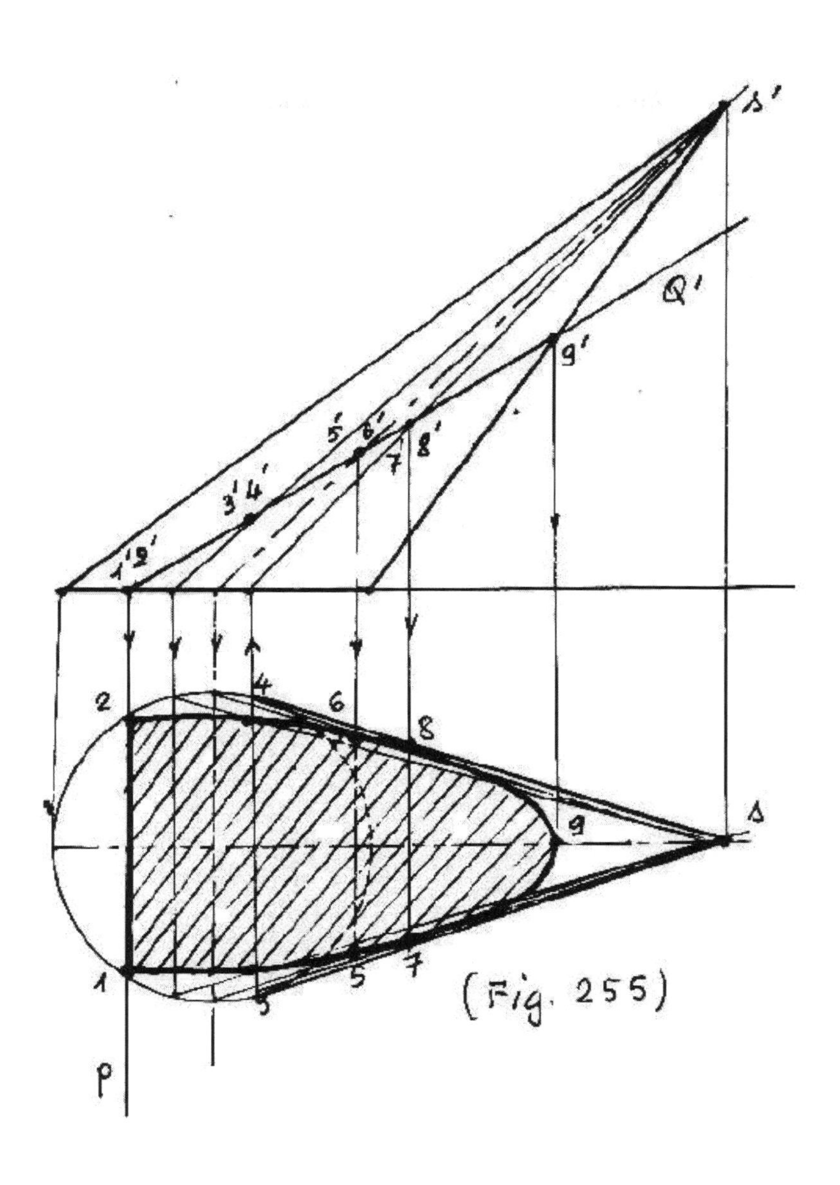
s'
Q'
9'
5'
6'
8'
7
3'4'
1'2'
2
4
6
8
s
9
1
5
7
3
(Fig. 255)
P

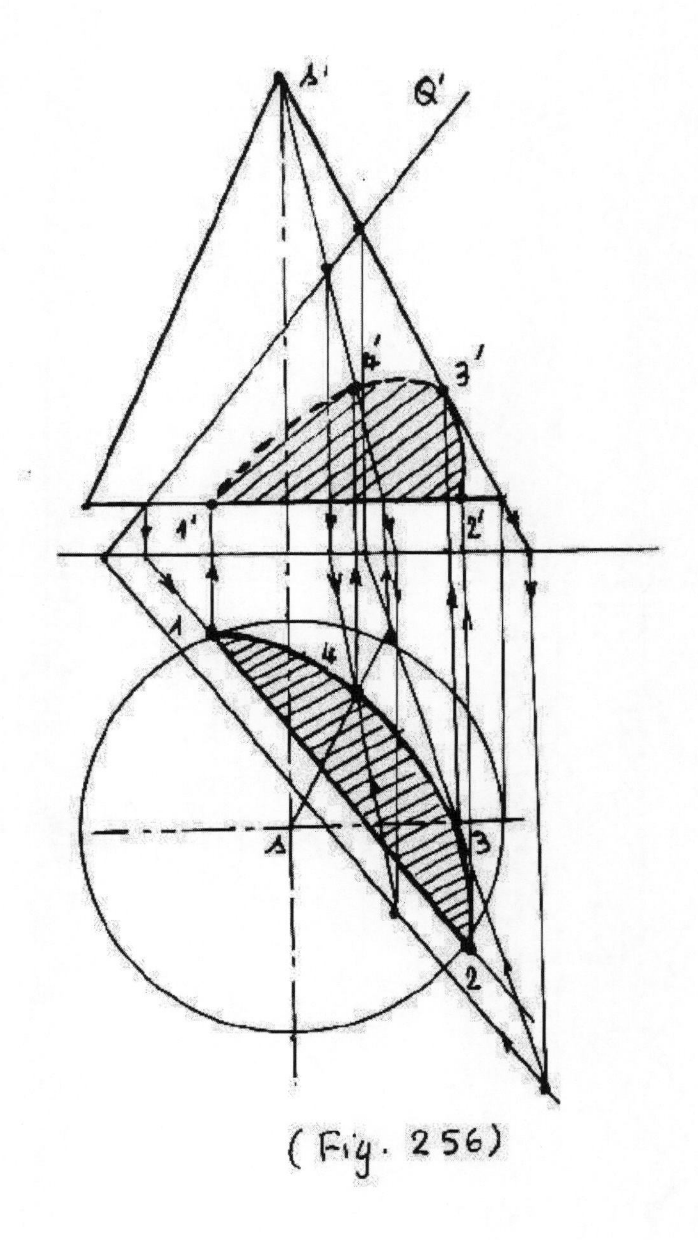

(Fig. 256)

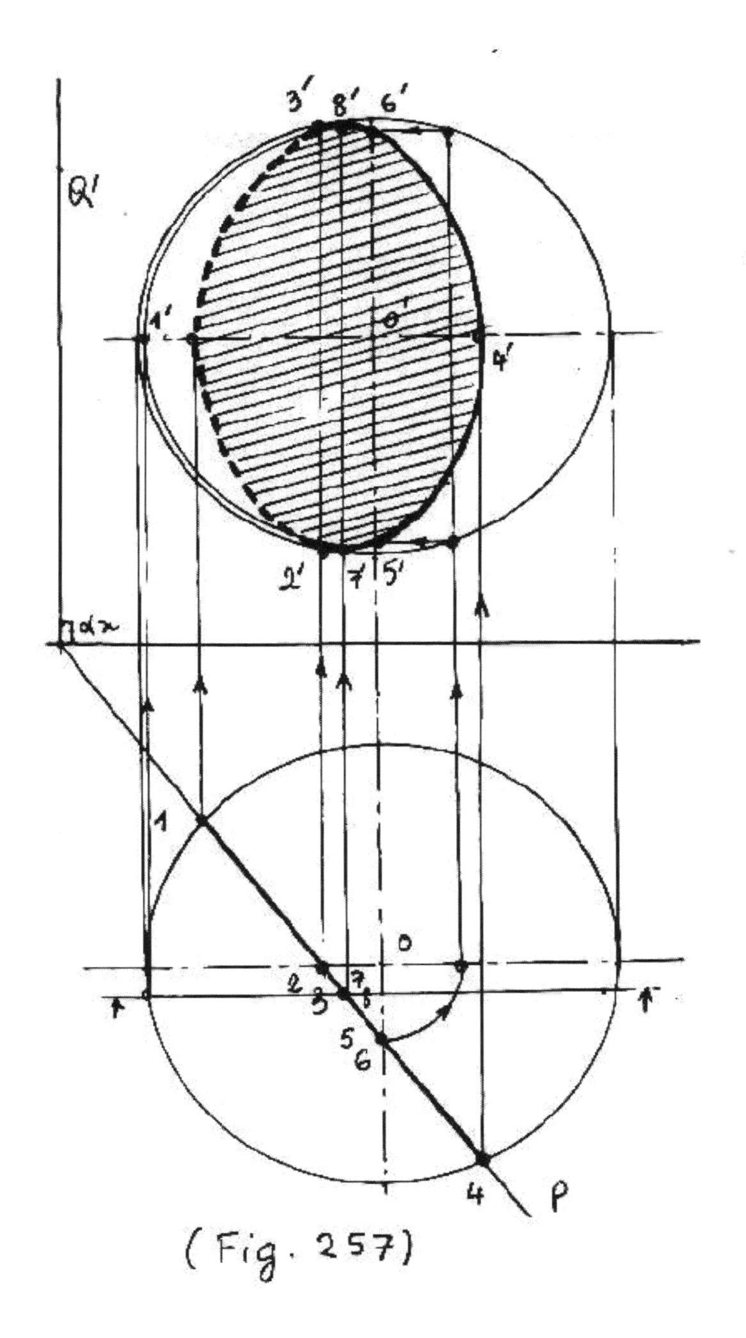

(Fig. 257)

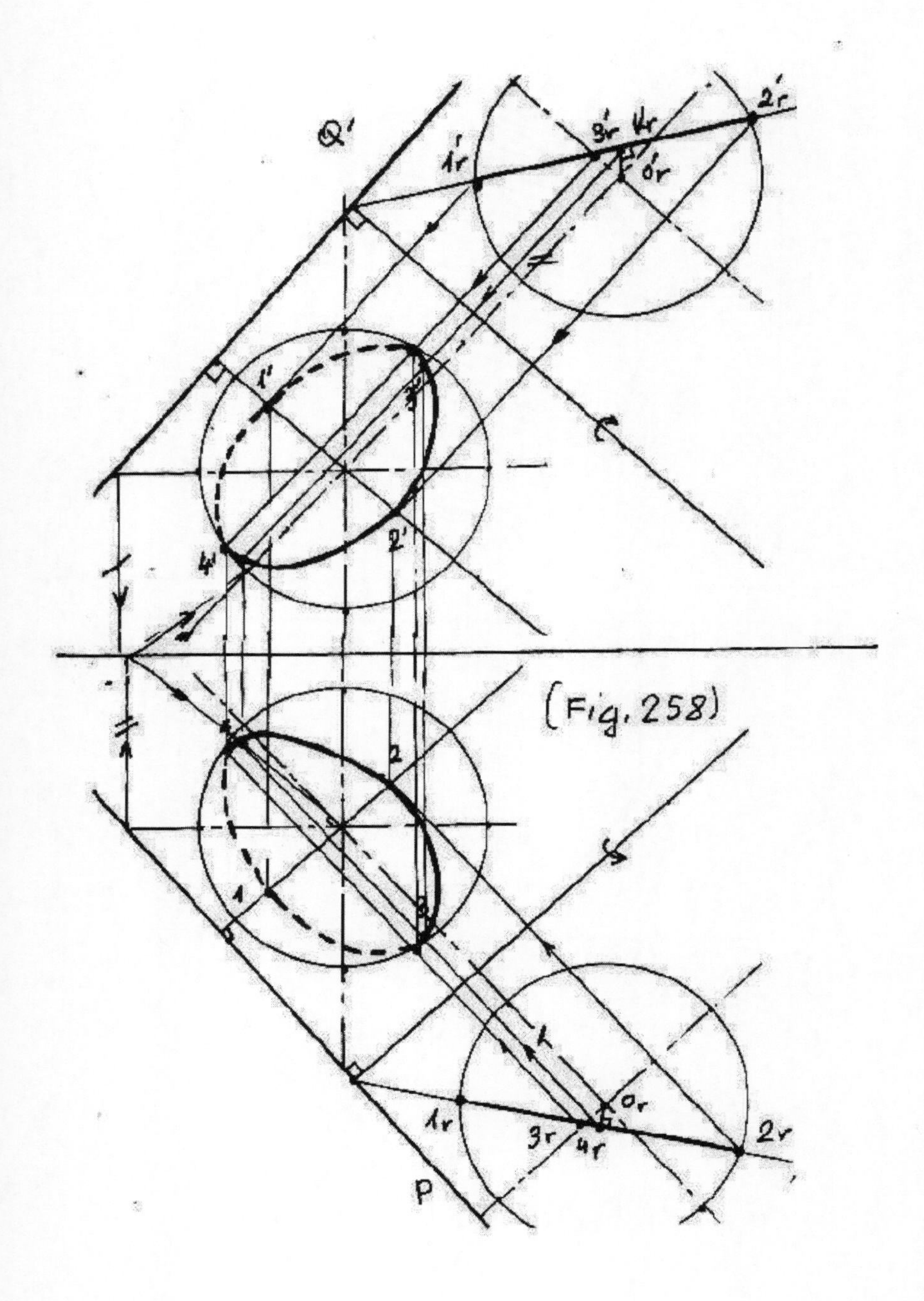
Q'
1'r
3'r
4'r
2'r
o'r
1'
3'
4'
2'
4
2
1
3
1r
3r
4r
or
2r
P
(Fig. 258)

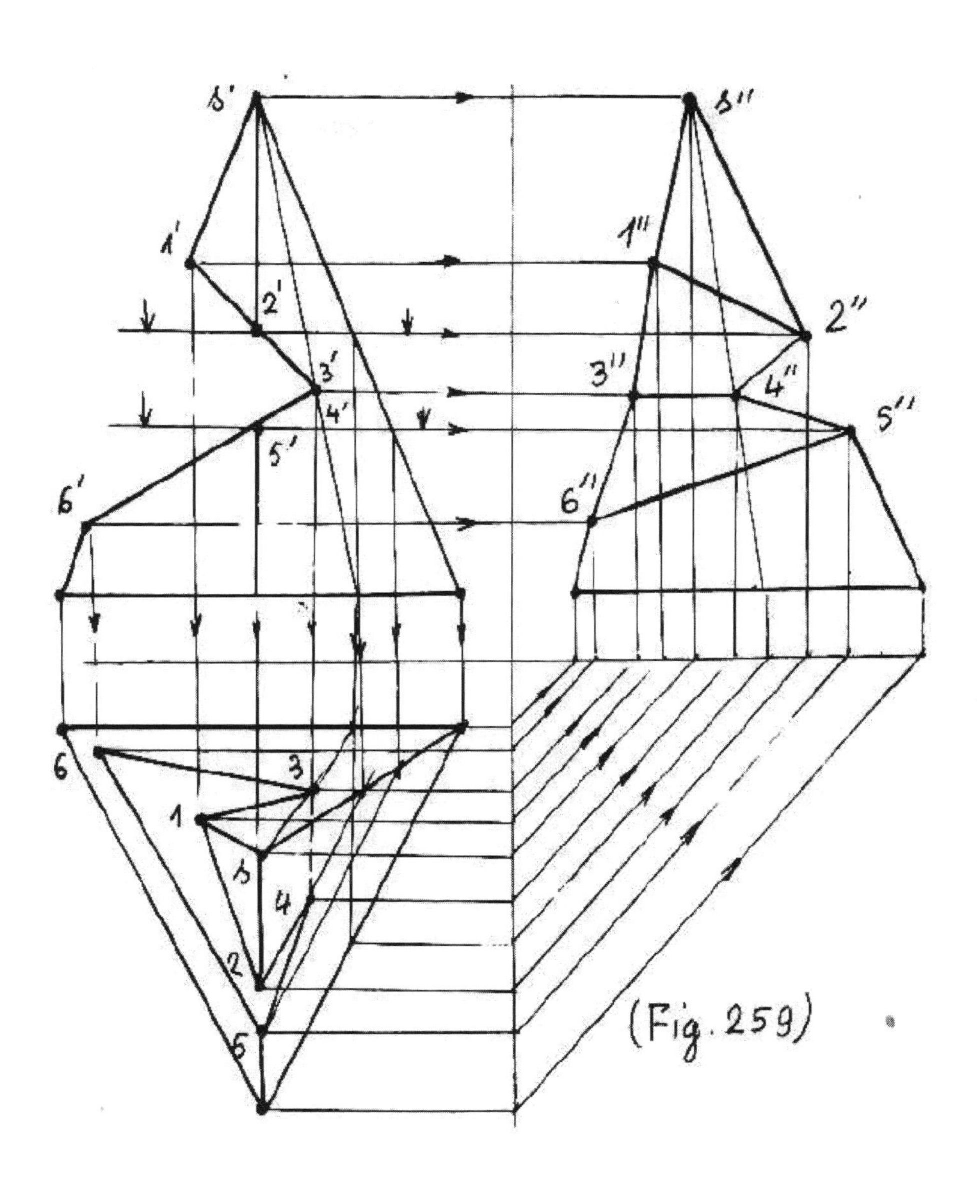

(Fig. 259)

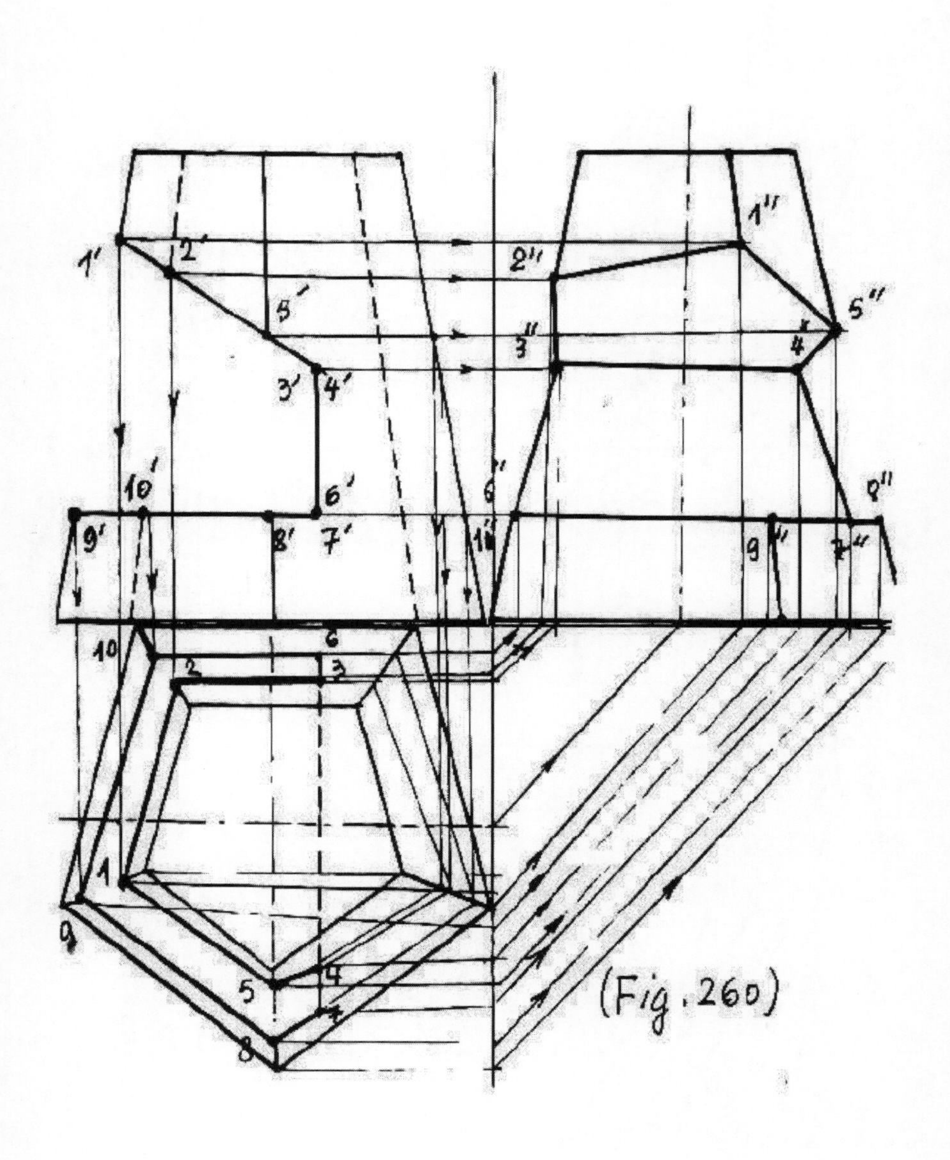

(Fig. 260)

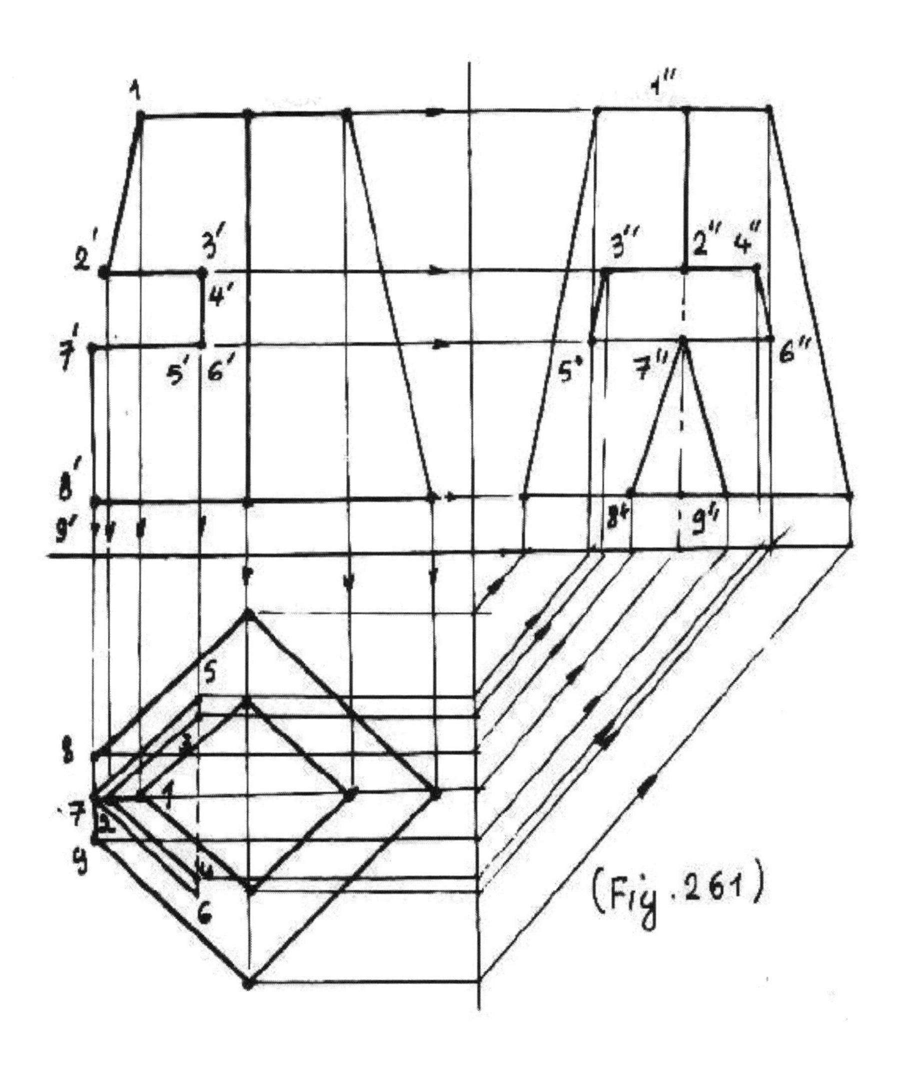

(Fig.261)

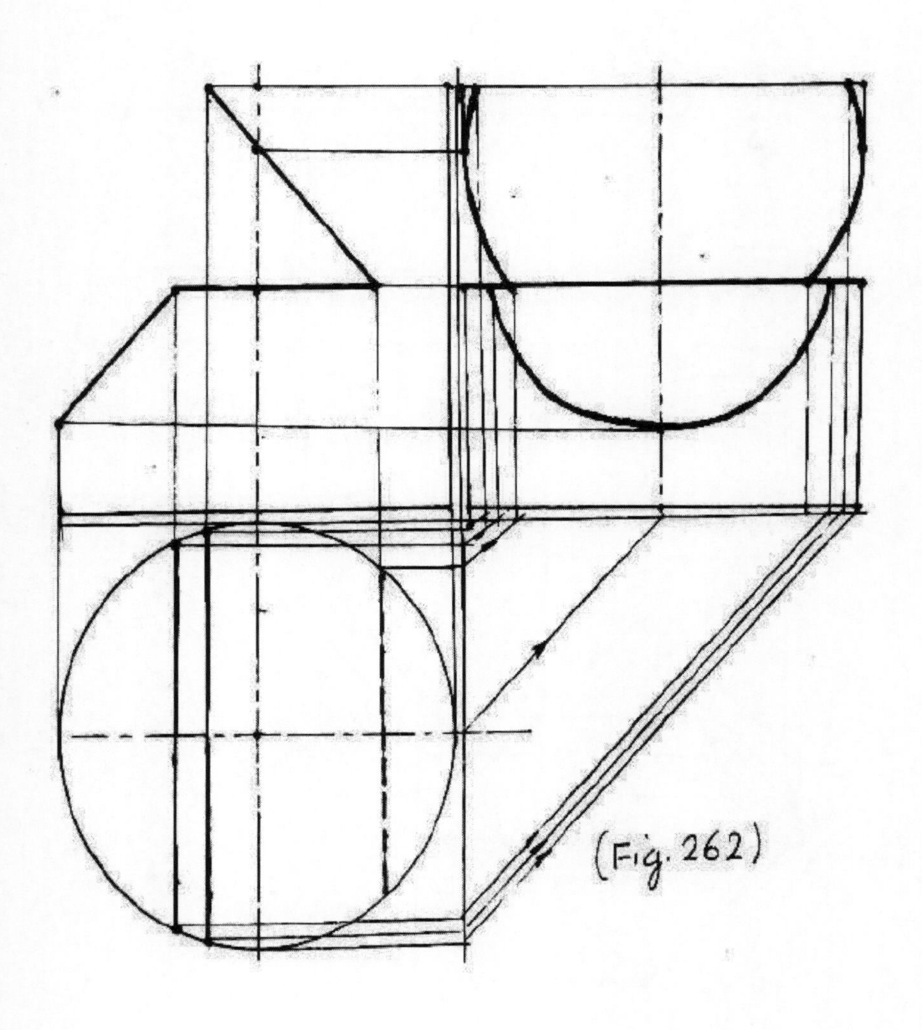
(Fig. 262)

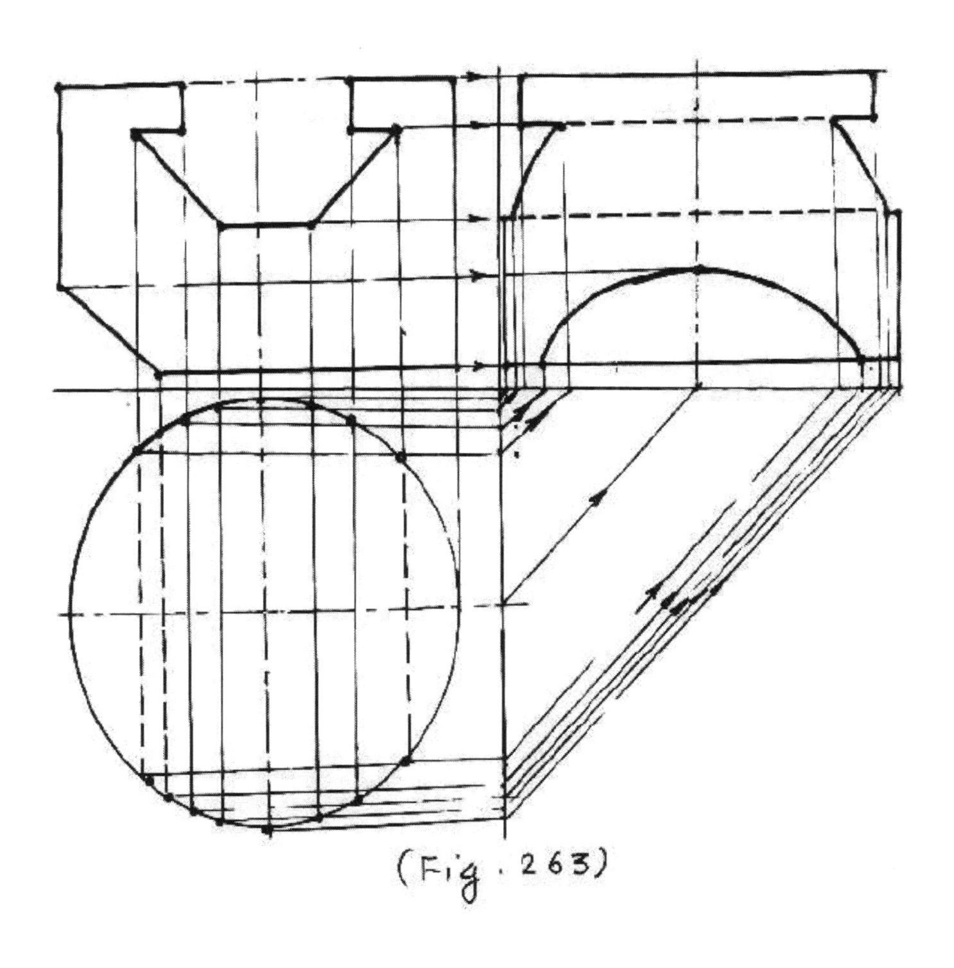

(Fig. 263)

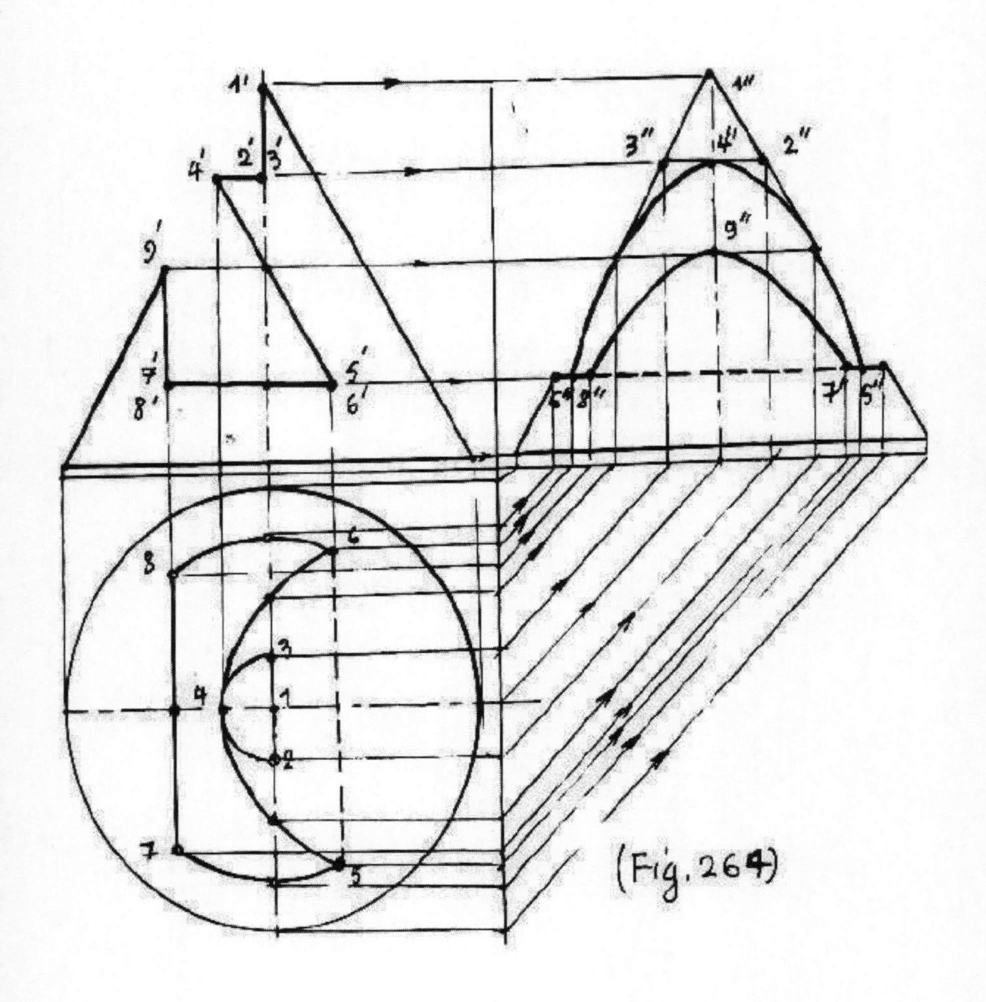
1'
1''
4'
2'
3'
3''
4''
2''
9'
9''
7'
8'
5'
6'
5''
8''
7'
5''
8
6
3
4
1
2
7
5
(Fig. 264)

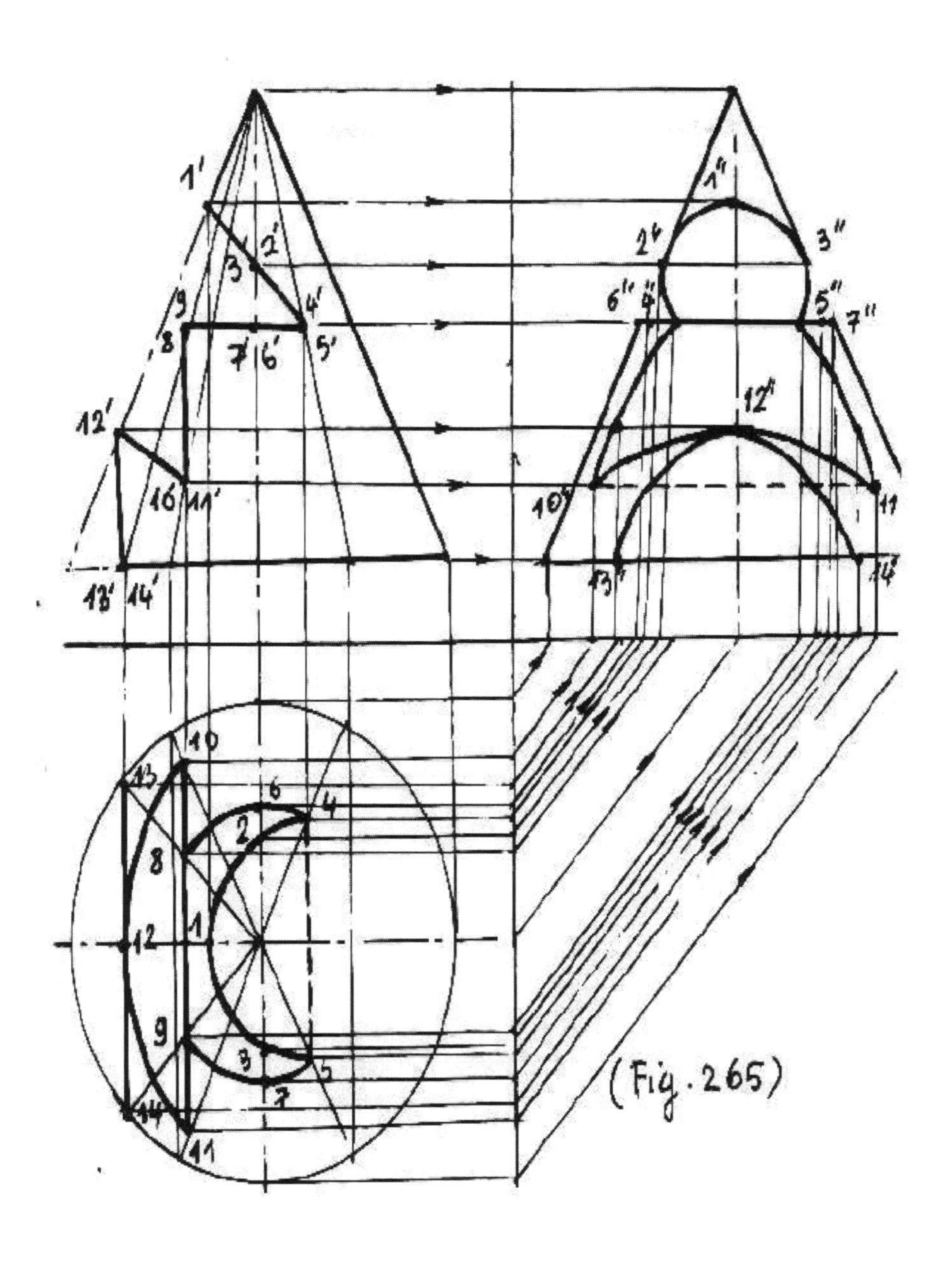
1'
2'
3
4'
5'
6'
7
8
9
12'
16'
11'
13'
14'
1"
2"
3"
4"
5"
6"
7"
10"
11
12"
13"
14"
10
13
6
4
2
8
1
12
9
3
5
7
14
11

(Fig. 265)

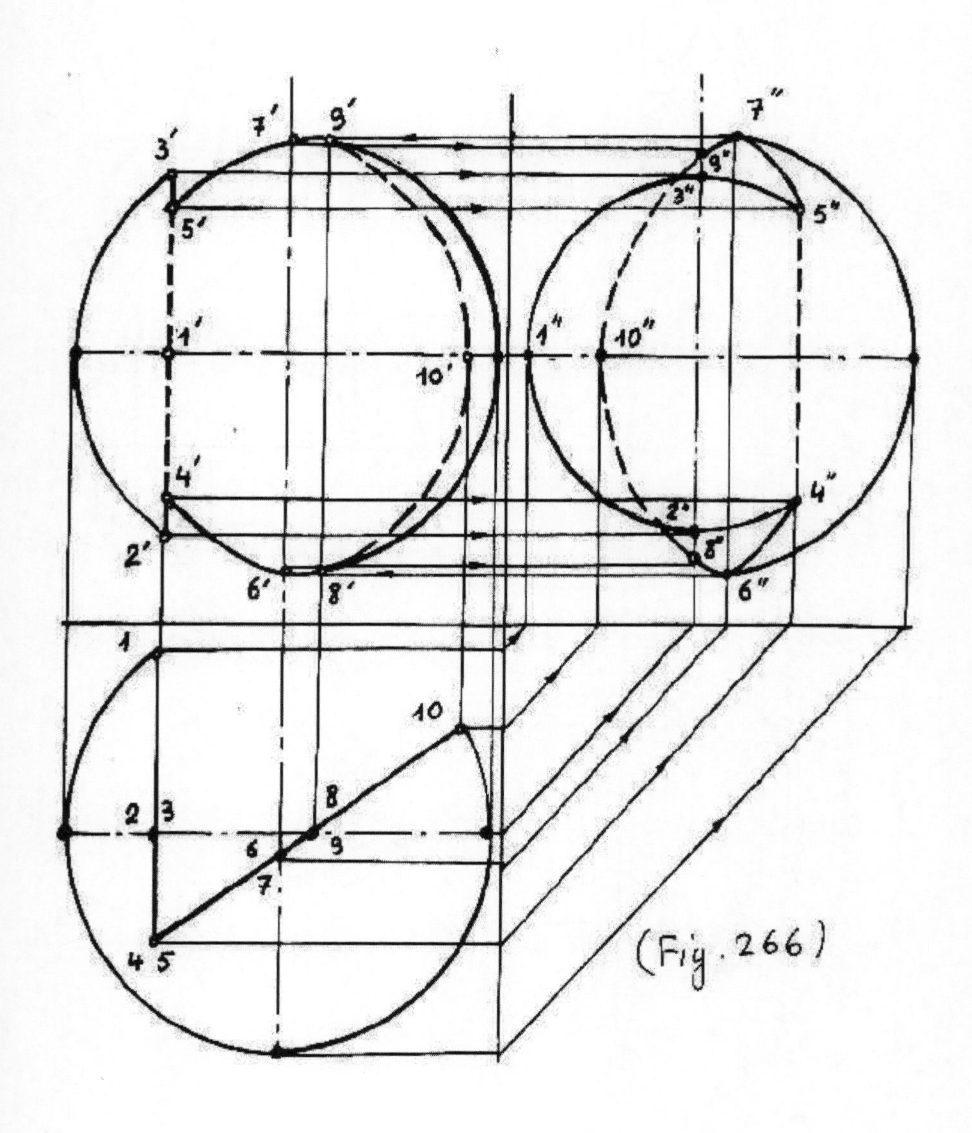
3'
7'
9'
7"
9"
3"
5"
5'
1'
10'
1"
10"
4'
4"
2"
2'
8"
6'
8'
6"
1
10
8
2
3
6
9
7
4 5
(Fig. 266)

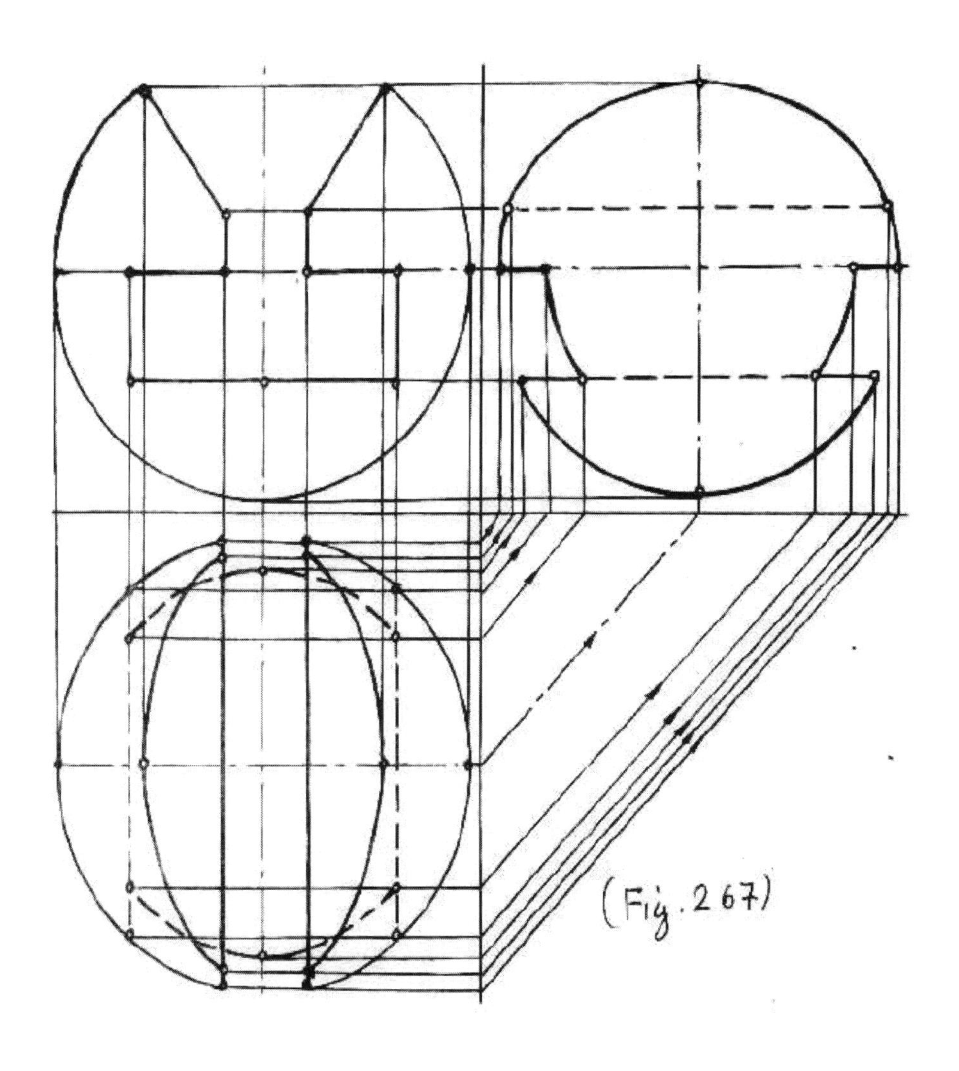
(Fig. 267)

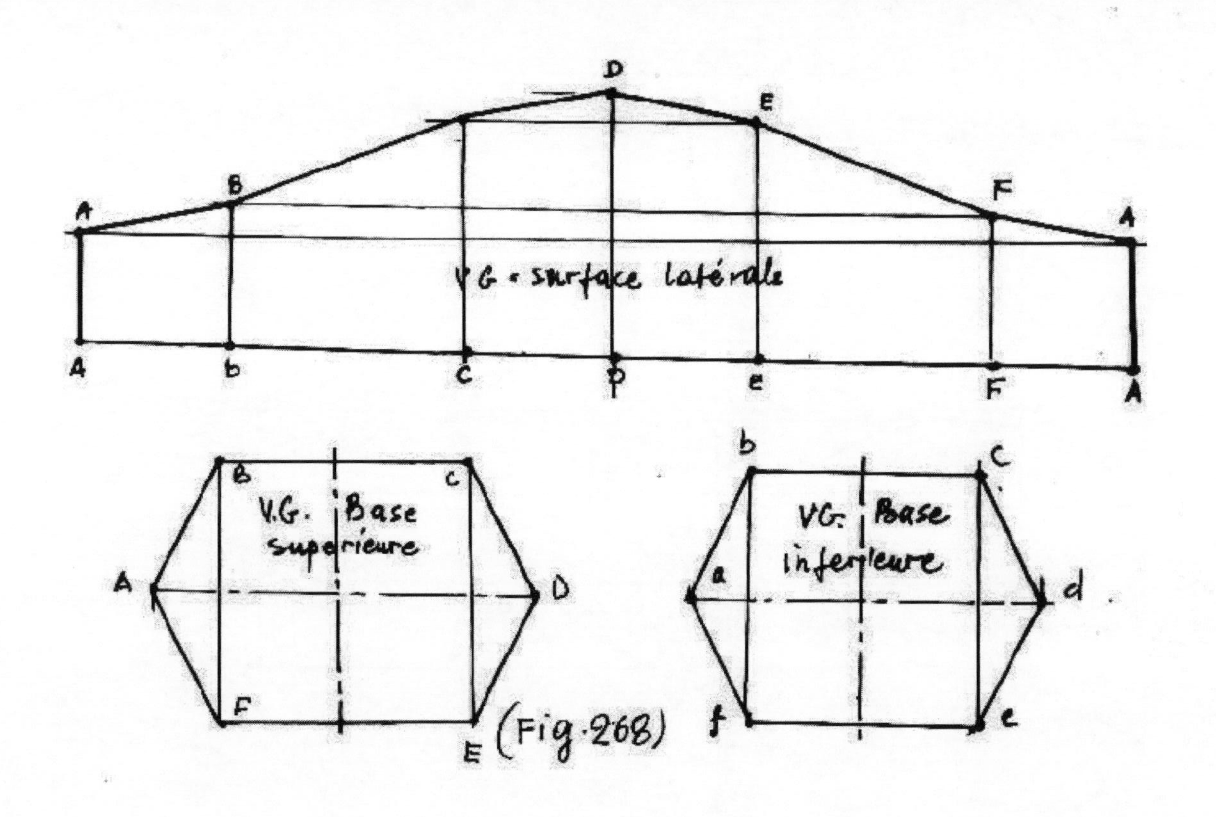

(Fig.268)

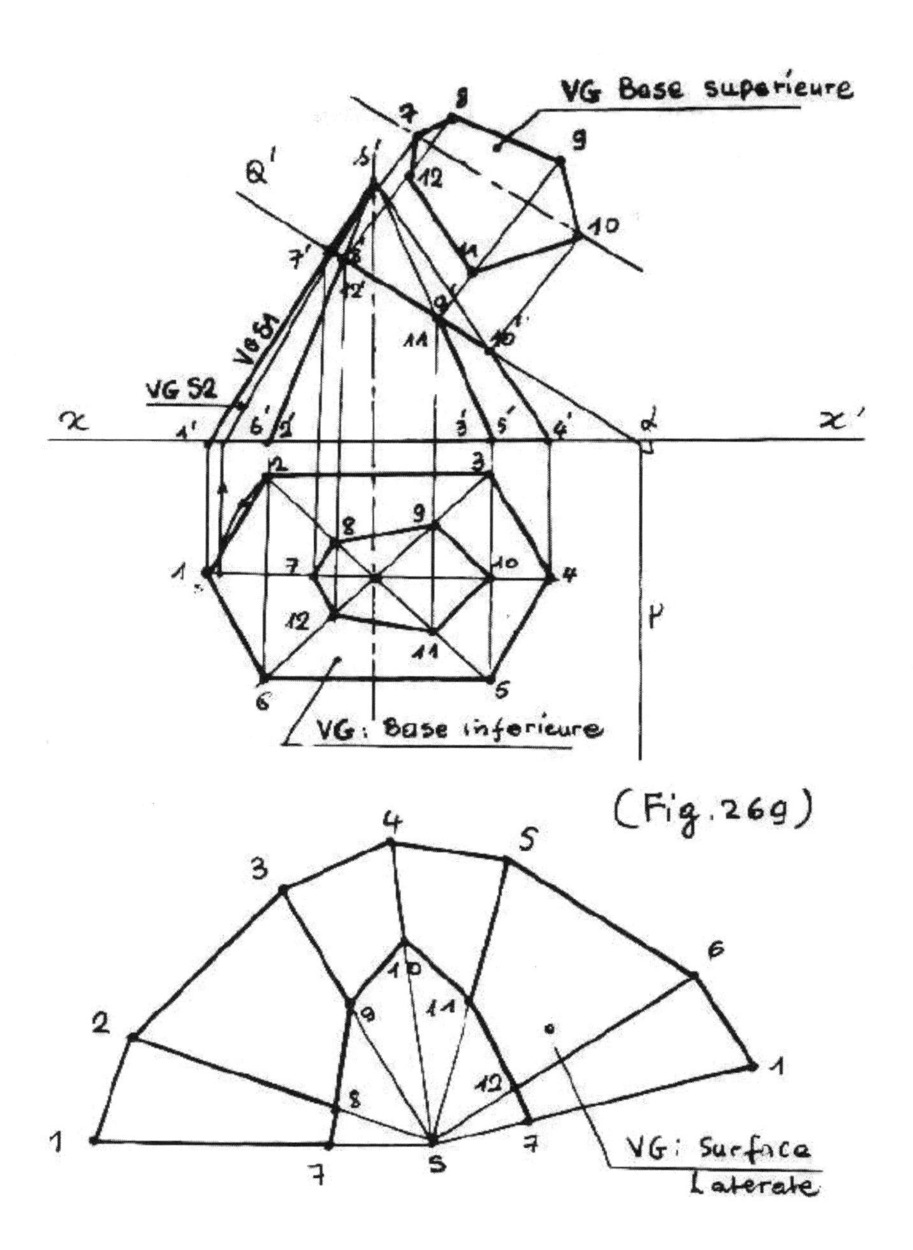
VG Base superieure
Q'
s'
VG S1
VG S2
x
x'
α
P
VG: Base inferieure
VG: Surface Laterale
(Fig. 26g)

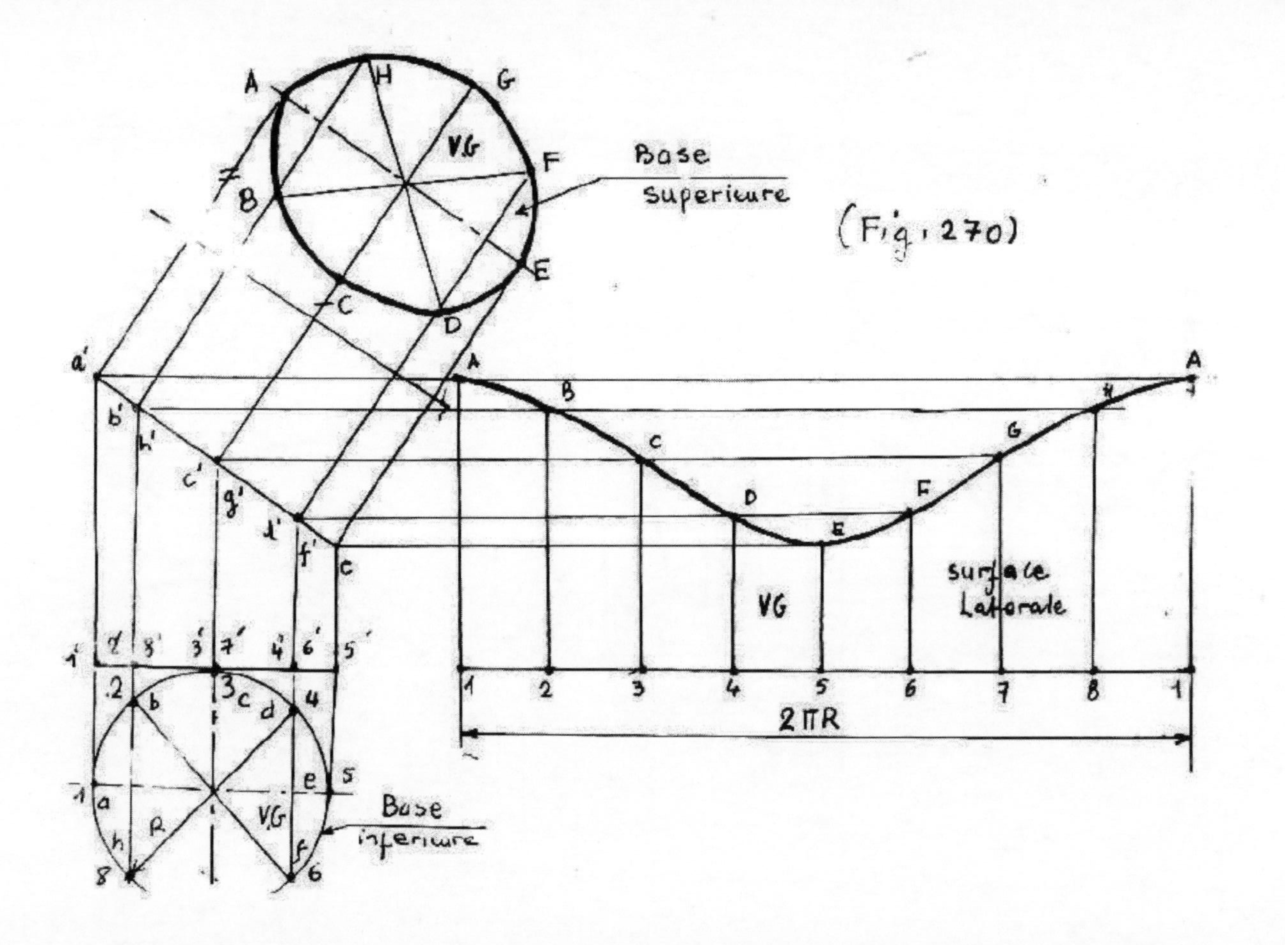

Base superieure
(Fig. 270)
surface Laterale
VG
2πR
Base inferieure

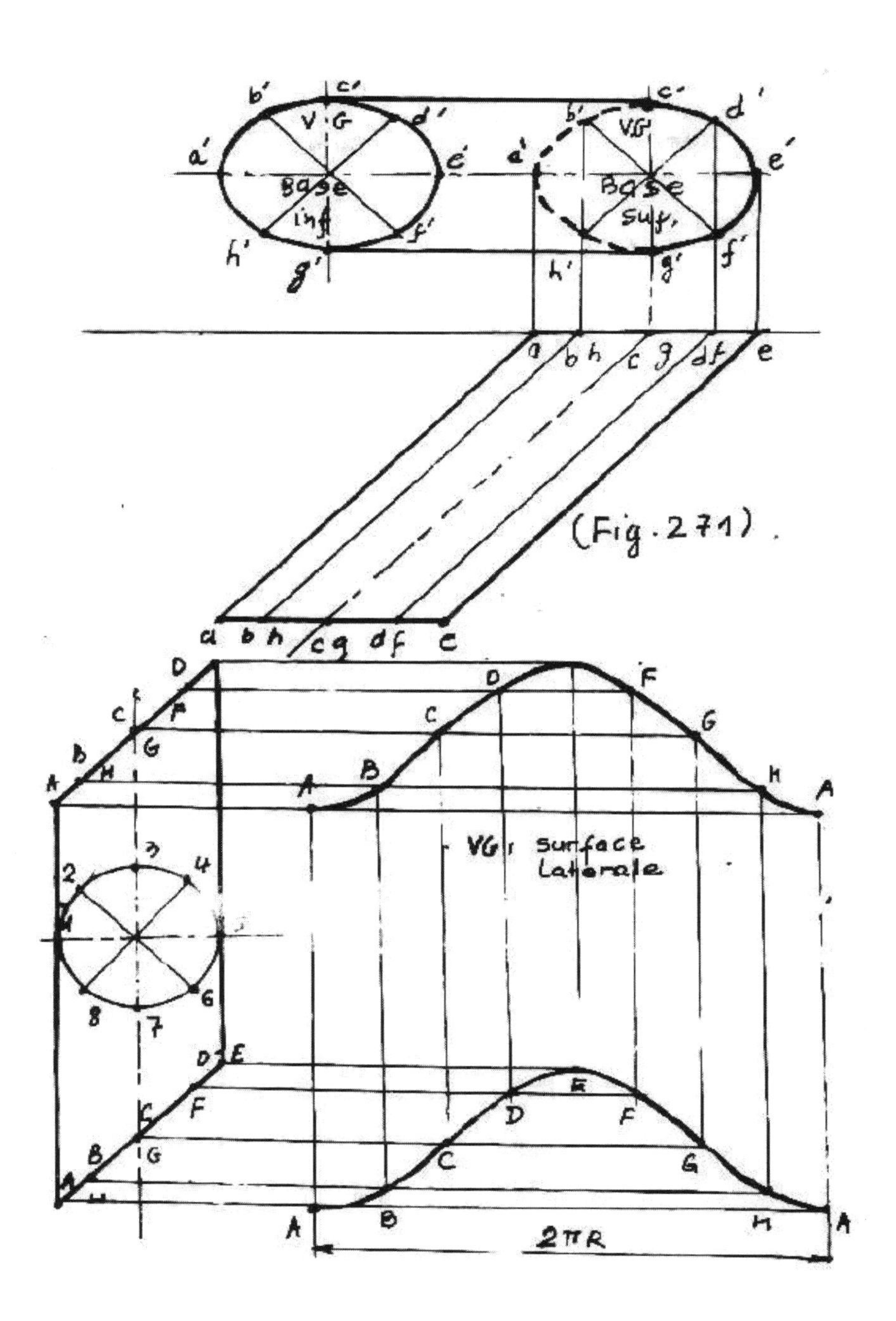
V G
Base
inf
VG
Base
sup.
(Fig. 271)
VG : surface
Laterale
2πR

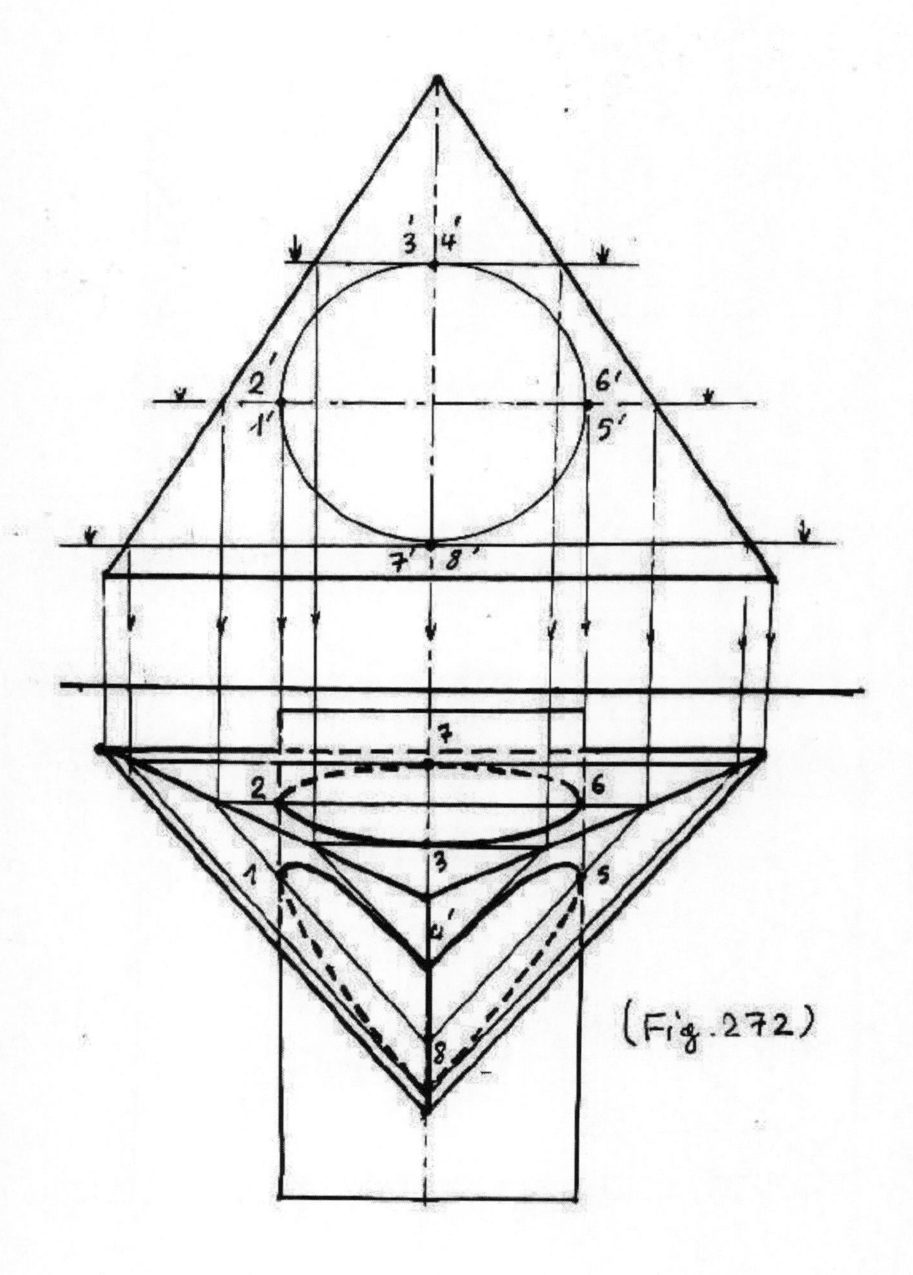

3' 4'
2'
6'
1'
5'
7' 8'
7
2
6
3
1
5
4'
8
(Fig. 272)

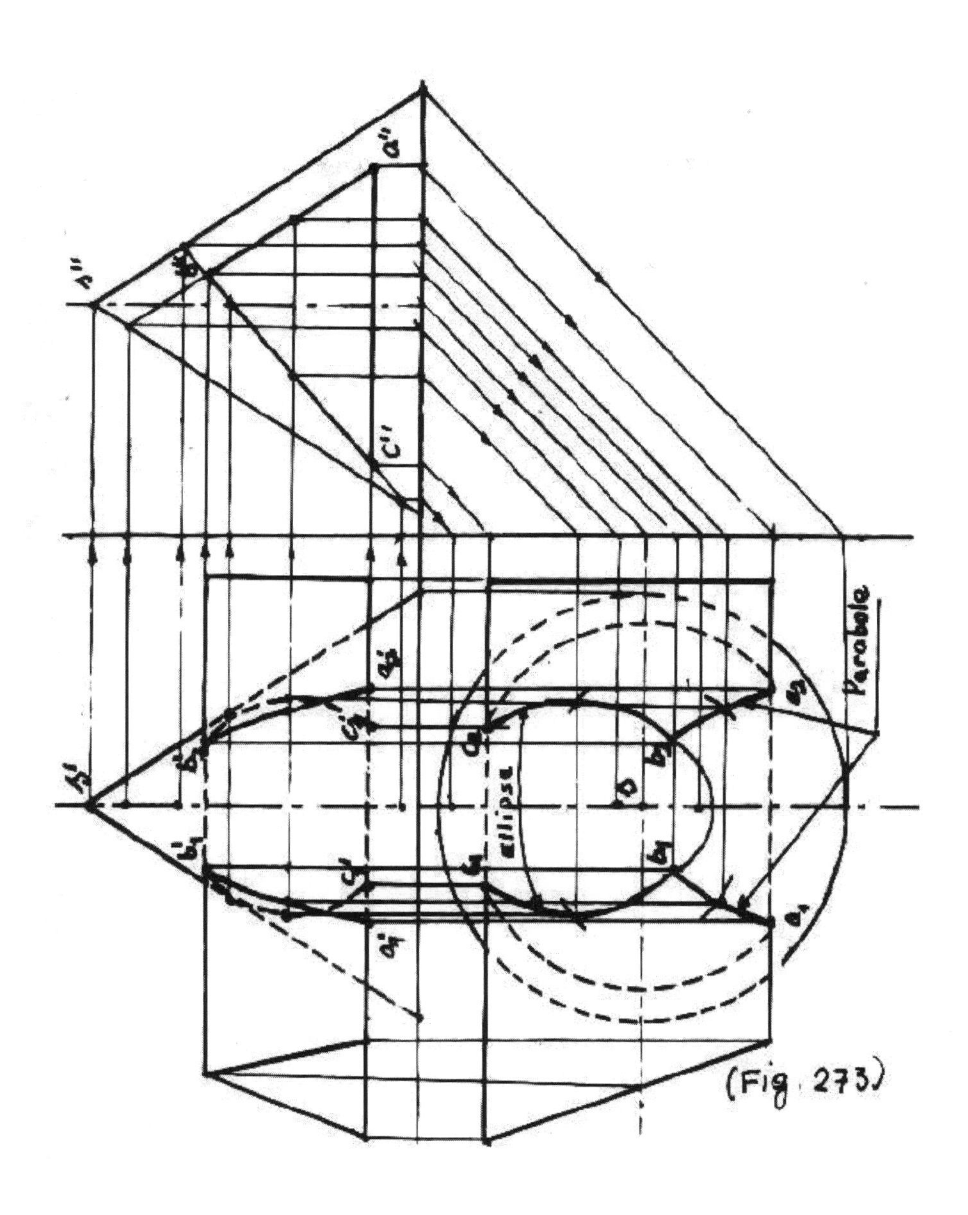

(Fig. 273)

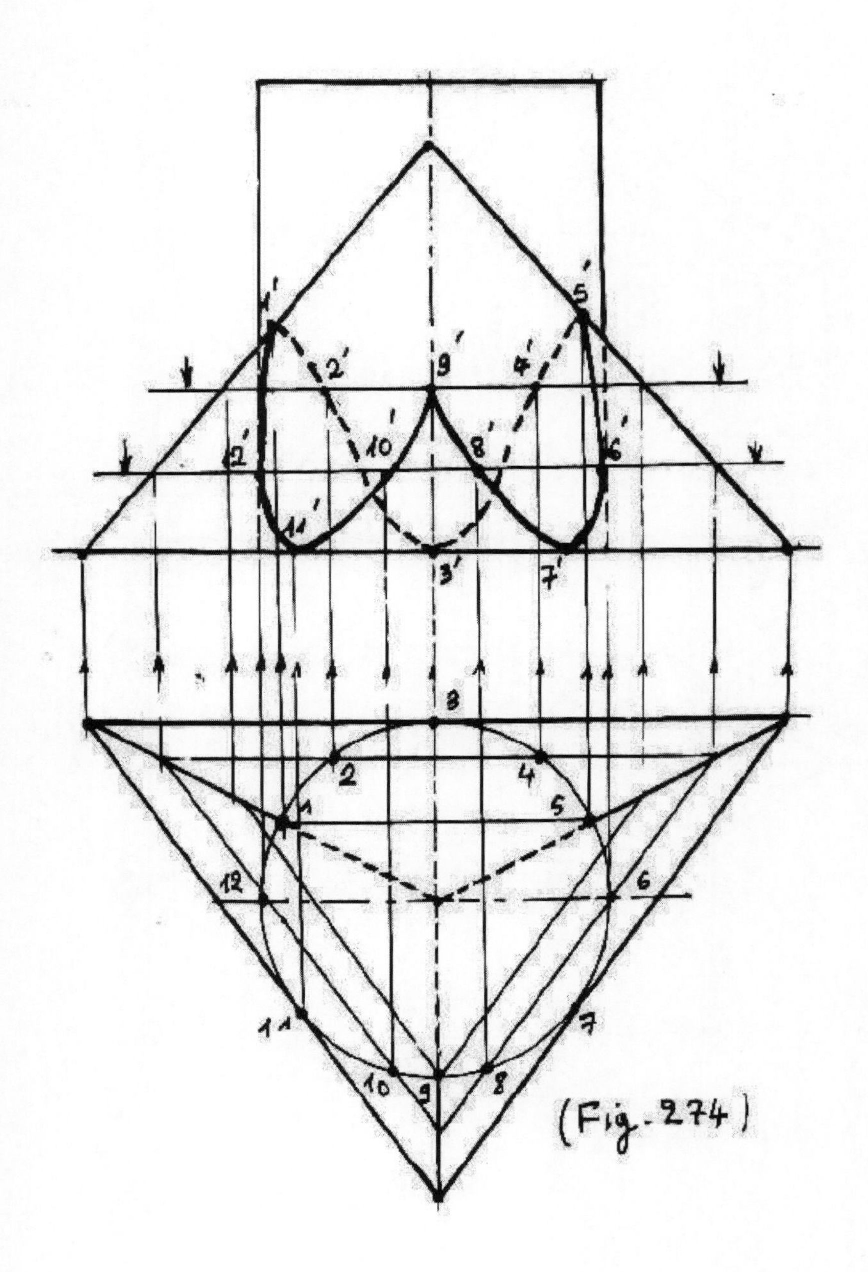

(Fig. 274)

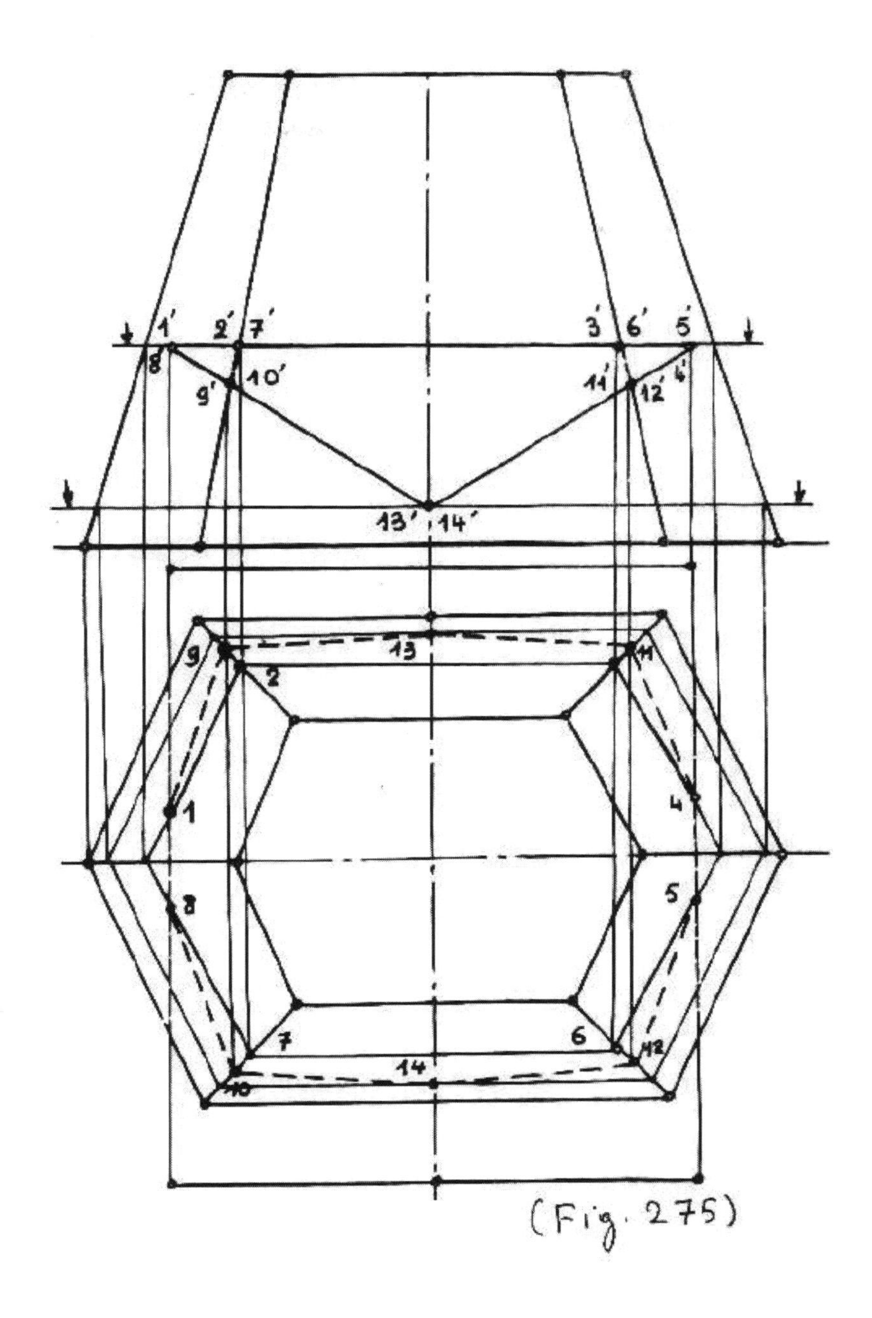

(Fig. 275)

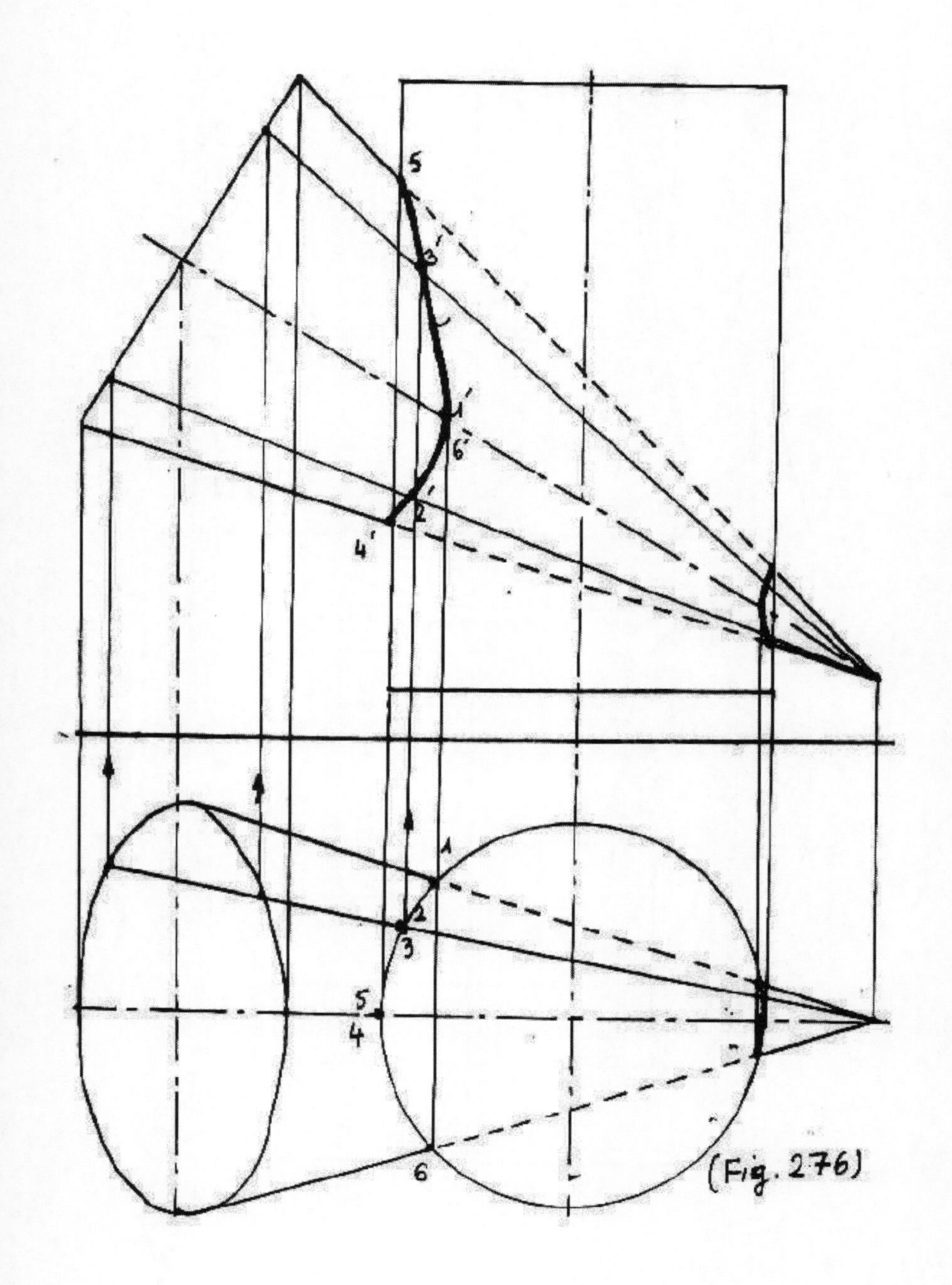
5
3'
1'
6'
2'
4'
1
2
3
5
4
6
(Fig. 276)

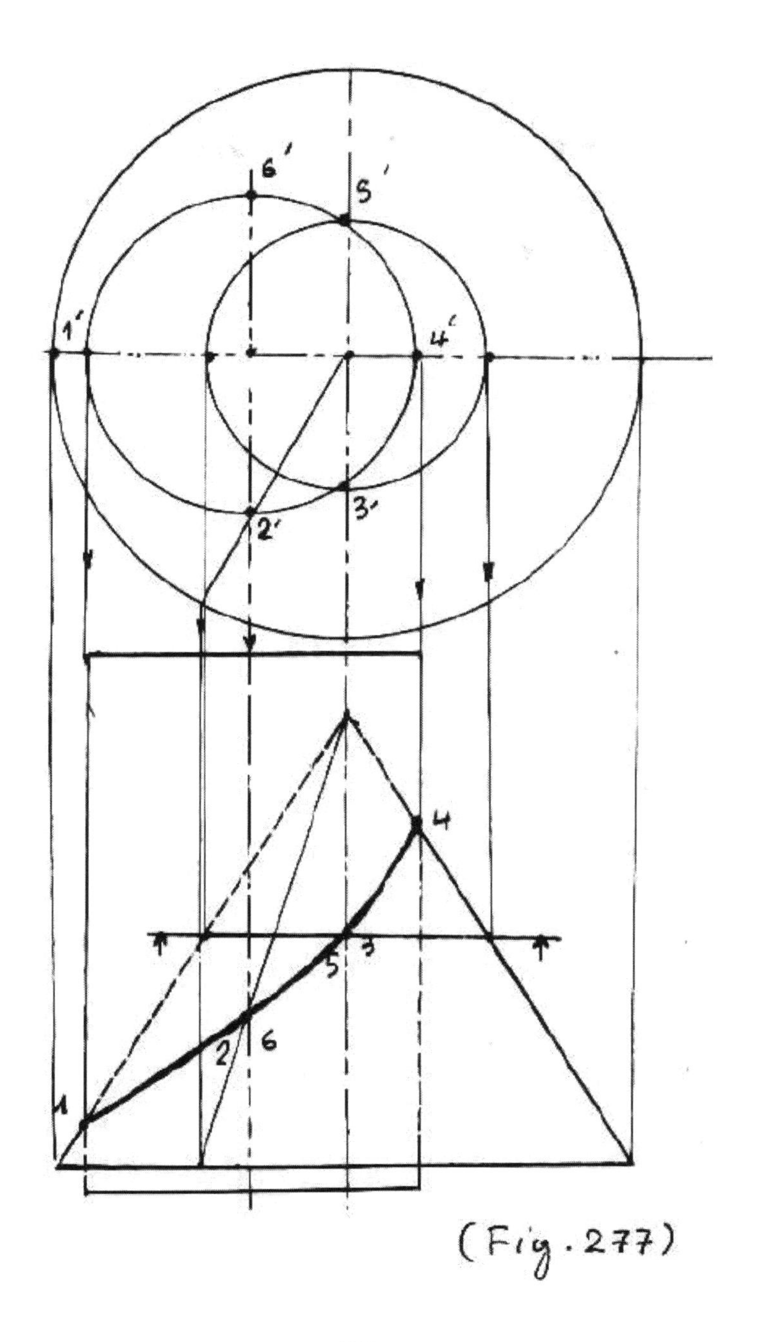

(Fig. 277)

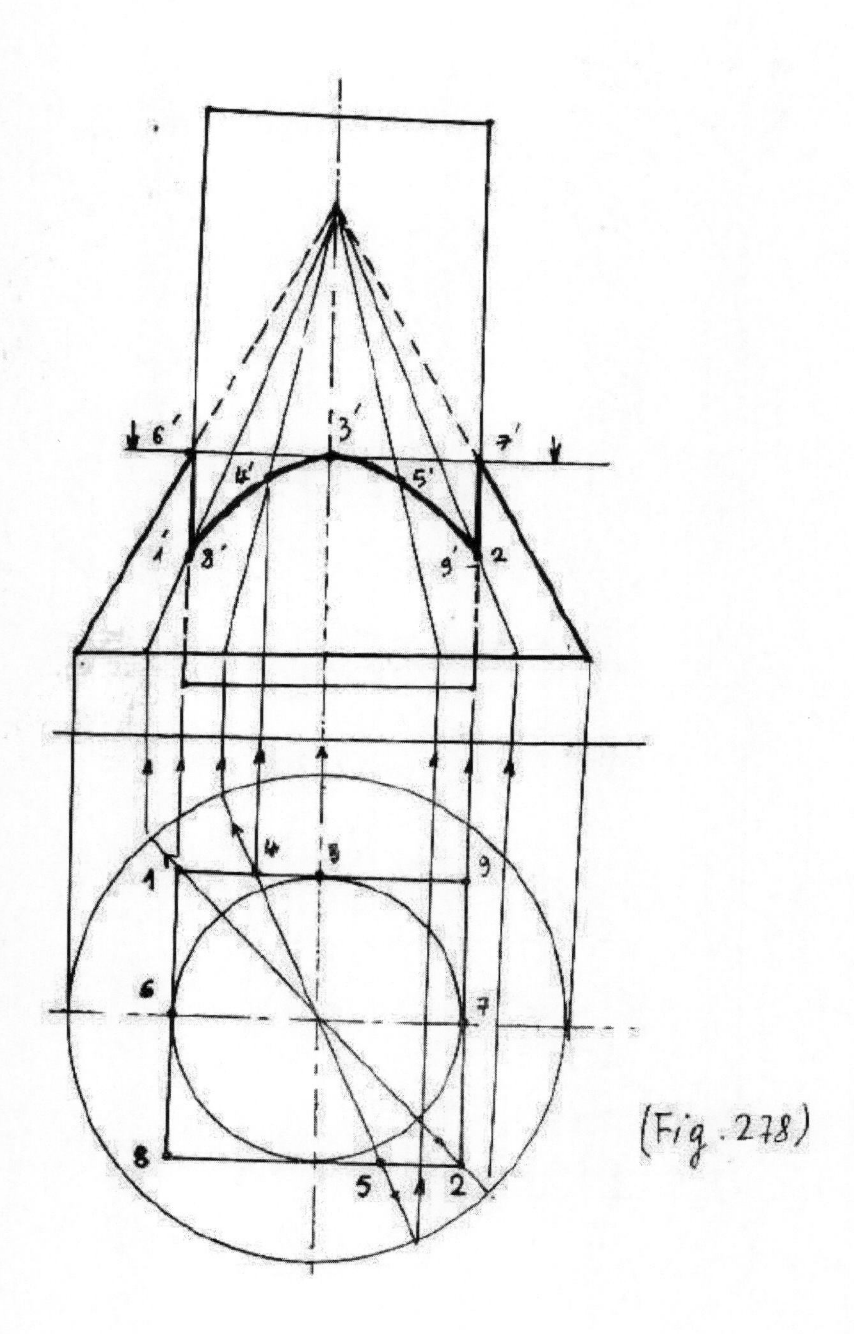

(Fig. 278)

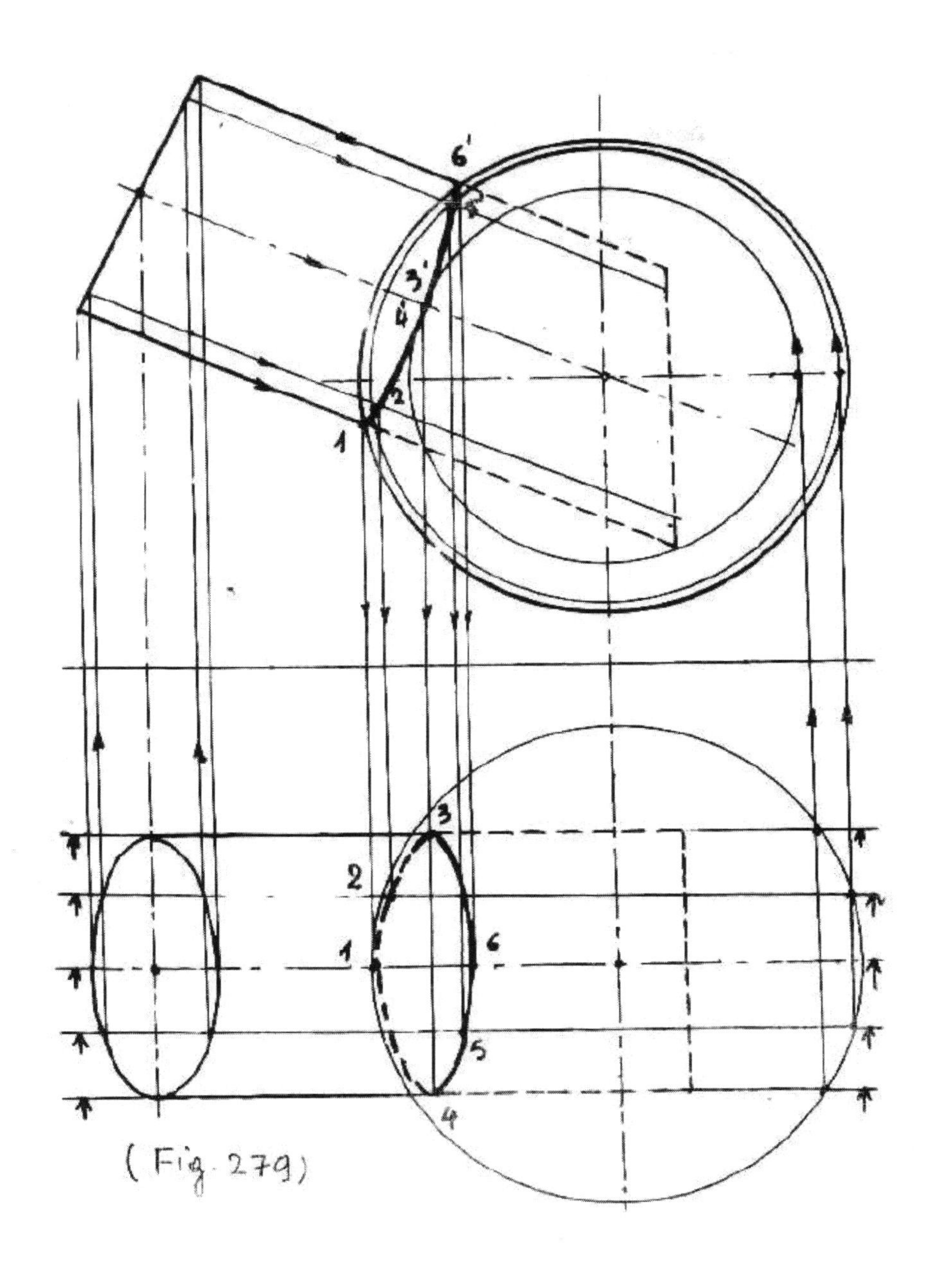

(Fig. 279)

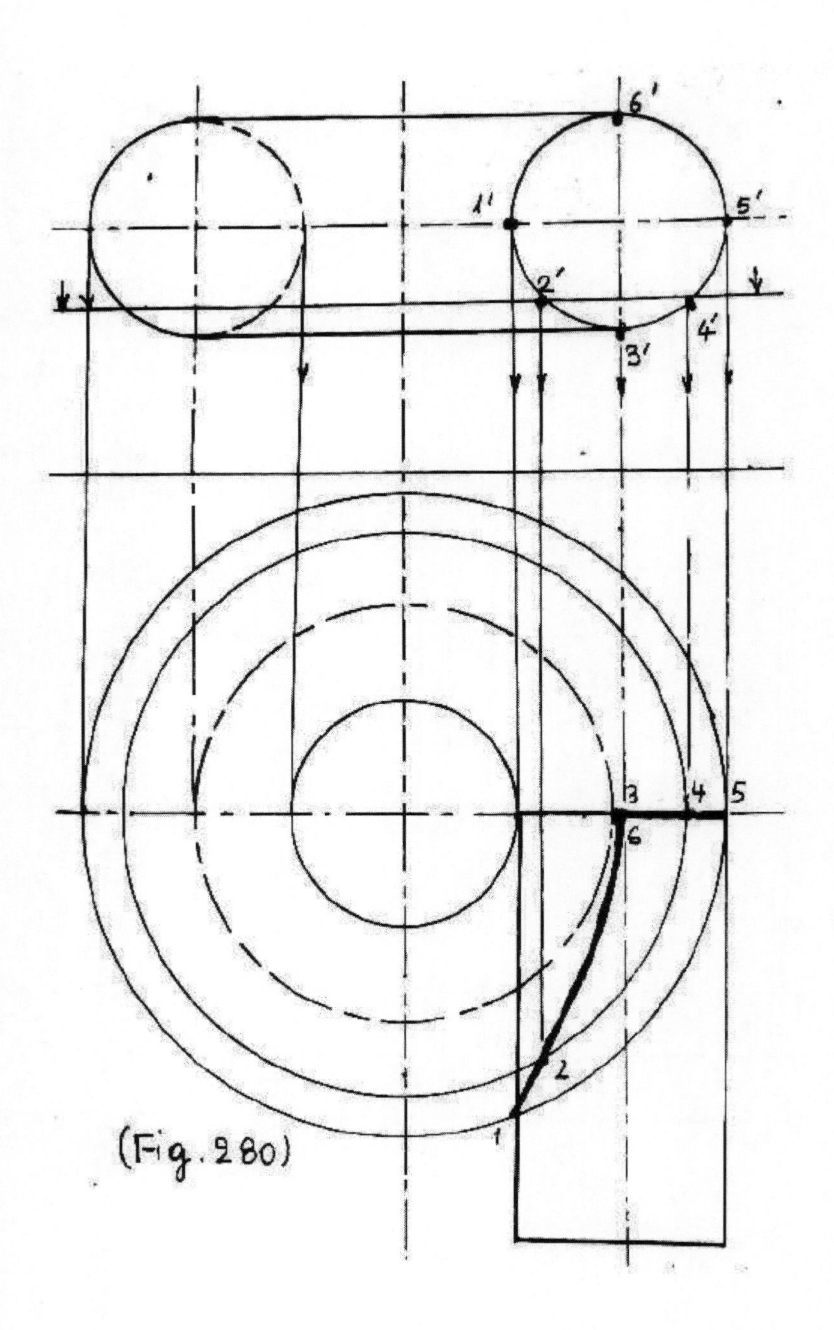

(Fig. 280)

BIBLIOGRAPHIE

1. GEOMETRIE MECANIQUE.
G.Girard et A.Lentin
Cours Maillard de mathématiques élémentaires
Edition Hachette Année 1964.

2. LA GEOMETRIE DESCRIPTIVE.
André Delachet et Jean Moreau
Edition: Que sais-je? Presse universitaire de France.
Année 1968.

3. LE DESSIN GEOMETRIQUE. Traduction en langue arabe.
Auteur: Outou Schmidt
Traducteurs: Ridha Mahmoud Souleiman et Kamel Iskander
Les bases technologiques, Edition Dar El Ahram.
Année 1970.

4. LES BASES DE LA PROJECTION GRAPHIQUE.
Première partie: Constructions graphiques.
Marcel Tapu
Edition OPU. Année 1984.